Meine Experimente mit Vulkanen

Thomas Augustus Jaggar

Writat

Diese Ausgabe erschien im Jahr 2024

ISBN: 9789359947150

Herausgegeben von
Writat
E-Mail: info@writat.com

Inhalt

VORWORT

Dies, mein neuestes Buch, ist ein weiteres Experiment. Nach sechzig Jahren Vulkanausbruch habe ich gelernt, vorgefasste Meinungen umzukehren. Nach und nach habe ich eine völlig andere Herangehensweise gelernt.

Shaler von Harvard war mein Inspirator, ein Arbeiter in den Wundern von Sumpf, Eis und Meeressträden. Er ließ mich arbeiten und ließ mich frei; zwischen Büchern und Sturmwellen und Männern; besonders zwischen Männern, jungen Männern, die immer etwas Neues ernten. Als ich Vulkane als mein Forschungsgebiet auswählte, sagte Shaler: „Sie haben sich ganz sicher das Härteste ausgesucht." Es war ein Missionsgebiet, denn dort wurden Menschen getötet. Aber die Produkte von Flüssigkeiten im Erdinneren, Lava am Meeresboden und gewaltigen kanadischen Schmelzen aus alter Zeit schienen wahre Naturgeschichte zu versprechen. Vulkane spritzen das uralte Material des Sonnensystems hoch. Darin, das wusste ich, musste etwas für zukünftige Entdeckungen liegen. Die Erforschung war ein freies Feld, wenn das Ziel Handeln war.

Meine Feldausbildung in Geologie erhielt ich von Hague, dem Freund von Archibald Geikie. Von Emmons, der sich mit Erzlagerstätten auskannte und wie Hague von Clarence King ausgebildet wurde. Von Bailey Willis, dem Sohn eines Dichters, einem hervorragenden Zeichner und Feldforscher und einem brillanten Experimentator. Mit diesen Männern reiste ich in den amerikanischen Westen.

Aber diese Geschichte über das Leben eines Vulkanforschers wäre ohne Frank Alvord Perret, den ich 1906 zum ersten Mal am Hang des Vesuvs traf, nirgendwohin gelangt. Ich wusste sofort, dass er der größte Vulkanologe der Welt war. Seine Fähigkeit bestand darin, Bilder zu machen. Meine darin, Experimente durchzuführen. Wir waren uns einig, dass diese beiden Fähigkeiten in der Praxis das erreichen würden, was Theorien niemals erreichen könnten.

Perret war ein Erfinder. Er war ein Künstler. Er war ein Dichter. Er liebte kleine Kinder und verehrte die Musik der Sterne. Er war immer bei schwacher Gesundheit und umrundete die Welt. Ich war mit ihm auf Sakurajima, auf Kilauea und auf Montserrat. Wir waren uns nicht einig. Er liebte das Romantische und Bizarre ungemein. Ich war immer skeptisch. Aber ich danke dem Himmel, dass sein posthumes und edel illustriertes Buch eine großartige Veröffentlichung fand. Seine anderen Bücher setzten für alle Zeiten einen Maßstab für die Feldforschung der Vulkane.

Perret und seine Kamera waren meine Modelle. Er gab mir alle seine Bilder, damit ich sie nach Belieben verwenden konnte, und er und Tempest

Anderson brachten mir die Vulkanfotografie bei. Letzterer, ein Mann aus Yorkshire, war ein britischer Geograph, und wir trafen uns auf vielen Vulkanen.

Der Zweck dieses Buches ist es, zu erzählen, was ein Mann sah. Mich trieb der Wille zu lernen. Ich wollte Wellenlinien auf dem Meeresboden nachbilden, verstehen, welche Kraft den Harney Peak als groben Granit in den Black Hills nach oben drückte, und die rhythmisch sprudelnden Geysire des Yellowstone-Gebiets nachahmen. Ich wollte wissen, wie Risse die Cascade Mountains in einer Reihe auftürmen ließen.

Schließlich untersuchte ich den Erdbebengraben von San Francisco, der sich Hunderte von Kilometern parallel zur Küste öffnete. Wie dick war die Erdkruste? Dann wurde ich nach Hawaii gerufen, Inseln auf einem 2.700 Kilometer langen Gebirgskamm mit Vulkanen an einem Ende und Korallenatollen am anderen. Und ich gründete zu einem sehr günstigen Zeitpunkt eine Vulkan-Experimentierstation. Vulkane erwiesen sich als überraschend experimentierfreudig.

Vierzig Jahre dieser Forschung führten weit weg von Lyells Geologie – der Geologie gleichförmiger Prozesse in Vergangenheit und Gegenwart – und von Brachiopoden und Trilobiten. Sie führten zum Vorfahren der Vulkane. Sie führten zum Urgas. Sie führten 10 Milliarden Jahre zurück. Ein Lavaspritzer könnte ein lebendiges Souvenir aus dieser Zeit sein. Mehr als alles andere führte dieser Glaube unsere Instrumente nach unten, ins Innere der Erde.

Sechs Jahrzehnte eines Menschenlebens. Jahrzehnte der Geologie, der Erforschung, der Errichtung, der Ausbreitung, der Vorhersage und der Verwirklichung. Die Tatsache der Verwirklichung macht das Erzählen lohnenswert. Geologische Bildung war Unglaube. Verwirklichung war Glaube, bestätigt durch das Wachstum einer einheitlichen Wissenschaft. Der Höhepunkt war nicht die Geologie, sondern die Wissenschaft. Einheitlichkeit, Evolution und Symmetrie sind in der Natur. Wert und Zahl sind menschlich. Ich wurde Geologe und Seismologe, Vulkanologe und Geophysiker genannt. Ich bin nichts von alledem. Ich interessiere mich für die Evolution dessen, was Hoyle „dieses ziemlich unglaubliche Universum" nennt. Ich interessiere mich genauso für Bergsons „kreative Evolution" wie für Hoyles und Lyttletons „neue Kosmologie". Und ich interessiere mich mehr für das Leben als für beides. Die Elemente der Verwirklichung sind eine dicke Erdkruste, ein vergleichbares Muster für Erde und Mond und ein Mechanismus für den Erdkern. Dies ist die Geschichte von sechzig Jahren Vulkanismus.

Kapitel I
Junge Wissenschaftler

„ Das Gold dieses Landes ist gut: Es gibt Bdellium und den Stein Onyx. "

Es war die Ausbildung meiner Jugend bei einem Vater, der Gottes Natur liebte, die mich zu Audubons Vögeln führte; zu kilometerlangen Wanderungen über Flüsse in Maine, Labrador und Nova Scotia; und zum Angeln mit einem anderen Achtjährigen namens Willie Grant.

Als ich vierzehn war, nahm mein Vater, Reverend Thomas Augustus Jaggar, unsere Familie mit nach Europa, wo Botanik und Vogelkunde ebenso Teil meiner Ausbildung waren wie Geographie, Französisch und Italienisch. Und während unseres Aufenthalts in Italien machte ich meine erste Reise auf den Vesuv. All diese frühen Interessen überzeugten mich davon, dass ich Naturforscher werden wollte.

Es war Nathaniel Shaler von Harvard, der mir empfahl, die Strände von Lynn und Nahant zu studieren. Also ging ich spazieren, fotografierte und vermaß die Wellenspuren. Ich fand eine Landzunge und eine Ansammlung von Jakobsmuscheln entlang der Fluthöhe. Ich entdeckte Wellenspuren von einem halben Meter Durchmesser, die sich bei Ebbe bildeten. Auf den Dünen waren weitere Sandwellen zu sehen, die sich wunderbar regelmäßig bildeten.

Probieren Sie es aus. Legen Sie sich auf den Bauch und beobachten Sie sie. Sie stehen im rechten Winkel zum Wind. Glätten Sie sie und sehen Sie, was der Wind macht. Er türmt kleine flockige Haufen grober Körner auf, jeder mit einem Wirbel in Windrichtung. Das feine Zeug wandert mit dem Wind nach vorne die Hänge hinauf, auf der Leeseite nach hinten. Die Pulverströme treffen aufeinander und verlängern die Hügel rechts und links.

Ich beobachtete die Brandungsspuren. Die Brandungsspuren voller Sand strömten den Strand hinauf, schwappten plötzlich weg und zogen sich zurück, wobei sie einen Grat entlang des Strandes hinterließen. Diese Höhe wurde zur Gezeitengrenze, und weiter unten begann eine neue Reihe. Die Brandungsspuren konnten nicht über den Grat klettern, weil die Flut zurückging. Und so wurde stundenlang Grat um Grat aufgebaut.

Ich beobachtete, wie sich bei Flut sechs Fuß voneinander entfernte Jakobsmuscheln am oberen Ende des Strandes zu Haufen auftürmten. Die Brandungswellen liefen während der Flut in die Buchten zwischen den Haufen und verursachten einen Aufschwung und einen Abschwung. Der Aufschwung war schlammig, der Abschwung klar. Kieselsteine und Sand häuften sich an den Seiten der kleinen Vorgebirge an. Jeder Haufen war hufeisenförmig, mit der Spitze zum Meer. Vierzig oder fünfzig Halbmonde wurden zur Mitte des Strandes hin kleiner und sandiger. Hier gab es rhythmische Kraft, die sich wiederholte. Die Wellen und Brandungsspuren wiederholten sich zum Meer hin. Offensichtlich verursachte die Felszunge Kieselsteine und Sand und schickte Schwingungen entlang des Strandes, anstatt darüber hinweg.

Die Wellenlinien bestanden aus festgestampftem Sand der Ebbe, der sich vollständig unter Wasser parallel zu den Wellen gebildet hatte. Die Hin- und Herbewegung der Wellen erzeugte auf dem Boden ein Muster aus Schwung und Wirbel. Waren Strände also Gewohnheitstiere wie Vögel? Hier gab es vier Arten von Sandwellen, alle an einem Strand, alle durch Wind, Wasser und Gezeiten verformt; groß und klein; formschön und regelmäßig. Der Strand war lebendig. Er baute sich vom Ende her auf, er kräuselte sich unter der Wellenbewegung. Er speiste den Wind, während er trocknete, und der Wind erzeugte ein exquisites Dünenmuster aus den Körnern. Vielleicht sind Strände Naturgeschichte, genauso wie die Vögel, die mein Interesse an der Natur weckten, als ich acht Jahre alt war.

Das Mysterium der Strände führte mich zu einer neuen Entdeckung: zur Universitätsbibliothek, wo ich französische und englische Hinweise zu Wellenspuren fand. Ich fand Experimente, Sondierungen, fossile Sandsteinwellen. Ich erfuhr, dass sich so große Autoren wie der Botaniker De Candolle und Sir George Darwin intensiv damit beschäftigt hatten, was mit den Sandkörnern passiert. Von der Bibliothek aus ging ich zu Schlammpfützen in einem Tank und zum Experimentieren. So fand ich meinen Weg vom Strand zu Büchern und von Büchern zur Herstellung von Babystränden.

Später, in Harvard, drehten sich Zoologie und Botanik nur noch um Zellen, Embryonen und das Mikroskop. Die Lebensgewohnheiten der Tiere spielten bei unseren Studien kaum eine Rolle. Die Naturgeschichte Audubons und meiner Kindheit war verschwunden. Die neuen Begriffe waren Phylogenese und Zytologie, Entwicklung des Individuums und Zellentwicklung.

In der Mineralogie waren also das Mikroskop und der winzige Kristall maßgebend; die Moleküle des Kristalls und die chemischen Atome des Moleküls. Die Wissenschaft strebte in Richtung des unendlich Kleinen, doch später sollte sie mit Hilfe des Spektroskops in die unendliche Weite des Himmels vordringen. Ich habe nie gelernt, das Universum als endlich zu betrachten.

Professor Shaler schrieb 1893: „Im nächsten Jahrhundert wird die Wissenschaft einen Zustand erreichen, in dem das Unbekannte als von Kräften bevölkert angesehen wird, deren Existenz man mit Recht und

Notwendigkeit aus dem Wissen ableiten kann, das man aus ihren Manifestationen gewonnen hat. Mit anderen Worten, es scheint mir, dass der Naturforscher sich der Position des philosophischen Theologen am ehesten auf Wegen nähern wird, die zunächst weit von seinem Bereich entfernt zu liegen schienen." Genau dies ist in der Welt der Galaxien und Elektronen geschehen und hat Einstein und Planck, Jeans und Eddington, Hubble und Hoyle hervorgebracht. Und ich vermute, dass Meeresböden und Vulkane „von Kräften bevölkert" sind, die noch zu erschließen sind.

Durch Josiah Cooke und seine Wunder der Projektionsapparate; durch Cooks Neffen Oliver Huntington und seine Mineralkristalle; durch John Eliot Wolff, dessen Assistent in der optischen Mikroskopie ich wurde; durch Robert Jackson mit seiner Museumssammlungstechnik und den sechseckigen Platten an fossilen Seeigeln; durch all diese wurde ich in die Laborsammlungen und -instrumente eingeführt. Ich entdeckte eine faszinierende Welt.

Auch das Theater förderte meine Bildung. Wie viele Harvard-Studenten habe ich für mehrere große Schauspieler und Schauspielerinnen „gesessen", darunter Julia Marlowe und Sarah Bernhardt. Und in einem Stück hatte ich sogar eine Sprechrolle: „Mylord, Posthumus ist draußen." Ich übte auch Taschenspielertricks als Amateurassistent von Kellar und Hermann, die mich aus dem Publikum riefen und mir Kaninchen aus dem Mantel und Eier aus dem Mund zogen. So lernte ich die Psychologie des Publikums kennen, wie man in der Öffentlichkeit experimentiert und wie leicht der Durchschnittsverstand getäuscht wird. Genauso kann die Natur täuschen, wenn der Wissenschaftler nicht bei Verstand ist. Aber ich lernte auch den Wert anschaulicher Demonstrationen vor Studenten kennen. Ein großer Vertreter dieser Lehrmethode ist Professor Hubert Alyea aus Princeton. Seine chemischen Experimente sind wunderbar. Sein Chemielehrbuch ist moderne physikalische Chemie vom Feinsten. Er zeigt, dass die Kunst des Zauberers bis ins zwanzigste Jahrhundert zurückreicht und dass sogar die mathematische Wissenschaft für den Laien zugänglich ist. Ich vermute, dass die Geophysik nicht wie heute unter Differentialgleichungen begraben werden muss. Experimentelle Vulkanologie, die am Vorlesungstisch spannend vermittelt wird, könnte sicherlich Wunder bei der Erforschung des Globus bewirken.

In Harvard wurde uns beigebracht, dass Geologie eine Detektivgeschichte sei. Die gleichen Fossilien waren ungefähr gleich alt. Der Mensch stammte ungefähr von einem Fisch ab, der an Land kletterte. Erst viel später akzeptierte man die Radioaktivität von Gesteinen als Altersangabe in Millionen von Jahren. King und Kelvin lehrten uns, dass das Alter der Erde 24 Millionen Jahre betrug und die Sonne im Sterben lag. Ein halbes Jahrhundert später lag die Zahl bei 2.000 Millionen Jahren und die Sonne heize sich auf. Heute sprechen Kosmogonisten ohne weiteres von 10.000 Millionen Jahren als einem Punkt in der Sternengeschichte. Ich habe gelernt, dass man jede beliebige Theorie haben kann und dass eine neue Entdeckung sie wahrscheinlich widerlegen wird. Eine Entdeckung ist die Aufdeckung einer ansprechenden, glänzenden Idee.

Die Idee der Geologie als einer auf Darwins Evolutionstheorie basierenden Geschichte hat sich in meinem Bewusstsein nie festgesetzt. Für mich ist Geologie die Wissenschaft des Globus. Die Wissenschaft untersucht, wie Dinge funktionieren, wie sie sich verändern, wie sie das erreichen, was sie erreichen, wie sie wachsen und wie sie sich vergleichen lassen. Sie untersucht nicht das „Warum" oder die Notwendigkeit eines Ursprungs von irgendetwas. Der Ursprung ist ein ewiger Prozess. Die heutige Astronomie gibt den Ursprung auf. Eine auf ein paar Relikten basierende Geschichte erscheint sinnlos. Relikte oder Exemplare müssen mit der Handlung verglichen werden.

Die Annahme, wir müssten von einem Fisch abstammen, ohne dass es eine Evolutionssequenz in aufeinanderfolgenden Schichten gegeben hätte, in sehr alten Schichten überhaupt keine Säugetiere vorgekommen wären und keine Möglichkeit der Erhaltung weicher Lebewesen bestanden hätte, scheint Darwins eigenen Aussagen zu widersprechen. Er beharrte auf der „Unvollkommenheit der geologischen Aufzeichnungen". Aber er hatte keine Vorstellung davon, dass das Kambrium 500 Millionen Jahre vor unserer Zeitrechnung dauerte oder dass das feurige Keewatin des Lake Superior 1.800 Millionen Jahre vor unserer Zeitrechnung entstand. Darwin wusste, dass der zweischalige Armfüßer *Lingula* , der heute in ruhigen Meeren lebt, heute noch genauso ist wie damals.

Lingula wurde in den mittleren geologischen Epochen versteinert gefunden. Wir haben keinen Beweis dafür, dass ihn intelligente Wesen in Schiffen aus unbekannten Ländern nicht im Kambrium ausgegraben haben. Fünfhundert Millionen Jahre sind so absurd lang, dass es auf der Erde mindestens zwanzig verschiedene Formen der Intelligenz gegeben haben könnte, die in keiner Beziehung zu uns stehen. Kontinente sind Orte der Katastrophen. Meeresböden sind Orte der Beständigkeit. Der Mensch lebt auf Kontinenten und seine versteinerten Knochen sind kurzlebig.

Wenn jeder Adam einer neuen Menschheit 100.000 Jahre vorausging, dann sind seit dem Kambrium 5.000 Sintfluten oder eruptive Feuersbrünste zu erwarten. Jeder einzelne würde die Nachkommen des betreffenden Adams auslöschen. Wenn Eiszeiten Sintfluten waren, kennen wir ihre zerkratzten Felsbrocken aus der Zeit 400 Millionen Jahre vor *Lingula* . Diese älteren Eisschichten befanden sich in Kanada. Aber wir kennen feurige Lavafluten 1.300 Millionen Jahre vor *Lingula* am Nordufer des Lake Superior.

Wir haben nicht den geringsten Beweis dafür, dass Urvulkanologen, die sehr seltsam aussehende Kerle waren, diese Ausbrüche vor dem Aussterben der Rasse mit teuren Instrumenten untersucht haben könnten. Mit Sicherheit hatten sie jede Menge Kupfer zur Verfügung. Vielleicht waren die großen Seen ein kontinentales Meer, und ein Vorfahre *Lingulas* wurde von diesen verdammten Wesen als Nahrung aufgesammelt.

Aber die Geologie in Harvard war nicht nur Geschichte. Als RA Daly und ich Doktoranden waren, arbeiteten wir am Ascutney Mountain und studierten alte, durch Feuer entstandene Granite. Die Hügel bestanden aus kristallisierten Klumpen der alten Pasten. Die Kristalle waren Feldspat, Glimmer, Quarz und Eisenoxide. Die ältesten Prismen waren Kalkphosphat, das Mineral Apatit, das eingeschlossenes braunes Glas enthielt. Wie drangen die verschiedenen Arten der glühenden Paste in die veränderten Sedimentgesteine ein? War braunes Glas der Vorfahr? Lava ist braunes Glas. Einige der Phosphatkristalle enthalten Gasblasen und Flüssigkeiten. Daly, der die Arbeit veröffentlichte, fand heraus, dass alte Lava tief in den Tonsteinen nach oben gedrückt wurde und durch Hitze und Risse ein Loch zerschmetterte. Die Stücke sanken und die Paste oder der Gasschaum wurde in aufeinanderfolgenden Klumpen injiziert. Jeder neue Klumpen enthielt mehr Kieselsäure.

Offenbar schmolzen die Fragmente – einige der alten Sedimente aus dem Untersilur bestanden aus Kieselsäure – und das eindringende Magma wurde mit immer mehr geschmolzenem Sand verunreinigt. So verwandelte sich Basalt in Granit. So wurde der Ascutney Mountain in Vermont zu einem klassischen Ort, an dem heiße Flüssigkeiten hochspritzten und das Untergestein Neuenglands rekristallisierten. Durch Erosion entstand schließlich die Landschaft des Connecticut River.

Daly wurde Spezialist für Granit, ich Spezialist für Laven. Wir wurden Professoren in Harvard und am Massachusetts Institute of Technology.

Etwas Neues kam in die Weltgeologie, als Wheeler, Hayden, King, Powell, Gilbert und Dutton die Blockbruchberge und die Rocky Mountains in Utah untersuchten. Sie enthüllten den Globus mit einer Kruste aus riesigen, rissigen, tiefen Prismen und einer erodierenden Oberfläche. Davis von Harvard, der physische Geograph, war auf seinem Höhepunkt, und aus Powells und Gilberts Beispielen entstanden seine klassifizierten Flusstäler. Er entwickelte Systeme großartiger topographischer Karten und Modelle sowie Darstellungen von Gletscherbetten und Deltas. Er machte Oberflächenverschleiß und Ablagerungen zu einer lebendigen Sache, und das Land bildet eine Aufzeichnung davon.

Daher war ich überglücklich, als ich 1893 den Ruf erhielt, mit Arnold Hague in das Land der Geysire, farbenfrohen Canyons, alten Vulkane und der Quellflüsse des Mississippi zu reisen. Meine Aufgabe war es, mit einer riesigen Kamera Fotos zu machen, aber ich gab mich auch als Mikroskop-Mann aus. Ich erklomm die höchsten Gipfel der Absaroka Range und reiste mit Hague und einem Maultierzug hin und her über die Bergkette, um Proben zu sammeln. Hague war während der 40. Parallel Survey für die Union Pacific Railroads mit Clarence King zusammen gewesen.

Hagues Methode im Gelände bestand darin, einen Gipfel zu besteigen, die Aussicht zu studieren und die sichtbaren Schichten, Deiche, Täler, Steilhänge und Zinnen im Umkreis von mehreren Kilometern zu betrachten und so jedes Problem zu formulieren. Dann verlegten wir unser Lager an einen neuen Ort, um das Problem zu lösen.

Wir suchten die alten Krater. Die vulkanischen Tuffe und Agglomerate bedeckten Tausende von Quadratkilometern, stammten aus der Zeit vor 30 Millionen Jahren und strömten bis vor 2 Millionen Jahren aus. Es gab Lavaströme, seilartig oder steinig. Hier gab es versteinerte Bäume; man konnte fossile Blätter finden. Die Baumarten verrieten die Entstehungszeit des Tertiärs. Es kamen viele Gipfel vor, aber keine Vulkankegel. Die Krater befanden sich über dem, was heute erodierte Deiche oder Spaltenfüllungen aus Lava sind, die in kreuz und quer verlaufenden Wänden hervorragten. Wo sie sich anhäuften, wurden Erze gefunden: die Bergbaugebiete Sunlight, Crandall Creek und Stinking Water. Dies waren die Wurzeln verlorener Vulkane, die durch Verfall, Sturz, Regen, Gletscher und Flüsse verloren gegangen waren. Unter den bergigen Lavamassen kamen weiße Meereskalkklippen zum Vorschein, und noch tiefer kam alter Granitgneis zum Vorschein.

Die Geologie der alten Meeresböden, Fossilien, Eruptionen und Gletscher wurde auf ein Panorama aus Bergen und Flussbecken gemalt. Von einem Berggipfel aus blickte Hague stundenlang schweigend durch ein Fernglas — das er ständig verlor und wiederfand. „Dieser Felsvorsprung ist der Madison-Kalkstein, das sind die Red Beds, diese rosafarbenen, abgerundeten Hügel sind archäische Granite.“

Nach einem Tag auf dem Packzug konnte ich angeln oder jagen. Es war ein Privileg, mit Anderson, dem alten Negerkoch, zu jagen, dessen grauer Bart und buschiges weißes Fell seine scharfen Augen Lügen straften. Er war Sklave gewesen, später Soldat bei General Custers Big Horn-Expedition und Pionier und Jäger. Sein Vater war von Indianern massakriert worden, und Anderson schwor, er würde jeden Indianer auf der Stelle töten.

Einer unserer Jagdausflüge in der Nähe von Crandall Creek war besonders denkwürdig. „Mr. Jaggar, ich rieche Schafe auf dem Felsvorsprung!“, sagte

Anderson. Und er kletterte auf eine Kiefer, die unten am Kalksteinfelsen wuchs. Er legte sein Winchester-Gewehr auf den steilen Felshang am Fuße des Baumes, die Mündung nach oben, das Kolbenende bergab. „Passen Sie auf mein Gewehr auf, ich klettere auf einen Ast an der Klippe und steige auf den Felsvorsprung, und Sie alle reichen mir das Gewehr." Er erreichte den Felsvorsprung aus kambrischem Kalkstein, der für seine Trilobiten berühmt ist, und als er sich darauf setzte, stieß er sofort Felsplatten herunter. Sie fielen auf das Gewehr, das den Hang hinunterrutschte. Ich griff nach der Mündung, die auf meinen Hals gerichtet war, und der Schaft wackelte nach rechts und links. Das Gewehr ging los und ich spürte einen Schnitt in meinem Knöchel. Anderson hatte eine Patrone im Lauf gelassen, auf der der Hahn ruhte, aber mein Schnitt stammte von einem Kieselstein, den die Kugel hochgepflügt hatte. Also schossen die Trilobiten auf mich. „Nun, das ist Naturgeschichte", murmelte ich. Der alte Anderson war weniger philosophisch. Er beschimpfte mich, weil ich das Gewehr so weit unten zwischen den Bäumen hatte verschwinden lassen.

Elche, Moorhühner, Schwarzwedelhirsche, Antilopen, Klapperschlangen, Präriehunde, Stinktiere, Dachse, Eulen, Pfeifmarder, Wildschafe und die Grizzlybären, die wir nie lebend zu Gesicht bekamen, waren alle Teil des großen Westens. Ebenso die bockenden Cayuses und strampelnden Maultiere, mit denen wir zusammenlebten, sowie zahlreiche Viehzüchter, Goldsucher, Soldaten, Sportler und Führer. Einmal gesellte sich ein Sheriff zu uns, der nach einem entflohenen Desperado aus dem Red Lodge-Gefängnis suchte.

Kurz bevor ich Yellowstone verließ, besuchte ich die heißen Quellen und Geysire. Die Geysirbecken mit ihren über 4.000 Austrittsöffnungen sind dampfende Bereiche im Wald. Bei Mammoth zeigen die Karbonatterrassen exquisite Wellen und stufenförmig geformte Schalen. Eine heißere Wassergruppe, die durch die magmatischen Laven und Granite fließt, füllt sich mit Kieselsäure und lagert Sinter ab. Die andere, die durch Kalksteine fließt, lagert Travertin ab. Die alkalischen Kieselsäuregewässer lagern so starke Kieselgesteinsstrukturen ab, dass sie die explosiven Dampfkessel der Geysire tragen können. Sowohl Kieselsäure- als auch Kalkablagerungen führen zu prächtigen Skulpturen und leuchtenden Farben an ihren Rändern, die durch die Blaualgen verursacht werden, die bei Temperaturen von bis zu 150 °F leben.

Das kochende Wasser wurde seit der Zeit der Vulkane im Tertiär vulkanisch überhitzt, als zuerst dunkle magnesiumhaltige und später kieselhaltige Laven ausgeworfen wurden. Hier ist dieselbe Reihenfolge, die Daly und ich in Vermont vorfanden: zuerst die dunklen Felsen, die durch Schiefer brechen, zuletzt die Granite, wobei Quarz die dunklen Felsen durchschneidet. Die Hohlräume zwischen den Yellowstone-Geysiren zeigen Quarz.

Was mich überraschte, war, dass die Geysirbecken unaufhörlich zerfielen, Risse bekamen, sich auflösten und neue Geysire im Wald bildeten. Statt hauptsächlich Ablagerungen zu erzeugen, ist die Wirkung der heißen Quellen hauptsächlich Erosion. Es handelt sich um einen riesigen Kreislauf aus heißen Magmagasen und Regenwassern vom Tertiär bis heute; von vor 20 Millionen Jahren bis heute. Eine lange Zeit.

Man darf nicht vergessen, dass der letzte Rückzug des Eises aus der Gletscherzeit erst vor 20.000 Jahren stattfand. Dieses Eis traf auf die Geysire in vollem Gange. Tausendmal früher waren die Yellowstone-Vulkane in voller Aktivität, und sie brannten weiter, während der Kontinent sich hob und den Golf von Mexiko von den Great Plains dorthin schob, wo er heute ist. Und doch waren diese 20 Millionen Jahre nur ein Fünfundzwanzigstel der Zeit bis zu den Trilobiten, und ein Yellowstone-Meeresboden aus diesem Alter liegt unter all der Laven. Unsere Schulbuchgeschichte ist ziemlich kurz.

In alle Richtungen bricht und verändert sich der Boden des Norris-Geysir-Beckens. Die Geysire sind völlig unzuverlässig, heute hier und morgen bloße heiße Quellen oder leere Spalten. Die Intervalle des Old Faithful reichen von 38 bis 81 Minuten, ziemlich unregelmäßig. Der New Crater war ein spritzender, kochend heißer Strahl, der die Bäume und die Vegetation ringsum tötete. Seine scheinbar regelmäßigen, 25 Fuß hohen Strahlen schossen etwa alle drei Minuten mit einer Neigung von 45 Grad in die Höhe. Später, im Jahr 1922, sollte ich feststellen, dass dieser Geysir völlig anders war. Sorgfältige Studien haben gezeigt, dass Wasser in dieser Höhe bei 199° Fahrenheit kocht; ein Geysir gab 253° Fahrenheit oder 54 Grad Überhitzung ab, 72 Fuß tief in seinem Schacht. Dies ist der einzige bekannte Ort mit überhitztem Wasser auf der Erde. Der tosende Dampf des Black Growler hat 81 Grad Überhitzung. Obwohl die Menge an Kohlenstoff, Schwefel und Chlor im Wasser so groß ist, dass im Gestein nur sehr geringe Mengen vorhanden sind, ist eine Wärmequelle durch vulkanische Gase sicher.

Das Endergebnis sind Tausende kochender Regenwasserquellen, die einen Schwamm aus Rhyolithgestein auf einer Fläche von Hunderten Quadratkilometern durchnässen, über den Überresten eines darunter liegenden Vulkanofens ausbrechen und Becken an den Quellflüssen des Mississippi erodieren und auflösen.

Hier ist eine anschauliche Lektion in vulkanischer Erosion. Hier ist ein fortwährender Ausbruch vulkanischer Gase, der nach Millionen von Jahren des Schmelzens von kieselsäure- und kohlenstoffhaltigen Gesteinen nachgelassen hat. Er kristallisiert sie zu Andesiten, Rhyolithen und Obsidianen um und vermischt tiefen Dampf mit Regenwasser, um die Arbeit der Erosion und Wasserlösung und der Ablagerungen über einer Öffnung im Herzen der Rocky Mountains zu erledigen. Wie üblich hat sich diese

Öffnung im Lauf der Zeit mit der Schmelze der tiefen Erdkruste, nämlich Basalt, vollgestopft, die die Laven von Yellowstone immer wieder von unten bis oben in ihren Ansammlungen zeigen. Und wie üblich sind die Öffnungen selbst schwer zu erkennen, da sie unter Aufschüttungen begraben sind.

1897 kehrte ich nach Yellowstone zurück und besuchte Death Gulch, eine düstere Solfatarschlucht mit einem Rinnsal kalten, sauren Wassers in der Nähe von Cache Creek. In Begleitung von Dr. FP King kletterte ich diese Schlucht hinauf, wo es übel roch und Schwefelwasserstoff die Lunge quälte. Es war ein V-förmiger, 50 Fuß tiefer Graben aus vulkanischem Puddingstein, der mit Alaun und Bittersalz weiß gefärbt war. An vielen Stellen stiegen Blasen durch das Wasser.

In der Schlucht wurden die Überreste von acht großen Bären gefunden, die an einem Ort zusammengedrängt waren. Das letzte Opfer war ein junger Grizzly, dessen Nasenlöcher von seiner letzten Blutung mit einem Blutgerinnsel verschmutzt waren. Giftgas hatte ihn getötet. Frühere Besucher hatten Eichhörnchen, Hasen, Schmetterlinge und andere Insekten gefunden, die durch Gas getötet worden waren. Wahrscheinlich töten sowohl Schwefelwasserstoff als auch Kohlendioxidgas bei ruhigem Wetter. In der Schlucht wehte jedoch der Wind. Wir zündeten Streichhölzer in Höhlen an, und das Kohlendioxid löschte sie nicht. Dasselbe war passiert, als Mr. Weed 1888 in Death Gulch einen Kohlendioxidtest durchführte.

Da ich den Fall des Engländers Mr. Clive und seines Führers Wylie kenne, die am 10. Dezember 1901 beim Fotografieren des Boiling Lake von Schwefelwasserstoff überwältigt wurden, scheint es mir, als ob der Geruch nach faulen Eiern eine große Rolle bei den Morden in Death Gulch sowie bei einigen Gifttragödien auf Java gespielt hat. Der Boiling Lake liegt am südlichen Ende der Insel Dominica nördlich von Martinique. Es gibt vier Solfataren und den Scaling Lake, letzteren in der Nähe des im Landesinneren gelegenen Dorfs Laudat, am Ende eines vulkanischen Tals und sechs Kilometer zu Pferd von Roseau entfernt, einer Küstenstadt südwestlich von Boiling Lake. Als Mr. Clive, Wylie und Matson – ein anderer einheimischer Führer – auf den heißen Teich hinunterblickten, bemerkte Matson, dass er brodelte, ohne Dampf auszustoßen, und machte auf die Gefahr aufmerksam. Trotzdem gingen sie weiter zum See. Matson berichtete später: „Ich inhalierte etwas Stinkendes und hatte das Gefühl, zu sterben. Ich rannte und verlor das Bewusstsein. Ich kam in einer Schlucht zu mir und fand Wylie dort liegen, wo ich ihn zurückgelassen hatte." Clive weigerte sich, Wylie zurückzulassen und schickte Matson um Hilfe, aber als die Rettungstrupps eintrafen, waren beide Männer tot.

Am Boiling Lake gab es keinen Ausbruch, keinen Dampf, nur einen sehr üblen Geruch. Alle Symptome deuteten auf eine plötzliche Veränderung des

Wassers von Dampf zu übermäßigem Schwefelwasserstoff hin. Und fünf Monate später löste übermäßiger Schwefelwasserstoff am Pelée gegenüber Dominica die großen Explosionen aus.

Angesichts dieser Phänomene ist es wahrscheinlich, dass Death Gulch im Yellowstone auch durch Schwefelgas tötet, dessen Geruch dort so stark ist. Day und Allen bringen Schwefelwasserstoff mit den begrenzten Sulfatgebieten des Yellowstone in Verbindung, die durch kleine Wassereinleitungen entstehen, und ein solches ist Death Gulch. Ein Teil Schwefelwasserstoff in 200 Teilen Luft ist für Säugetiere tödlich und kann in Schüben austreten. Kohlensäure erstickt, ist aber kein Gift und ist in freier Form so schwer, dass sie sich kaum mit Luft vermischt. Death Gulch ist kein Ort der Kalkablagerung wie Mammoth Hot Springs, wo kohlensäurehaltiges Wasser den darunter liegenden Kalkstein zersetzt.

Europa sollte der nächste Schritt in meiner Ausbildung sein. Als Assistent in Petrographie und Doktorand in Harvard ermutigte mich Wolff, einen Aufenthalt in Heidelberg zu planen. Dort sollte ich H. Rosenbusch finden, der die unendliche Reihe der Mineralien in Gesteinen geordnet hatte. Doch meine Reise nach Heidelberg begann mit einem Geographiekongress in London und einem Geologiekongress in Zürich. Bei diesen Treffen traf ich auf so hohe Tiere wie Lord Curzon, Henry M. Stanley und berühmte Polarforscher, und ich war überrascht, dass all diese VIPs wie ganz normale Menschen aussahen. Leider kam diese Erkenntnis für mich etwas spät.

Auf der Suche nach einem Biergarten in Zürich, wo man zu Mittag essen kann, nahm ich einen kleinen Engländer mit Backenbart mit und schlug vor, dass wir uns zu einer Gruppe ausländischer Geologen an einem Büffet gesellen. „Oh nein", antwortete er, „kein Bier. Ich möchte nur eine Tasse Tee und ein Gebäck." Also verließ ich ihn und gesellte mich grob und jugendlich zu den jüngeren Männern in die Bierstube, um Sauerkraut und Würstchen und Münchner Bier zu essen. Später, bei der Eröffnungssitzung, hielt der berühmte Sir Archibald Geikie, Generaldirektor des Geological Survey of Great Britain and Ireland und Autor des „Lehrbuchs der Geologie", des größten Geologiehandbuchs, eine Ansprache auf Französisch zum Geologischen Kongress. Er war mein Aufreißer, den ich zur Mittagszeit im Stich gelassen hatte. Ich hatte die einmalige Gelegenheit für ein Tête-à-Tête mit dem berühmtesten Geologen der Welt vertan.

Bevor wir nach München fuhren, zogen Harry Gummeré aus Haverford und ich in einem Drittklasse-Waggon durch Dänemark, inmitten von Bauern, die in langen Porzellanpfeifen furchtbar riechenden Tabak rauchten. Dann setzten wir nach Christiansand in Norwegen über. Wir durchquerten die Fjorde im Norden nach Trondhjem mit Ruderbooten, in „Stoolcars", die von kleinen Mädchen gefahren wurden. Dann reisten wir zu Fuß und überall im Regen. Es gab so viele Wasserfälle, dass wir nie wieder von einem hören wollten. Wir stiegen von Bergen nach Stalheim hinauf und sahen die Jordalsknut, eine prächtige Halbkuppel in einem riesigen Granit-Canyon wie Yosemite. Wir ruderten um die Jacht des Kaisers im Nordfjord herum und versuchten, ihn an Deck auszumachen. Wir wurden in einem abgelegenen Dorf vom tagelangen Regen durchnässt, gingen ins Gasthaus, legten uns ins Bett und schickten unsere Kleidung zum Trocknen in die Küche.

Die örtliche norwegische Bank sah sich unseren Akkreditivbrief von Brown Brothers an und sagte: „Nichts zu machen", was uns dazu inspirierte, ein Gedicht zu verfassen:

> Wir sind so glücklich, dass wir nicht wissen, was wir tun sollen.
>
> Wir haben keine Kleidung zum Anziehen,
>
> Wir sind durch und durch nass.
>
> Wir haben kein Geld und müssen ziemlich traurig sein
>
> Aber das tun wir nicht. Wir sind so glücklich, dass wir nicht wissen, was wir tun sollen.

Glücklicherweise amüsierte sich der Wirt über unser Gedicht und zeigte Verständnis für unsere Lage. Er nahm unsere Schuldscheine entgegen und sagte uns, wir könnten so viel Geld haben, wie wir wollten, und sollten es zurückschicken, wenn wir Trondhjem erreichten.

Von Trondheim aus durchquerten wir Skandinavien mit der Bahn nach Stockholm, das wie Venedig eine Stadt der Kanäle ist. Entzückende junge Damen führten den Frühstücksraum und servierten uns viele merkwürdige Brotsorten, Ziegenkäse und erhabene Sauberkeit. Das Kanalboot brachte uns über Schweden nach Göteborg. Es war ein kleiner Dampfer, durch dessen Bullauge wir eine Kuh sahen, die ein paar Meter entfernt gemütlich graste. Und wir sahen und waren beeindruckt von der herrlichen Rasengestaltung, der Baumzucht und dem Schleusenmauerwerk. Sowohl in Norwegen als auch in Schweden sprachen die Leute Englisch, die Nationaltrachten waren entzückend, die Mädchen waren hübsch und alle waren sauber und demokratisch.

Das Wintersemester 1894–1895 verbrachte ich in München, wo Groths Mineralien- und Kristallsammlungen die Hauptattraktion waren und wo ich die Vorlesungen von Sir Doktor Geheimrat Ritter Karl A. von Zittel hörte, dem Autor von sechs riesigen Bänden über fossile Muscheln, fossile Pferde, fossile Drachen und fossile Bäume sowie einer Geschichte der Geologie.

Einmal sahen wir ihn für irgendeine kaiserliche Veranstaltung mit Goldborte und einem Dreispitz eines Admirals ausgestattet.

Er war ein energischer Dozent. Der Assistent legte Diagramme auf das Regal, die Studenten versammelten sich, und dann trat Seine Majestät ein. Alle erhoben sich, und Zittel hielt mit einem Rattanzeiger einen Vortrag: „Es gibt, meine Herren, eine ganze Anzahl von ausgezeichneten Beobachtungen über" und so weiter. Dann schlug er auf die Zeichnungen ein und machte anmutige Anspielungen auf amerikanische Ermittler, während er einen riesigen Stegosaurus erklärte.

Im „Heidelberger Geologischen Panoptikum", wie ein Dachgeschoss am Neckar genannt wurde, postete ich anschließend ein Liedchen basierend auf „Ole Uncle Ned":

> Es gab einen Orthopäden
>
> Stegosaurus Marshii
>
> Legte ihn auf sein Jurabett.
>
> Er hatte eine Reihe Schaufeln in der Mitte seines Rückens
>
> Aber er hatte keinen sehr großen Kopf.
>
> *Chor*:
>
> Hammer, Hammer, Hammer auf den Stein
>
> Meißel, Meißel, Meißel auf dem Knochen
>
> Der arme alte Steg findet keine Ruhe mehr
>
> Denn Zittel konnte ihn nicht in Ruhe lassen.

Die Heidelberger Tage waren denkwürdig wegen der Vorlesungen von Rosenbusch, Goldschmidt und Osann, wegen des Laborsystems und wegen der langen Sammelreisen. Mit Probenbeutel und Hammer fuhren wir nach Sachsen, Böhmen und in die Vogesen, in den Schwarzwald und den Oberwald. Ich hatte einen großen, spitzen Hammer namens Umslopagaas, nach dem Helden von Rider Haggard, der eine solche Waffe schwang. Als Palache, Brock und ich in einem Steinbruch waren und ein unhandlicher Felsbrocken zerschlagen werden musste, erklang der Ruf: „Umslopagaas, komm schnell!" Das Sammeln von Gesteinsproben an „klassischen" Fundstätten bedeutete die Lehrbuchgesteine von Rosenbusch oder vom Leipziger Zirkel. Jeder Student träumte davon, eine Privatsammlung zu haben.

Nach dem Ascutney-Erlebnis war ich vom Schneeberg-Granit in Sachsen beeindruckt. Am Rand des Granits befinden sich Schiefer, die in Zonen hinter der Granitkante gebrannt wurden: hartes Horngestein, Fleckengestein, Glimmergestein, dann Tonstein. Die farbige geologische Karte von Sachsen war hervorragend. Sie umfasst das Bergbaugebiet der Geburtsstätte der Geologie in Europa, wo AG Werner im 18. Jahrhundert in Freiberg eine eigenwillige Wissenschaft begründet hatte, in der er sich vorstellte, Granite würden aus einem weltumspannenden Ozean kristallisieren.

An einer Stelle fand ich ein Handexemplar mit winzigen Granitzungen, die sich, flüssig wie Alkohol, ihren Weg zwischen die geschwärzten Schieferschichten gebahnt hatten. Der Granit selbst bestand nur aus Kristallen, aber hier war der Beweis für eine Flüssigkeit, die beim Eindringen in den Granit entstanden war. Was war es, wie heiß war es, ein Gas, ein Schaum, eine Paste oder eine Flüssigkeit? Dies geschah Millionen von Jahren vor Kaiser Wilhelm. Ich hatte etwas Ähnliches im Yellowstone gefunden, die kleinen Deiche aus sylvanischen Intrusivgesteinen in den Absaroka Mountains. Die kleinsten Zungen zeigten im Mikroskop den vollkommensten Granit, tertiäre Intrusivgesteine. Es war, als ob die Natur bei diesen kieselsäurehaltigen Invasionen basaltischer Agglomerate ihre beste experimentelle Granitisierung in sehr kleinem Maßstab vollzogen hätte.

Wir ließen uns von den Überraschungen der europäischen Wissenschaft überraschen. Wir wälzten Bücher in den Buchhandlungen, beluden uns mit Mikroskopen, Winkelmessern und vierbändigen Lehrbüchern. Wir fanden die gesamte Wissenschaft Europas in ansprechender, ungebundener Form und ließen sie in Halbmarokko binden. Überall gab es Mineralienhändler, die schön beschriftete Exemplare anboten. Alles in Europa schien preiswert zu sein.

Rosenbusch, der große braune Augen und einen grauen Bart hatte, kam in sein Labor, um sich meine Arbeit über Feldspat anzusehen. Als ich enthusiastisch fragte, welche Marke und welches Modell eines deutschen Mikroskops ich kaufen sollte, drehte er mich um und sah mir tief in die Augen: „Herr Jaggar", sagte er, „Es ist nicht das Mikroskop, es ist der Mensch."

Ein anderes Mal holte er einen dichten schwarzen Stein hervor und sagte zu Matteucci vom Vesuv, zu Palache und zu mir: „Ihr seid Geologen. Was ist das für ein Stein?" Wir lagen natürlich falsch und dachten, es müsse Lava sein. Es stellte sich jedoch heraus, dass es sich um schwarzen Kalkstein handelte, der leicht zu identifizieren gewesen wäre, wenn wir ihn angekratzt hätten, anstatt unsere Linsen darauf zu richten. Er lachte über die Leichtgläubigkeit der Geologen.

Osann hielt einen Kurs über petrographische Chemie, der um 7 UHR MORGENS BEGANN ! Normalerweise kamen wir hin, aber ein- oder zweimal kam der Lehrer selbst zu spät. Wir versammelten uns um Osann, der dick und freundlich war, und sagten: „Herr Professor, wie wärs mit ein paar Würstchen und Bier und einem kleinen Frühstück?" Er antwortete immer: „Warum nicht? Es ist noch genug Zeit", und wir suchten das nächste Café auf.

Manche Professoren standen um zwei Uhr morgens auf und nutzten die Ruhezeiten zum Schreiben. Rosenbusch hatte ein Stehpult und schrieb im Stehen. Ihr Ziel war es, riesige Wälzer zu produzieren, in denen alle Kristalle und alle Gesteine und alle Veröffentlichungen in allen Sprachen aufgelistet waren. Das ist deutsche Wissenschaft. Ihr Schlagwort lautet „Gründlichkeit".

Die Wirkung der deutschen Gelehrsamkeit auf mich war ein Gefühl der Verärgerung und des Grolls, aber was ich über Gründlichkeit und Mechanismen lernte, schätze ich außerordentlich. Ich ehre das Andenken dieser Lehrer und ich ehre ihre Schüler, die durch ihre Spezialisierung immer tiefer in die immer kleineren Dinge der Materie eingedrungen sind. Das Letzte ist das Hintergrundmaterial zwischen den Galaxien des Universums und den unbekannten Hintergrundpartikeln des Lebens. Aber für mich erforderte das mittlere Feld – die Entwicklung von Bergen, Flüssen und Meeresböden, Kontinenten und Vulkanen, Erdbeben und Landsenken, Himmel, Wolken und Gewässern – die ganze Außenwelt experimentelle Ingenieure. Größere Zwischendinge wie die Erdkruste und der Mond, innerhalb der Zeit, die in Menschenjahren gemessen wird, schienen von der Wissenschaft vernachlässigt und dennoch der riesigen Macht der Ingenieurskunst zugänglich zu sein.

Rosenbusch ließ mich einen ganzen Sommer lang an einer einzigen Feldspatprobe arbeiten. Ich wollte, dass sich Dinge bewegen, verändern und entwickeln. Ich wollte eine Beschreibung der Kristallisation dieses tafelförmigen Feldspats oder besser noch eine Schale, in der ich ihm beim Kristallisieren zusehen konnte. Mir schien, Faraday oder Pasteur hätten die Qualität eines bewegten Feldspatmediums in Bezug auf Druck, Hitze, Gas, Flüssigkeit oder sich verändernde Partikel beschrieben. Der qualitative Forscher hätte einen Ofen, würde viele Versuche durchführen und synthetischen Feldspat herstellen und eine Beschreibung darüber schreiben, was die Erde im Untergrund tun muss. Er würde mithilfe heißer Gase Schmelz- oder Schaumbedingungen schaffen, die Gesteine wie Basalt oder Granit erfolgreich imitieren.

Das Problem von Basalt und Granit wurde im 18. Jahrhundert erkannt. Werner vermutete und lehrte seine Schüler, dass es sich bei diesen Gesteinen um Meeresbodenablagerungen handelte. Einige entschlossene Europäer im

19. Jahrhundert – Fouqué und Michel-Lévy, Doelter und Morozewicz – schmolzen Mineralmischungen und stellten durch Abkühlen magmatisches Gestein her. Das Motiv war eine Annäherung; das Ergebnis war gut und nützlich. Niemand erreichte das Schmelzen durch heiße Gase und die Absorption heißer Gase. Niemand stellte Granit her. Vulkangestein wurde in Bezug auf Kristalle annähernd nachgeahmt, aber nicht in Bezug auf Gase. Und der gesamte Vulkanismus wurde später als Gase nachgewiesen, ebenso wie die gesamte Physik, Astronomie und Biologie. Der Mensch ist größtenteils ein Wasserstoffpuff.

Diese Visionen brachte ich aus Europa mit, zusammen mit vielen Überlegungen zu Experimentatoren wie Daubrée, Lacroix, Stanislas Meunier, Reyer und meinem Lehrer Goldschmidt, allesamt brillante Nachahmer der Erde. Goldschmidt gab einen Kurs in Blasrohranalyse, der völlig originell war. Seine Methoden gingen weit über die seiner Vorgänger hinaus.

Inzwischen hatte mir WM Davis geschrieben, ich solle nach Hause nach Harvard kommen und dort einen Kurs in geologischer Feldvermessung halten. Das war in den Jahren 1895–1896.

Mein Unterricht bestand darin, die Karte von Boston zu zerschneiden. Ich klebte die Stücke in Notizbücher und schickte die Studenten in Paaren mit Kartenbüchern ausgerüstet los. Sie sollten ihre Bleistifte spitz halten, ein einheitliches System verwenden und Proben von Felsvorsprüngen abschlagen. Sie sollten den Stein unter einer Lupe untersuchen und ihn dann benennen; aber ich warnte sie: „Wenn Sie den Stein nicht kennen, nennen Sie ihn ‚FRDK, komischer Stein, kenne ihn nicht'." Die Studenten markierten die Seite gegenüber jeder Karte mit Symbolen für die Steine auf dieser Karte. Dann trafen sie sich im Seminar und wir erstellten eine farbige Karte der Geologie von Boston. Laurence La Forge, heute Professor am Tufts College, war mein Student und später mein Assistent. Er veröffentlichte die Ergebnisse unserer Arbeit viele Jahre nach der Studie.

Als der Unterricht auf experimentelle Geologie und Geologie der Vereinigten Staaten ausgeweitet wurde, wurden im Keller des Agassiz Museums Laboratorien eingerichtet, und ich erhielt freie Hand, diese einzurichten. Ich stattete sie mit einem Wassertank, einem Gasofen zum Schmelzen und Rekristallisieren von Mineralien, Druckmaschinen, einem Luftkompressor und Motoren aus. Den Studenten wurden Experimente mit Wachs, Gips, Zement, Sand, Kohlenstaub und Marmorstaub aufgetragen. Sie ahmten Gesteinsschichten, Flüsse, Deltas, Intrusionen und Gebirgsfalten nach und machten sich mit der Art und Weise vertraut, wie Festkörper brechen.

Jeder Mann übernahm eine spezielle Arbeit für seine Abschlussarbeit und arbeitete allein mit Uhr oder Metronom, Thermometer oder Druckmesser, Federwaage oder Zentimeterskala und überprüfte die Experimente der Vergangenheit. Zu meinen bekanntesten Studenten zählten Ralph Stone, später Staatsgeologe für Pennsylvania, Vernon Marsters aus Indiana, Julius Eggleston aus Riverside, Kalifornien, und Ernest Howe aus Yale.

Im Kurs über amerikanische Geologie waren Studenten wie Amadeus Grabau, der führende Paläontologe Chinas, Stefansson, der Polarforscher, Ellsworth Huntington, der später der berühmte Autor und Geograph in Yale war, und Franklin Delano Roosevelt. Da es in Harvard so viele Roosevelts gab, vergaß ich meinen berühmten Studenten völlig, bis er 1934 zum ersten Mal Hawaii besuchte. Mr. Roosevelt hatte sich jedoch an seinen Geologieprofessor erinnert, und ein Assistent rief das Hauptquartier von Volcano an und forderte mich auf, in Hilo zu sein, wenn das Schiff des Präsidenten ankam.

Der Geologiekurs in den Vereinigten Staaten war das Ergebnis meiner zwei Jahre im Yellowstone und meines Interesses an den großen Hayden-, King- und Powell-Untersuchungen. Die jungen Geologen mussten den Kontinent und seine Einzelheiten kennen.

Die großen Monographien und Folianten Washingtons haben eine Galerie unterirdischer Bilder eines der größten Kontinente geschaffen, die durch die Arbeiten der kanadischen Geologen ergänzt werden. „America" zeigt Falten und Überschiebungen der Appalachen, Verwerfungen der Utah-Hochebenen und Eruptionen der Rocky Mountains. Es enthält die erstaunliche Metamorphose der erst kürzlich angehobenen Meeresböden entlang der Pazifikküste. Es dokumentiert die Überreste des Meeresbodens und die Staubsturmablagerungen der weiten Ebenen und enthält neben den offensichtlichen Büffelschädeln auch die alten Knochen von Walen, Reptilien und Nashörnern.

Über all dem liegt die sogenannte Physiographie, die Wissenschaft von herabfallenden Materialien und Wasser, der Verrottung des Landes und der Ansammlung von Schutt. Ein Netz von Flüssen über und unter der Erde ist das, was hervorsticht, und das Muster der lebendigen Flüsse hat sich im Laufe der Zeit unaufhörlich verändert. Aber durch und durch ist es ein sich bewegender Prozess der Zeit, kinetisch, lebendig mit Gletschern, heißen Quellen, unterirdischer Hitze oder oberflächlicher Kälte, durchdringenden Regenfällen und stürmischen Stürmen, Erdbeben und Hebungen, Verwerfungsbewegungen und Absenkungen. Für jemanden, der Zeitlupe spürt, ist alles in Bewegung, wobei gelegentlich der Widerstand durchbrochen und vorwärts gestürmt wird. Und Geologie ist ein Gefühl von Zeitlupe und ihren Sprüngen über 5 Millionen Jahre, wobei dieses menschliche Jahr, hier und jetzt, von großer Bedeutung ist. Geologie ist, wie die Menschheit, nicht nur Geschichte.

Unter all dem befinden sich Gas und Hitze: Saratoga Springs, Yellowstone, die Comstock Lode und Mount Shasta. Von New York bis Kalifornien wird es heißer. Und draußen auf dem Meer lagert sich den ganzen Tag lang der Müll des Kontinents ab. Und die Wissenschaft wartet ungeduldig darauf, herauszufinden, wie heiß der Meeresboden ist.

Zusätzlich zur Laborarbeit wollte ich in den Wäldern, Sümpfen und Hügeln von Massachusetts Cross-Country-Wanderungen zu Themen wie Botanik, Geologie und Zoologie durchführen. Und im Zusammenhang mit diesen Plänen lernte ich eine Lektion in Sachen Einfachheit. Ich ging zu Präsident Eliot, da ich mich an den hochtrabenden Namen „Pierian Sodality" für das College-Orchester erinnerte, um einen klassischen Kalendernamen für meine Cross-Country-Wanderungen zu bekommen. Er fragte: „Was ist, kurz gesagt, Ihre Idee?" Ich antwortete: „Umgangssprachlich werden es naturkundliche Wanderungen sein." Er nahm einen Stift und sagte: „Warum nicht diesen als Namen?" Auf dem Papier stand „Naturkundliche Wanderungen".

Ein wichtiger Bestandteil unseres Lehrplans war die Geologiekonferenz am Dienstagabend, bei der jeder Absolvent einen Vortrag halten konnte. Zu diesen Konferenzen kamen zu verschiedenen Zeiten Brooks, Spurr, Schrader, Goodrich, Mendenhall, PS Smith, Mansfield, Matthes, Lane, Crosby, Barton, Douglas Johnson, Daly und alle Harvard-Mitarbeiter. Die Männer gewannen Selbstvertrauen beim öffentlichen Sprechen und Ausstellen, und die Professoren kommentierten dies freundlich. Die Themen reichten von Sommerarbeit im äußersten Westen und aktuellen Studien in Meteorologie unter Ward bis zu petrografischer oder experimenteller Arbeit mit Projektionsapparaten unter Wolff und mir. Jackson und Hyatt brachten Fossilien mit, und der Geological Survey war immer als Ziel für junge Männer oder als Thema für eine Besprechung präsent. Shalers Kommentare wurden von einer Reihe guter Geschichten begleitet. Die Konferenzen lehrten die Studenten, wie man lehrt, indem man sie öffentlich sprechen ließ. Es war eine von Shalers produktivsten Erfindungen und wurde weithin kopiert.

Walcott wandte sich in seinem Survey an Harvard, um Gesteinsforscher hervorzubringen. Doktoranden hatten die Wahl zwischen Prozess und Geschichte, Geographie in Verbindung mit dem Schulunterricht, mikroskopischer Petrographie und Kristallographie in Verbindung mit Mineralien- und Gesteinssammlungen oder Evolution in Verbindung mit Museen und Fossilien. Beecher von Yale hatte Haare an den Beinen fossiler Trilobiten gefunden. Jemand anders hatte fossile Bakterien gefunden. Eine

Gruppe von Petrografen schloss sich zusammen und entwickelte eine künstliche Klassifizierung von durch Feuer entstandenen Gesteinen auf der Grundlage chemischer Eigenschaften – die für den Feldforscher mit einer Gesteinsprobe absolut nutzlos war. Agassiz hatte ein großartiges Museum gebaut. Das Forschungsmotiv basierte auf Sammlungen; das Motiv der öffentlichen Ausstellung basierte auf Evolution und großen, seltenen Dingen. Das Publikationsmotiv ahmte Europa nach: „Sei so technisch wie möglich, verabscheue Reporter und Zeitungen und sei niemals populär."

1897 verlieh mir die Harvard University nach einer Doppelarbeit und einer mündlichen Prüfung den Doktortitel. Die Prüfung bestand ich sehr unglücklich, da ich mich an Lehrbücher überhaupt nicht erinnern kann. Meine Dissertationen befassten sich (1) mit einer Erfindung, einem Messgerät zur Bestimmung der Mineralhärte, und (2) mit den eingeschlossenen Fragmenten, die in Bostoner Deichen gefunden wurden.

Das Mikrosklerometer, wie das Instrument genannt wurde (also ein Mikroskopkratzer), wurde entwickelt, um ein Mineral mit Diamanten bis zu einer festgelegten Tiefe zu bohren. Die Härte wurde anhand der benötigten Zeit gemessen, wobei davon ausgegangen wurde, dass die für das Standardloch benötigte Energie mit der Zeit variierte und die Zeit mit der Härte. Die Anzahl der Umdrehungen mit einem Motor mit konstanter Geschwindigkeit ist ein Maß für die Zeit.

Die Arbeit wurde in Amerika und Deutschland veröffentlicht und von einer mikroskopischen Gesellschaft in England ausführlich besprochen. Das Instrument wurde von HC Boynton, einem Doktoranden der Metallurgie, ausgeliehen und er erzielte gute Ergebnisse bei den mikroskopischen Kristallen, aus denen Stahl besteht. Die Erfindung und Konstruktion mit Hilfe von Sven Nelson, einem fähigen schwedischen Mechaniker, waren für mich eine Lehre für sich. Unter anderem lernte ich, wie begeistert sich die Wissenschaft von ultrakleinen Dingen ernährt.

Meine Petrographie von eingeschlossenen Quarzfragmenten in Basaltgängen wurde teilweise veröffentlicht, brachte aber überhaupt keinen Erfolg. Es war eine Arbeit im Freien, sie betraf das Granitproblem und enthüllte, dass die „Flüssigkeit" der Granitmineralien „Wasser oder Dämpfe" war, die keinen Einfluss auf Augit hatten, das grüne, schmelzbare Mineral des Basalts. Aber dieselbe Flüssigkeit entpuppte sich als korrodierende Quarzeinschlüsse, die härter und angeblich weniger schmelzbar waren.

Wenn die Temperatur eine Rolle spielte, konnte die Granitflüssigkeit Löcher in Quarzeinschlüsse schmelzen, aber der Mantel aus dunklen Augitkristallen, den der Basalt auf die Außenseite der Quarzfragmente geklebt hatte, blieb ungeschmolzen. Dies war meine erste Begegnung mit dem alten Problem der Fusion oder des Schmelzens. Ich gelangte zu der Überzeugung, dass

Granitflüssigkeiten, wie die Erzeuger von Goldquarzadern, Dämpfe oder Gase mit niedriger Temperatur sind. Dies stimmt mit dem überein, was heute allgemein bekannt ist, nämlich dass Kieselsäure einen niedrigen Schmelzpunkt hat. Aber Schmelzen und Temperatur sind nicht die ganze Geschichte.

Für mich war die Verbreitung des eigenen Ruhms durch wissenschaftliche Arbeiten Kommerzialisierung. „Sie müssen Ihren Namen bekannt machen" und „Was haben Sie veröffentlicht?" hallten durch die wissenschaftlichen Hallen der Bildung. Von meinen wissenschaftlichen Kollegen hörte ich nie einen Hinweis auf Kunst, Literatur, Drama, Schönheit oder Philosophie. Einige literarische Freunde wie William Garrott Brown und mein Klassenkamerad William Vaughn Moody hielten Lesbarkeit für wichtig. Brown warnte mich vor der Eintönigkeit kleiner Arbeiten in wissenschaftlichen Texten. Agassiz warnte mich vor genau dem Gegenteil, nämlich davor, zu popularisieren oder interessant zu sein. Dieser Gegensatz zwischen wissenschaftlichen Zeitschriften und Kunst gerät wahrscheinlich nie in das Blickfeld vieler junger wissenschaftlicher Autoren. Sie sehen nur „Schreiben Sie für Ihre wissenschaftlichen Kollegen und für niemanden sonst, das ist Ihre Welt". Mein ganzes Leben lang hat mich die Frage „sei so technisch wie möglich" im Gegensatz zu „erkläre der Öffentlichkeit, was das alles bedeutet" geplagt.

Ich vermute, dass unser System in der Geologie (und vielleicht in der Wissenschaft allgemein) Diagramme und Statistiken produziert und keine Kunstwerke mehr. Ich kenne nur wenige Geologen, die gute Zeichner sind. Sie akzeptieren stattdessen Fotografie. Ich kenne keinen, der ein literarischer Stilist ist. Sie schreiben mit dem Ziel der äußersten Prägnanz und der tabellarischen Darstellung. Im 19. Jahrhundert wurden klassisches Englisch und Zeichnen gelehrt.

Die Geologie ist die Wissenschaft des Traumlandes im Erdinneren und der Jahrtausende alten Zeitalter und der überwältigenden Weite reicher, ertragreicher, unbekannter Erze unter dem Meeresgrund. Sie ist ein Fachgebiet für Literaten und für neue Magellans, Humboldts und Darwins, die vor Fantasie und Entdeckergeist sprühen.

Dieser scheinbare Exkurs ist für den Inhalt dieses Buches wirklich relevant. Es ist die Rückschau eines Mannes auf ein halbes Jahrhundert sich entwickelnder Entdeckungen. Und auch ein halbes Jahrhundert sich entwickelnder Irrtümer und Abkehr von den Methoden der Vorreiter. Die Vorreiter, von William Smiths Gründlichkeit bei der Untersuchung von Erdschichten in England bis zu Clarence Kings Zusammenfassung von tausend Meilen über die Kordillere, erforschten nach oben und nach außen.

Sie überzeugten Regierungen. Überzeugungsarbeit vor dem Gericht der öffentlichen Meinung erfordert und beschäftigt keine Forscher und Literaten mehr. Die Vereinten Nationen beschäftigen Clarence King nicht mit der Weltgeologie der verbleibenden drei Viertel der Erde.

Die Verwirrung, die Heimlichtuerei und der Verlust der Kunst sind auf die Vulgarisierung zurückzuführen. 1875 erforschten wirklich angesehene Männer die Erde. Heute sind das nur noch eingetragene Unternehmen, Lehrstiftungen und Rechenmaschinen. Clarence King war Sprachwissenschaftler und der Sohn eines chinesischen Händlers. Seine Ausbildung in Yale bei Dana und Brush vermittelte ihm echte Bildung. Seine Gründung des United States Geological Survey war die Entwicklung eines Genies, das Politik verabscheute und dessen Freunde sich mit ihm an großartiger Prosa, guten Bildern und feinen Skulpturen erfreuten. Dann scheiterte er an einem falschen Ehrgeiz und der Dekadenz genau dessen, was ihn groß gemacht hatte: die Einfachheit erhabenen Denkens, edlen Schreibens und kultivierten Freunden. Heute fehlen kultivierte Jungen mit dem Ehrgeiz, die Erde zu erforschen, sowohl unter dem Meer als auch in der Wildnis.

Geologie war 1897 ein Puzzlespiel, bei dem man sich zwischen Museum und Feldarbeit entscheiden musste, zwischen der einfachen Sache mit Sammlungen, feinen Mikroskopen und wissenschaftlichen Gesellschaften und der schwierigen Sache mit der Erforschung der Erde. Sammlungen und Instrumente waren eine überwältigende Anziehungskraft, besonders wenn es um Fotografie und Experimente ging. Aber das raue Leben in der Wildnis hat einige der besten Charaktere hervorgebracht, die ich je kannte.

Geologische Untersuchungen des Westens beschäftigten mich auch im Sommer. Ich arbeitete in den Black Hills von South Dakota unter Samuel Franklin Emmons, und zu meinen Kollegen zählten John Mason Boutwell, John Duer Irving, Philip Sidney Smith, Bailey Willis und NH Darton. Boutwell wurde Kupfergeologe und Kupfermagnat in den Minen von Utah, Irving Professor für Ökonomische Geologie in Lehigh und Yale und Smith Leiter der Zweigstelle des US Geological Survey in Alaska.

Als ich mit Emmons, Willis und Darton im Black Hills-Feld war, lernte ich auf vielfältige Weise, wie Geologen vor Ort arbeiten und wie ihr Verstand funktioniert. Emmons war ein Bostoner Brahmins, ein Mann aus Harvard, sein Spezialgebiet war Bergbaugeologie, und er folgte der Clarence-King-Tradition des Großen Westens, der 40. Parallelvermessung.

Bailey Willis verbrachte als Chefgeologe eine Woche mit uns im Lager, und ich wurde Zeuge seines Genies beim Zeichnen von Linien, und er erklärte die Vier-Schritt-Schritt-Methode. Willis kartierte Entfernungen, indem er Berge abschritt, im Kopf zählte und gleichzeitig sprach. Er stellte eine farbige geologische Karte der Vereinigten Staaten zusammen. Seine wunderbaren Experimente zur Gebirgsfaltung, seine Erkundungen auf allen Kontinenten und sein poetischer Glaube an Wasserstoff und Kristallisation als innere Kräfte machten seinen Namen unsterblich.

NH Darton kartierte die Great Plains. Seine Begabung lag in harter Arbeit, vielen Stunden im Feld, Farbfotografie von Anfang an und einem außergewöhnlichen Auge für Details im Gelände.

Darton zeigte mir, wie ich die Chadron-Formation an den Wasserscheiden finden konnte, weiße Tone, die man leicht übersehen konnte. Dartons langjährige Reisen durch den gesamten Westen und die Veröffentlichung hervorragender Monographien über artesische Gewässer und riesige fossile Meeresböden, in denen er die Geologie ganzer Staaten von Texas bis Kanada zusammenfasste, machen ihn zu einem der größten Geologen. Von ihm erfuhr ich Einzelheiten über die unendlichen Entdeckungsmöglichkeiten, die in jedem Felsvorsprung möglich sind. Er fand winzige fossile Muscheln, die allen anderen entgangen waren. Powell und King hatten impressionistische Geologie gemalt. Darton verfolgte und malte Tausende von Miniaturen, fasste diese aber auch in großen Büchern zusammen.

Charles Doolittle Walcott war zu dieser Zeit Direktor des US Geological Survey, und es gab nie einen größeren Geologen. Seine kambrischen Fossilien, jene des ersten großen fossilienbildenden „Mittelmeers" Nordamerikas, lagen in den Vereinigten Staaten von Küste zu Küste vergraben. Unbeirrt folgte er jedem Binnenmeer vor 531 Millionen Jahren und danach, während er dreimal den Kontinent überquerte. Die Landflächen waren von gemäßigtem Relief und das Klima mild. Meerestiere und Seegras, große und kleine, gab es 80 Millionen Jahre lang im Überfluss. Und bedenken Sie, dass eine Million Jahre tausendmal so lang ist wie die Zeitspanne seit Wilhelm dem Eroberer.

Der Kontinent, den Walcott von dieser Zeit kartierte, war das heutige Nordamerika mit Senken, die flache Meeresstreifen und Tümpel bildeten, in denen heute die kambrischen Schiefer- und Kalksteine liegen. Er schrieb eine Beschreibung dieser gewaltigen Geschichte und verbrachte all seine späteren Sommer in den kanadischen Rocky Mountains, wo fossilienhaltige Schichten die beeindruckendsten Berggipfel der Erde bilden.

Meine Untersuchungen der Black Hills in den Jahren 1898 und 1899 fanden in der Nähe von Deadwood, Spearfish und Mato Tepee statt, dem Devil's Tower National Monument. In diesen Ödländern mit ihren seltsamen Wüstenschluchten tauchen die Knochen urzeitlicher Nashörner und vieler grotesker Tiere auf, riesige und winzige, die vor 40 bis 60 Millionen Jahren lebten. Wir fanden kleine Knochen in weißer Erde auf den Wasserscheiden, die noch immer vor Erosion geschützt sind.

Unsere große Aufgabe war es, die Lakkolithen in der Nähe von Deadwood zu kartieren. Ein Lakkolith oder eine Felszisterne ist ein Lavakörper, der in sehr alten Zeiten in die Risse der Gesteinsschichten spritzte. Die Lava war zwischen die Gesteinsschichten der nördlichen Decke der Black Hills eingedrungen und hatte sich zwischen den Gesteinsschichten zu Linsen aufgebläht. Sie hatte insbesondere die weichen Schieferschichten ausgewählt und durchdrungen, die zwischen den Formationen nach oben hin dicker und zahlreicher werden. So wurden nach der Erosion der heutigen Landschaft sowohl große als auch kleine Lavalinsen als widerstandsfähige Hügel freigelegt, die größten unten im Gesteinshaufen und die kleinsten und steilsten oben in dicken, schwarzen, alten Schlammablagerungen.

Meistens handelte es sich bei den Lakkolithen um Injektionen vulkanischer Flüssigkeit in einen Riss, die auf ein hartes Bett trafen und sich bog, um die Paste oder Lava in eine weiche Schicht zu pressen. Das Ergebnis war ein unterirdischer Lavastrom, der die Betten aufriss. Offenbar brachte der erste Strom Fragmente der darunter liegenden Felsen an die Oberfläche. Dieses fragmentarische Material aus Schlamm und Kies wurde von der Lava überrollt, bis diese horizontal ein oder zwei Meilen zwischen die Schichten eindrang, die darüber liegenden Schichten wölbte und am Devil's Tower mit vertikalen Säulen wie dem Giant's Causeway in Irland erstarrte.

Diese Gruppe unterirdischer Vulkanausbrüche zwischen den Schichten gelangte wahrscheinlich zur selben Zeit unter den Meeresboden, als das Hochland von Yellowstone weiter westlich mit seinen Freiluftausbrüchen begann. In den Black Hills gibt es jedoch keinerlei Anzeichen dafür, dass die Lakkolith-Laven jemals bis an die Oberfläche aufgebrochen wären.

Die Black Hills entstanden wie die Rocky Mountains über einen langen Zeitraum in Wellen, während der Lavaeinbruch eine relativ kurze Episode eines der letzten dieser Krämpfe war. Doch diese Episode beinhaltet eine lange Geschichte zahlreicher Einbrüche. Sie führt uns in die Kruste und durch die Jahrtausende.

Denken Sie immer in Millionen von Jahren. Es ist auch ratsam, in Millionen von Meilen zu denken und sich daran zu erinnern, dass die Sonne und die Milchstraße Teile desselben Systems sind wie die Erde. Und denken Sie daran, dass ein Felsvorsprung oder ein Felsbrocken sich nicht darum schert, 20 Millionen oder 100 Millionen Jahre alt zu werden. Ein Schädel ist ein Felsbrocken. Dieses alte Brontotherium-Nashorn mit einem gegabelten Horn, das 2,44 m hoch und 4,5 m lang war, lebte im oberen Oligozän, als in den Bad Lands von South Dakota Lehm und Vulkanasche abgelagert wurden. Wahrscheinlich waren ausgedehnte Flussauen sein Lebensraum, Sumpfschilf und Blätter seine Nahrung, und Fluten schwemmten seine

Knochen weg und begruben seinen Schädel dort, wo wir sie heute finden. Das Land der offenen Lichtungen war wahrscheinlich wie das Safariland Zentralafrikas.

Der Schädel von Brontotherium im Chicago Natural History Museum ist etwa 30 Millionen Jahre alt. Die Knochen sind verstreut und es wurden nur wenige vollständige Skelette gefunden. Der Vorfahr des Menschen mag vor 10 Millionen Jahren geboren worden sein, aber das, was einem Affen am nächsten kam, der in den Bäumen der alten Wälder von Bronto lebte, war ein Opossum. Darüber hinaus wurden in den Nashornschichten keine Feuersteinwerkzeuge gefunden. Die Affen kamen in der nächsten geologischen Periode in Europa und Asien vor und einige versteinerte Affen wurden in Südamerika gefunden. Aber Menschen und Affen sind zu weich. Sie geben keine guten Fossilien ab.

Die Knochen, die wir fanden, waren Schildkrötenknochen, die in Tonschichten auf den Gipfeln der Black Hills lagen. Diese Tonschichten wurden später zu den heutigen Tälern erodiert und entstanden wahrscheinlich zeitgleich mit den Flussbettschlämmen, in denen die Nashornschädel gefunden wurden. Unsere Schildkröten und Nashörner waren also 29.998.000 v. Chr. zweifellos Nachbarn.

Unser Aufenthalt in den Black Hills verlief nicht ohne Abenteuer. Eines Abends, als Boutwell und ich nach Deadwood nach Hause ritten, stieg ich ab und sprang in das Gebüsch einer Schlucht, um ein Felsstück von einem Felsvorsprung zu stoßen. Unter meinen Füßen ertönte ein Summen wie von einem Bienenschwarm. Ich war direkt auf eine Klapperschlange gesprungen und konnte ihre Windungen an meinem Knöchel spüren, und an diesem Tag trug ich keine Leggings. Boutwell rief: „Oh, lass mich sie sehen! Ich habe noch nie eine Klapperschlange gesehen." Ich gab eine passende Antwort und sprang irgendwie weg, bevor die Schlange eine Chance hatte, zuzubeißen.

Ein weiteres Abenteuer betraf meine goldene Uhr, ein Geschenk meines Vaters zu meinem einundzwanzigsten Geburtstag. Ich verlor sie, weil die Kette beim Absteigen an der Sattelspitze riss. Ich machte mit Plakaten an Bahnhöfen Werbung dafür und erstaunlicherweise wurde sie zurückgegeben. Ein Mann der Heilsarmee fand die Uhr, die von meinem Pferd schwer zertrampelt worden war, an einem abgelegenen Ort, brachte sie mir nach Deadwood und erhielt die Belohnung. Ich brachte sie zum Hersteller in Waltham, wo sie restauriert wurde; und ich trage sie 54 Jahre später, umgebaut von einem Jagdgehäuse zu einem Kronenaufzieher.

John Irving aus Yale, dessen Vater Bergbaugeologe im Gebiet der Großen Seen gewesen war, war einer der liebenswertesten Gefährten, mit denen ich je gezeltet und gewandert bin. Wir waren zusammen in den Black Hills, wo wir eine Wagenbesatzung mieteten, um die Berge zum Devil's Tower zu überqueren. Das Personal war ein Meisterwerk der Improvisation. Der Koch war ein dicker Junge, der wunderbare Abenteuergeschichten erzählte. Unter anderem war er ein menschlicher Strauß im Zirkus gewesen, und er versicherte uns, dass es nicht schadet, Glas zu zerkauen und zu schlucken, wenn man weiß, wie. Seine Kochkünste waren so aufwendig, dass uns immer wieder das Essen ausging. Außerdem kamen die Mahlzeiten im Allgemeinen spät, aber wir wussten, dass wir das Abendessen und seine letzten Handgriffe nicht überstürzen sollten. Als endlich eine Mahlzeit fertig war, trat er an unser Zelt heran, verbeugte sich und rief: „Meine Herren, Sie werden jetzt mit dem Sagastuate fortfahren.“

Johnston, der Fuhrmann, war ein ehrgeiziger Absolvent einer High School in South Dakota und ein Bauernjunge, der alles von Geologen lernen wollte, was er konnte. Vor ein paar Jahren, in den 1940er Jahren, erhielt ich einen Brief von ihm aus Südwestafrika, in dem er mir mitteilte, dass er beim Seifenbergbau nach Gold und Diamanten erfolgreich gewesen sei und ein Buch darüber schreiben würde.

Arizona war mein viertes Feld von Feuereinbrüchen; nach Neuengland, den Black Hills und dem Yellowstone (alt, mittelalt und jung). In die Bradshaw Mountains zwischen Prescott und Phoenix, südlich des Grand Canyon, wurde ich mit Palache geschickt, um das Bradshaw Mountains-Folio zu erstellen.

In Prescott hatten wir das seltene Privileg, mit Clarence King zu sprechen. Er war ein alter Junggeselle, der an Tuberkulose starb und in einem Cottage mit einem alten schwarzen Diener lebte. King war ein faszinierender Redner und Schriftsteller. Er war der erste Direktor des Geological Survey und der Autor von „Mountaineering in the Sierra Nevada“. Sein großartiger zusammenfassender Band über den 40. Breitengrad, die Vermessung entlang der Union Pacific, ist einer der Klassiker der Literatur und der Geologie. Sein Vorbild war, leider für ihn, Alexander Agassiz, der mit dem Kupfer von Calumet und Hecla ein großes Vermögen machte. Als King in den Bergbau ging, um ein Vermögen zu machen, erkrankte er an Tuberkulose. Er starb kurz nachdem wir ihn gesehen hatten.

Das Problem, was Granit ausmacht, wurde nirgends besser veranschaulicht als in den Bradshaws. Eine Formation, die sich in aufrechten Bändern kilometerweit über das Land erstreckte, zeigte dunklen Schiefer, Diorit, Granit, Diabas, Granit, hellen Schiefer, Quarzit, Granit, Gabbro und wieder Schiefer, wie eine Abfolge von Deichen, Platten und Adern nebeneinander. Ein Bergsporn, der wie ein Bücherregal mit farbigen Büchern am Rand aussieht, heißt Crooks Complex und wurde nach Crooks Canyon benannt.

Der Verlauf war mit den eingeschnürten Schichten, aber das Material war größtenteils magmatisch.

Es war, als ob ein Schmelzvorgang mit dem Eindringen von Flüssigkeit vermischt worden wäre, aber welche Flüssigkeit? Glas? Oder Gas? Es gab keine Schmierereien, sondern sauber geschnittene Deiche und Schieferplatten auf der Kante. In den großen Granithügeln gab es Kontaktabbrüche mit Schieferfragmenten, die im Granit eingeschlossen, aber nicht verschmiert oder gestreift waren. Der Eindruck war der von Millionen von Jahren und Tausenden von Episoden, die alle Deiche bildeten und von der aufrechten Schichtung oder vertikalen Struktur der alten, dicht gefalteten Ton- und Sandschichten geleitet wurden, die durch horizontalen Druck zusammengepresst wurden.

Seit ich weiß, dass die Radioaktivität Perioden von mehreren Millionen Jahren erlaubt und dass ein einzelnes Erdzeitalter viele Millionen Jahre umfasst, frage ich mich, ob diese sehr alten Formationen vielleicht Hunderte von Jahrtausenden repräsentieren und dass es bei jeder geologischen Revolution der Umwälzungen und Gebirgsbildung immer wieder zu einer Granitisierung kam.

Granitisierung ist also ein Prozess aus Hitze, Druck, Gasen, Schmelzen und Kristallbildung, wovon die alten Wörter Magma, Emulsion oder Paste keine Vorstellung vermitteln. Und der Vulkanismus bis in die tiefe Kruste ist der mysteriöse Teufel. Könnte es nicht eher Nukleonik und Schmelzen der tiefen Kruste als Chemie sein? Und ist der mysteriöse Teufel nicht immer Wasserstoffgas?

Zu Beginn des 20. Jahrhunderts besuchte ich zwei Orte, die nahe beieinander liegen und mit den Bradshaw Mountains in Verbindung stehen: Searchlight an der Südspitze Nevadas und den Grand Canyon des Colorado River.

Ich werde meine Ankunft in Searchlight nie vergessen. Es war ein Bergarbeiterstreik im Gange, und Geologiestudenten aus Stanford waren als Streikbrecher eingesetzt worden. Big Bill, der Sheriff, brachte die Jungen von der Eisenbahn durch die Wüste. Sein Bock war vorneweg, und die Stanforder folgten in einem Wagen. Die Streikenden säumten die Straße von Searchlight aus, entschlossen, die Pferde loszulocken. Aber als sie Bills Stern und seinen Sechsschüsser sahen, ließen sie die Hände sinken und standen wie eine Reihe Zinnsoldaten da, während Big Bill im Galopp voranging und sie aus voller Kehle verfluchte.

Als ich in Ivanpah, einem kleinen Ort mit nur wenigen Häusern, aus dem Zug stieg, sprach ich mit einem jungen Bahnhofsvorsteher, an dessen Tür das alte Wells Fargo-Schild hing. Er sagte mir, dass das Team der Quartette Mine mich bald abholen würde, und kurz darauf verkündete eine Staubwolke in der Wüste das herangeraste Fahrzeug, ein Phaeton mit zwei großen Pferden. Die fünf Männer darin waren bewaffnet, Gewehre und Pumpguns ragten hervor. Ein Mann zog einen schweren Lederbeutel hervor, und ein anderer stand mit seinem Gewehr darüber. „Komm, Jack, lass uns zum Wolf Saloon gehen." „Nein", sagte Jack, „nicht bevor ich meine Quittung habe." Der sanftmütige Bahnhofsvorsteher zog ein Quittungsbuch hervor, füllte die Lücke mit der Bestätigung von 20.000 Dollar in Goldbarren aus der Mine, warf den Beutel in einen offenen Safe und Jack ging mit seiner Quittung fort und überließ den Goldbarren dem mystischen Schutz dieses Schildes „Wells Fargo and Co." Zwei kampffähige Banditen hätten ohne Probleme den gesamten Bahnhof überfallen können.

Als ich mich in Begleitung von Detektiven und Wachleuten auf den Weg zur Mine machte, trugen wir alle Pistolen in Halftern unter den Armen. Unterwegs verbrachten wir Weihnachten inmitten des Geruchs von Wüstenbeifuß und des herrlichen Sonnenuntergangslichts einer violetten Wüste. Wieder einmal murmelte ich: „Das ist also Naturgeschichte."

Ich wurde beauftragt, die Quartette-Goldmine und das geologische Mysterium der Herkunft von Erde im Wert von einer Million Dollar zwischen einer Ebene 200 Fuß unter der Erde und einer anderen in 500 Fuß Tiefe zu untersuchen. Die Million Dollar befand sich entlang einer zerkleinerten, abgerutschten sogenannten Ader, wo eine Verwerfung der aufrechten Schichtung von genau solchen Gneisen, Granitdämmen und Schiefern folgte, die Crooks Complex in den Bradshaws gebildet hatten. Wo Gold am reichsten war, waren auch die Mineralien am reichsten – wunderschöner orangefarbener Wulfenit, grüner Chrysokoll, blauer Azurit, Onyx, Quarz und Kalzit. Überall lagen Unmengen von Rillen oder zerkleinertem Ton von Schleifwänden. In all dem waren Partikel von gediegenem Gold verstreut.

Die Schiefer waren mit Lavaspalten gefüllt, und in der Mine wurde dieses Muster von Bändern durch einen sehr alten Grünstein- oder Basaltkörper unterbrochen. Heiße Flüssigkeiten aus der Vulkanzeit tief unter der Erde hatten Verwerfungen oder Brüche dort begleitet, wo sich das Erz befand, die vertikale Verwerfung verlief parallel zu den aufrechten Schichten und über den Grünsteinkontakt.

Erz- und Goldpartikel standen in direktem Zusammenhang mit Brüchen, mit der Verwerfung, die einen aufrechten Riss eines Gebirgsblocks gegen einen anderen rutschen ließ, mit den heißen Dämpfen, die die Mineraliensammlung ablagerten, und mit erneutem Zerbrechen und Rutschen auf den Gebirgsblöcken. Dies geschah während oder nach einem Teil der Vulkanzeit, als alle Risse mit Andesitlava gefüllt waren, oder was die Bergleute Porphyr nennen. Der Ursprung der Mineralien lag in Blei- und Kupfersulfiden, die tiefer liegen.

Hundert Meilen nordöstlich liegt der Grand Canyon, und ringsumher gibt es Granitberge, genau wie in Arizona. Diese Searchlight-Schiefer sind die gleichen alten Algonkin-Schichten, rekristallisiert und granitisiert, die die innere Schlucht des Canyons bilden, und sind durch Risse von vulkanisch gebildeten Laven durchzogen, die das Nordufer des Canyons mit Kraterkegeln übersät. Darüber im Canyon befinden sich die horizontalen Schichten vom Kambrium bis zu den Kohleflözen und darüber hinaus. Das riesige Labyrinth aus Burgen und Türmen ist ein Netz von Seitentälern des Colorado, die sich durch diese alten Meeresbodenablagerungen graben.

Einschließlich des Searchlight-Erzes besteht die gesamte Geschichte rückwärts aus Wüstenlandschaften, tiefen Gräben, 500 Millionen Jahre lang in Flüssen und Meeresböden aufgetürmten Gesteinsschichten und schließlich Verwerfungen und Rissen, aus denen Dampf austrat und in den letzten 100 Millionen Jahren immer wieder Goldmineralien entstanden. Es gab mindestens ein Dutzend Umdrehungen, die 2.000 Millionen Jahre lang Gebirgsketten und Kontinente hoben und senkten, und die Überreste eisenfressender Bakterien und von Meerespflanzen und anderen Lebewesen reichen 1.500 Millionen Jahre zurück. In all dem sind Granitinjektionen als Prozess, als Mysterium zu sehen, die sich über die gesamte Spanne von Jahren in verschiedenen Zeitaltern erstrecken und was bedeuten?

Eines der Rätsel des Grand Canyon, der Bradshaw Mountains und des Searchlight – wenn nicht auch von Neuengland, den Black Hills und dem Yellowstone – sind Verwerfungen. Unter einer Verwerfung versteht ein Geologe einen Riss in der Tiefe, wo das Grundgestein auf einer Seite nach unten abgesackt ist, sodass quer durch das Land eine Diskordanz entsteht. Erdbebenverwerfungen erzeugen eine sichtbare Böschung oder Stufe oder seitliches Abrutschen und verändern so die Oberfläche nach einem Erdbeben.

Die nordwestlichen Bundesstaaten sind teilweise als Bruchschollengebirge kartografiert. Die Insel Hawaii weist im Südosten eine Reihe von Bruchschollen auf, die in Richtung Ozean abrutschen. Die steile Ostwand der Sierra Nevada ist eine Bruchstelle.

Professor Shaler hielt mich einmal auf der Straße an und sagte zu meiner Feldarbeit: „Jaggar, Sie lehren Verwerfungen nicht genug.“ Auf den farbigen Karten der Formation in den alten Boston-Büchern waren Verwerfungen als gerade Linien eingezeichnet und man konnte sie nur durch Vermutungen finden, wenn Gletscherablagerungen die Felsvorsprünge bedeckten. Ich dachte, dass Verwerfungen nachgewiesen oder sonst aus den Karten weggelassen werden müssten. Wahrscheinlich lag auch ich falsch, denn

Verwerfungen oder Risse, die vollständig von Erde und Gesteinsschichten verdeckt sind, sind gewaltige unbekannte Linien auf der Erde.

Das Searchlight-Erzvorkommen ist zweifellos eine Verwerfung, ebenso wie die Erzlagerstätten von Tonopah und Hunderten von Minen. Das wurde durch Grabungen bewiesen. Das Knacken, Gleiten, Dämpfen und Schlammentstehen in der Spalte haben die Mineralien an die Oberfläche befördert.

Es stellt sich die Frage, inwieweit der Grand Canyon selbst und seine Nebenflüsse von Verwerfungen unter Tälern geleitet werden. Ich hatte 1901 den Eindruck – und das ist noch immer so –, dass „Jaggar mehr über Verwerfungen lehren sollte", als er es damals tat.

Die primitiven Ozeanblöcke der Erdkruste sanken, während die Kontinente hoch blieben, und ließen die Erdkruste als Mosaik aus großen und kleinen, hohen und niedrigen Blöcken zurück. Zwischen den Blöcken sprudelten die Vulkane. Ich war nie mit CE Dutton einer Meinung, dass vulkanische Wärmeenergie aus flachen Taschen unter diesen Verwerfungsblöcken kommen könnte. Sogar er räumte die Schwäche des Arguments ein. Wenn die Erdkruste aufbrach und die Blöcke in unterschiedlichem Maße in die Kernmasse sanken und Kontinente als Komplex hoher Blöcke zurückließen, dann sind die Blöcke tief und bewegen sich immer noch. Die Bewegungen dauern Jahre, Jahrtausende und Jahrmillionen. Vulkanismus in den Rissen setzt Kernenergie frei. Das gilt auch für viele Verwerfungsbewegungen, nämlich Erdbeben. Und diese Tatsachen erkennen die Geologen nicht an.

So entstehen Flussläufe und Verwerfungsrisse, aus denen Flüssigkeiten kamen, die Sedimente von Flüssen, Seen, Wüsten und Meeren in Granit, Felsit und Grünstein verwandelten. Dies sind die alten Namen. Es gibt Hunderte anderer geologischer Namen. Aber die Geologie hat keinen Faraday hervorgebracht.

Ich mochte die Geologie 1902 nicht. Und ich mochte den Bergbau nicht, weil er so geheimnisvoll war und nur auf Profit aus war. Die Geologie konnte den Geschäftsleuten das Geheimnis von Granit, Felsit und Grünstein nicht aufklären. Die Astronomen erzählten denselben Männern von Geheimnissen und sie waren fasziniert. Die Physiologie führte sie zu Zellen, Pflanzen, Tieren und Chemikalien im Blut und löste ein Geheimnis nach dem anderen. Männer, Geld, Erfindungen, Ingenieure, Gebäude und Personal wuchsen in diesen Wissenschaften sprunghaft. Das Beste, was die Geologie zu bieten hatte, waren Vermutungen – ein Mastodon, ein großes Reptilskelett, eine farbige Vermutungskarte –, während siebzig Prozent der Erde aus nicht kartiertem Meeresbodengestein bestanden und weitere zwanzig Prozent aus mit Erde bedeckten Rissen.

Als ich die Laboratorien und Observatorien von Carnegie und Rockefeller sah, sehnte ich mich nach der Feldgeologie. Die Öffentlichkeit wusste nicht einmal, dass Granit, das Mysterium, das häufigste Gestein und Quarz, der Goldmacher, das häufigste Mineral ist. Auch wusste sie nicht, dass beide im gesamten Pazifik fast nicht vorkommen. Auch wusste die Geologie kaum etwas über ihren Ursprung und ihre Entstehung, wenn es sich um eine solche handelt. Hier war der Globus, das Endprodukt der Astronomie, die faszinierendste Forschung im gesamten Bereich der Wissenschaft. Die Quelle aller Rohstoffe des Handels, doch ihre durch Feuer entstandenen Felsen und ihre Gesteine am Meeresboden blieben ein Mysterium.

Bevor ich den Grand Canyon verlasse, möchte ich meine Eindrücke von der Erosion festhalten. Es handelt sich um eine 1,6 km tiefe Schlucht, die normalerweise als vom Colorado River „geschnitten" beschrieben wird. Wie ich in der Diskussion von Experimenten mit dem Grand Canyon-Modell zeigen werde, ist es möglich, in geschichteten Schichten, die dem fließenden Regenwasser Sand geben, durch Oberflächenabfluss eine tiefe Schlucht zu schneiden. Es ist möglich, dass Grundwasser und Zuflüsse von seitlichen Regenfällen das Volumen eines solchen Flusses innerhalb von 100 Meilen erheblich erhöhen. Aber Duttons Darstellung von gehobenen und abgestürzten großen Blöcken zerbrochener Berge und so offensichtliche Brüche wie die Tonto- und Bright-Angel-Verwerfungen, die Touristen gezeigt werden und die sich am Bright Angel Canyon nachzeichnen, beweisen, dass die Erdkruste gebrochen ist. Und Searchlight zeigte, dass eine Verwerfung eine Wasserversorgung darstellt.

Der enorme Canyon erschien mir wie ein Millionen Jahre altes Bruchsystem aus verrottender Erdkruste. Das Wasser ist eine riesige moderne Mühle aus Regen, unterirdischer Ansammlung und Transport. Aber angesichts der fünf großen Erosionsflächen, die in den Dissonanzen von vor 2 Milliarden Jahren bis heute sichtbar sind, der Hebung der Hochplateaus in Blockverwerfungen und der in den verschiedenen Zeitaltern gebogenen Gesteinsschichten und der neueren Vulkane weiter nördlich, die die Risse hochgespült haben, scheint die Vorstellung, dass die Täler zumindest teilweise aus mit Wasser gefüllten Rissen und Schluchten bestehen, realistischer. Vulkane können nicht flach sein. Die Canyons und die große Biegung unterscheiden sich von der Quelle des Green River durch den Auftrieb der Wellen. Es ist bekannt, dass der Auftrieb der Uinta Mountains langsam war. Er hielt mit den Brüchen Schritt, denen der Fluss folgte. Um auf Daubrée zurückzukommen: Flüsse folgen Rissen viel stärker als es die Lehrbücher tun.

Im Jahr 1899 geschahen zwei Dinge, die mein ganzes weiteres Leben beeinflussten. Erstens bat mich Direktor Walcott, Kostenvoranschläge für eine geologische Untersuchung in Hawaii zu erstellen, eine Bitte, die mich schließlich nach Hawaii führte. Zweitens erschütterte das Erdbeben in der Yakutat Bay die Welt, auch wenn der Großteil der Welt davon nichts wusste.

Die Erdbeben in der Yakutat Bay in Alaska im September 1899 gingen mit einer Anhebung der Küstenfelsen um 13 Meter einher. Ganze Wälder versanken im Meer, auf Gletscherablagerungen, die durch unterseeische Erdrutsche abgetragen worden waren. Es handelte sich um eine unbewohnte Region am Fuße des Mount St. Elias, entlang eines Fjords, der weit in die Berge hineinreicht. Sie verlief in einer Linie mit dem Aleutengraben unter dem Pazifik, 4.000 Faden tief. Die Erdbeben dauerten zwei Wochen.

Diese gewaltige Bewegung von Erdkrustenblöcken über Hunderte von Meilen vermittelte den Eindruck, dass wir wenig darüber wussten, was vor sich ging. Als ich mich daran erinnerte, dass 72 Prozent der Erdoberfläche von Ozeanen bedeckt sind und weniger als 10 Prozent tatsächlich bewohnt sind, wurde mir bewusst, wie viel es zu lernen gab. Wenn ganze Wälder und ihre Wurzeln mit all ihren Pflanzen und Tieren und Samen und Bakterien in die Pazifikströmungen treiben konnten, was wäre in früheren Zeiten, als ein solches Durcheinander von Erdkrustenblöcken üblich war, vielleicht nicht passiert.

Doch bevor ich mit aktiven Vulkanen experimentieren konnte, musste ich ein Jahrzehnt lang Laborexperimente durchführen.

Kapitel II:
Nachahmung von Ripplemarks

„ Die Verfassung ist ein Experiment, so wie das ganze Leben ein Experiment ist. "

Gegen Ende des Jahrhunderts führten mich meine Experimente mit dem Sklerometer und der Unterricht in experimenteller Geologie jahrelang zu Laborexperimenten. Europa entwickelte sich in Richtung Geophysik und Geochemie, was vor allem mathematische und statistische Analysen bedeutete. Meine Vision war nicht mathematisch, obwohl ich Druck, Temperatur, Uhren und Maßstäbe verwendete, um Erosion, Sediment, Verformung von Gesteinsschichten und Schmelzen zu messen.

Dies führte mich von der Petrographie weg, denn das Polarisationsmikroskop beschäftigte sich mit unendlichen Reihen von Mineralien und Molekülen. Ich konnte nichts als ein unendliches Eindringen ins immer Kleinere sehen. Clarence King und Frank Perret waren auf dem Weg ins Unendliche gewesen und hatten sich nach außen hin zum immer Größeren bewegt.

Die Leitformel war „Erosion, Sedimentation, Deformation und Eruption". Messen Sie diese Prozesse auf dem Globus und imitieren Sie sie im Labor mit Schlammkuchen. Vergleichen Sie die globalen Beispiele mit den Schlammkuchen. Versuchen Sie, die Schlammkuchen dazu zu bringen, die gigantischen Flusssysteme, Überschwemmungsgebiete, Meeresböden, Faltengebirge, Intrusionen und Laven der Erde zu beleuchten. Versuchen Sie dann, diese Prozesse im Feld mit Observatorien zu messen. So kam für mich der Übergang von der Sammlung zum Experiment.

Die Maschinerie der Natur ist bei Sandhaufen, Sandkörnern oder Korallenkieseln immer dieselbe. Sie wird durch Strömungen angetrieben, die über loses Material fließen und im Windschatten der Klumpen Wirbel bilden. Diese Wirbel sind entweder Wogen oder Wirbelstürme. In der Mitte sind es Wogen, an den Enden Wirbelstürme. Die Wogenwirbel behindern die Aufschüttungen. Die Wirbelstürme verlängern die Haufen rechts und links der Strömungsrichtung. George Darwin untersuchte die Wirbel anhand eines Tropfens dicker Tinte, den er in einem Glasbehälter auf eine kleine Wellenkante träufelte. Die Tinte wanderte und bildete unter Wasser Wogen und Wirbelstürme oder Wirbel. Er platzierte den Tintenkügelchen mit einer Pipette und beobachtete dann, wie sich die Wirbel bildeten, während er den Behälter hin und her bewegte.

Niedrige Teile, nämlich die Spitzen, bewegen sich am schnellsten. Hohe Teile bauen sich auf der stromaufwärts gelegenen Seite auf und bewegen sich am langsamsten, und das Material stürzt über die Kammlinie und wird vom

Wirbel überflutet. Schnee tut dies, Kieselsteine unter dem Meer tun dies, und das Meeresleben passt sich dort an, wo das Nahrungsangebot am besten ist.

Bei meiner Untersuchung von Wellenlinien habe ich mit Harry Gummeré zusammengearbeitet, einem Absolventen der Astronomie. Wellenlinien entstehen durch hin- und hergehende Wirbel auf dem Boden, während große Wellen das Wasser in Schwingungen versetzen. Anstatt Wellen im Wasser zu erzeugen, haben wir den Boden bewegt. Eine mit Sand bestreute Glasplatte wurde in einem Behälter unter Wasser horizontal hin- und herbewegt. Sie war unter einen Wagen geklemmt, der auf quer durch den Behälter gespannten Drahtschienen schwang. Ein Faden zog den Wagen gegen ein Gummiband auf der anderen Seite. Ein hochkant aufgestelltes Holzrad mit Kurbel hatte Löcher und Stifte zum Ziehen am Faden und die Kurbelumdrehungen wurden mit einem Metronom getaktet. Die Löcher im flachen Rad waren einen Zentimeter voneinander entfernt, sodass eine Umdrehung des Rads bei jeweils zwei Zentimetern Bewegung des Wagens den Faden zog. So wurde die mit Sand bedeckte Platte unter Wasser zwei, vier, sechs usw. Zentimeter hin- und hergerissen. einmal pro Sekunde, oder zwei Sekunden, oder drei Sekunden, und so weiter, entsprechend den Schlägen des Metronoms.

Das Ergebnis waren wunderschöne Wellenspuren auf einem Glas, das man aus dem Wasser heben, trocknen und über Blaupausenpapier legen konnte, um die Aufzeichnung zu bewahren. Die Größe der Wellen von Grat zu Grat betrug zwischen einem Bruchteil eines Zolls und zwei oder mehr Zoll. Die kleinen Wellen verschwanden bis auf Null, wenn die Rucke gering war, die großen verschwanden, wenn die Rucke zu groß war.

Die Blaupausen zeigten, dass sowohl die Länge als auch die Geschwindigkeit der Bewegungen (Amplitude und Beschleunigung der Bewegung) die Wellen größer werden ließen, und irgendwo zwischen den größten und kleinsten Sandwellen lag die optimale Perfektion der Wellenform. Die Blaupausen sehen aus wie Makrelenhimmel. Und Makrelenhimmelwolken sind Kondensationswolken zwischen einem oberen kalten Luftstrom und einem unteren feuchten. Dazwischen befinden sich die gleichen hin- und hergehenden Wirbelwolken wie in unserem Sand.

Auf einer Geologiekonferenz in Harvard zeigte ich Blaupausen, die direkt aus Glasplatten hergestellt waren, die mit künstlichen Wellenlinien bedeckt waren. Gleichzeitig stellte ich Felsplatten mit fossilen Wellenlinien und Fotos von anderen in Hufeisenform aus. Dabei handelte es sich um Varianten des Wellendriftprozesses, den man auf dem Sandbett fließender Flüsse beobachten kann. Außerdem zeigte ich Fotos von Seeschwalben, die an den oberen steilen Hängen von Stränden entlanglaufen. Und von der windgeformten Wellendrift trockener Sanddünen. Aus den Wüsten Perus stammen Fotos von *Medaños* oder Halbmonddünen, Sandhügeln, die an beiden Enden spitz zulaufen. Die Spitzen liegen im Wind, die hohe Hufeisenspitze des Hügels im Wind, und wie bei einem Korallenatoll ist das Gebäude durch die Strömung geformt.

Wenn die Sturmwellen auf der Meeresoberfläche groß genug sind, können sich in Hunderten von Faden tiefem Ozean Wellenlinien bilden. Ein Wasserpartikel auf dem Wellenkamm wird in einer langen vertikalen Ellipse auf und ab gehoben. Ein Partikel tief unter der Welle wird in einer langen horizontalen Ellipse vor und zurück gehoben. Unter einer 300 Fuß langen Welle im Ärmelkanal schieben die Wasserpartikel am Boden in tiefem Wasser Sand hin und her und bilden dichte Wellenlinien.

Ein großes Sandkorn wird zu einem Klumpen, gegen den kleine Sandkörner stoßen. Sie bilden einen Haufen, der sich auftürmt und in die Länge zieht. Die Haufen verschmelzen und wir erhalten einen dicht gepackten und geriffelten Sandboden. Jeder Grat hat einen Wirbel, zuerst auf der einen Seite, dann auf der anderen, wenn die Wasserpartikel ihre Richtung ändern. Durch Schwingungen entsteht zuerst Flockenbildung, dann Ausrichtung und dann gleichmäßiger Abstand. Die gegenüberliegenden Seiten eines Grates haben gleiche Neigungen.

Wellendrift entsteht durch eine Strömung in eine Richtung. Sie ist normalerweise nicht so regelmäßig oder weist keine so geraden Grate auf wie Wellenlinien. Wenn ein Wasserstrahl in einem ringförmigen Becken rundherum über Sand gespritzt wird, wandern Grate am Boden entlang, aber sie sind schmierig. Die regelmäßigen Wellen in trockenem Sand auf Dünen haben gegen den Wind flachere Hänge und gegen den Wind steile Abhänge. Sie sind regelmäßig, wahrscheinlich weil der Wind unregelmäßig weht und Rückströmungen auftreten. So ähneln sie eher Wellenlinien.

Auf dem Grund von Wasserläufen erfordert die hufeisenförmige Wellendrift eine gute Anpassung von Klumpen und Seitenpunkten, die flussabwärts wandern. Jede Wellenbildung erfordert Sand mit unterschiedlich großen Körnern. Wären sie alle gleich, würden sie keine Wellen bilden, da die größeren Körner die kleineren behindern müssen, um das Wellenmuster zu erzeugen. Die Wellendrift als Ganzes ist ein Aufbaumechanismus. Gemischt mit Wellenströmungen, die Strände entlang bewegen, einschließlich Strandkieseln, kann sie zur Bildung ozeanischer Inseln beitragen. Die sichelförmigen Dünen der Wüste sind von den vorherrschenden Winden abhängig, die an einer windzugewandten Erosionsquelle mit Sand versorgt werden.

Meeresströmungen sind wie die Passatwinde in den Tropen windabhängig, und eine blockierende Bank oder Untiefe verstärkt die Strömung zusätzlich durch Brandung. Wenn Korallen und *Tridacna-* Muscheln und Krabben organischen Zement hinzufügen, entsteht auf dem Meeresgrund ein Hufeisenhügel. Große Wirbel leisten dieselbe Arbeit wie kleine Wirbel. Dieses Phänomen erstreckt sich von den Galaxien der Sterne mit ihren schönen Spiralen bis hin zu den Spiralwirbeln in geschmolzener Lava, die einen Krater hinabstürzt, oder zum Strom des Protoplasmas in einer Pflanze.

De Candolle, der große Botaniker, untersuchte die Wellendrift, um das schwer verständlichste Problem der gesamten Biologie zu lösen: das ungelöste Rätsel der Zellteilung. An einem kritischen Punkt beschließt eine sich entwickelnde Zelle, eine Trennwand zu bilden und sich in zwei Hälften zu teilen. Warum oder wie? De Candolle dachte, dass die um die Zellwände zirkulierenden Protoplasmagranula regelmäßige Klumpen an diesen Wänden bilden und so Wellendrifts und Wirbel bilden könnten.

So könnten eine Strömung, ein Wirbel und Mathematik viele Doppel-, Dreifach-, Sechseck- und Sternbilder der Welt der Schalen und lebenden Gewebe hervorbringen. Und die Zellen könnten sich in der submikroskopischen Welt symmetrisch anhäufen.

Die Erosion der Erdoberfläche offenbart Symmetrien. Flusskarten sehen aus wie Bäume mit Ästen und Bächen wie Zweige. Eine weitere Symmetrie findet sich in der horizontalen Ebene des Ozeans, wo Landzungen Kieselsteine liefern und der Sand sich in reine Kurven von Strand, Sandbank und Spitze wölbt. So baut sich ein Delta zu einem blattförmigen See auf, und mit den kommenden Hochwasserzeiten kommen jährliche Schichten hinzu.

Einige der fingerartigen Erosionstäler dringen während einer Regenperiode in gepflügtes Land ein. Dies lässt vermuten, was man mit einer Sprühanlage, einer Schlammbank und einem Tank tun könnte, um zu sehen, wie sich die Fingertäler bilden. Diese Erosion des abfließenden Wassers wurde im Harvard-Labor nachgeahmt.

Ein schönes Flussmuster an einem Hang, wie Regentropfen auf einer Windschutzscheibe, wurde durch Umkippen einer rechteckigen Glasplatte erzeugt, die mit sehr flüssigem Ton bedeckt war. Ein Teil klebte am Glas, und auf der oberen Hälfte der Platte bildeten sich herrliche farnartige Ströme, mit einem Ufer von V-förmigen Mündungsarmen am unteren Hang.

Diese Glasplatte wurde als Oberfläche für Stampfmühlenschlamm, dickere Schichten, verwendet und mit einem Zerstäuber und Wasser mittels eines Barbershop-Luftkompressors abgetragen. Der Schlamm besteht aus sehr fein zerstoßenem Sand mit eckigen Fragmenten. Um ein Strömungsmuster zu erhalten, ist dies erforderlich, um feines Korn zu haben, das die Rinnsale zwischen den grobkörnigen Überresten abschneidet. Dies ähnelt den Anforderungen für Wellen.

Die Gischt hielt stundenlang an. In der Zwischenzeit fraß sich das Flussmuster an den steilen Seiten der schrägen Platte in die Sedimentbank und raubte den Strömen des Haupthangs, da die Seitenströme schräge Kaskaden waren. Sie gruben sich tief ein, nahmen das Wasser ab und ließen den Strömen des Haupthangs ihren Quellabfluss entzogen. Das Muster des Haupthangs wurde zu den Quellarmen der Seitenströme, der Ströme, die in der Draufsicht rechts und links über den Rand der angehobenen Platte abflossen. Das war so etwas wie ein Flussraub.

So entwässerte beispielsweise der Lewis River am südlichen Ende des Yellowstone-Nationalparks einst den Yellowstone Lake, einschließlich des Lamar River, der heute die Quelle des Yellowstone River ist. Das Yellowstone-Plateau entwässerte früher nach Süden in den Snake River und den Pazifischen Ozean. Die Quellgewässer des Yellowstone River zapften das System plötzlich an, dank Geysirerosion und Säurekorrosion, und der Yellowstone Canyon schnitt rasch ab, wodurch der Abfluss des Yellowstone Lake nach Norden verlegt wurde. Danach floss der See in den Mississippi und den Golf von Mexiko. Zu einem kritischen Zeitpunkt während der Eiszeit machte die kontinentale Wasserscheide einen Sprung von 30 Meilen vom heutigen Ende des Canyons bis in die Gegend des Lewis Lake oder von einem Ende des Yellowstone Lake zum anderen. Das ist Flussraub.

Gischt, Regen und Flutwasser haben den Yellowstone Canyon nicht allein zerschnitten. Entscheidend waren die Verrottung des Gesteins und die Schwerkraft, die auf die Fragmente ausgeübt wird. Auf der Nordseite verrottete der Yellowstone, aber im Süden, in Richtung der Tetons, bildeten sich harter Granit und berggeformte Quarzite. Verrottung durch heiße Quellen, Geysire, saures Wasser und Schwefel zersetzten den Norden. Die unterirdische Wasserquelle folgte den einfachsten Kanälen und der Canyon war das Ergebnis. Die Canyonlinie umschließt Mount Washburn, den alten Vulkan, und liegt vermutlich über einem alten Riss, der konzentrisch zum Dom verläuft.

Wasser ist ein Transportmittel, und Risse öffnen den Fäulnisstoffen den Weg. Nur in Bächen und bei Überschwemmungen zerfrisst oder zermahlt Wasser tatsächlich den Grund von Flüssen. In unseren Gischt- und Farnmustern gibt es eine Analogie zu Regenquellen auf flachen Schichten, aber neun Zehntel der Erosionselemente werden ausgelassen: Kluftbildung, Verwitterung, Eis, Verwerfung, Schwerkraft, Verrottung, Beben, Lösung, Rutschung und schließlich Quellwasser.

Erosion durch Rutschen wird durch Windeinwirkung in Wüstenbergen und auf Vulkankegeln unter Bombardierung fortgesetzt, und durch Felsen, die bei Kälte und Sonnenschein auf dem Mond brechen. Das Kriechen von losem Material ist die größte Erosionsquelle auf der Erde. Regenschauer helfen sicherlich, besonders dort, wo der Boden nicht durch ein Wurzelgeflecht zusammengehalten wird.

Der Erosionsprozess ist angeblich langsam, wie alle geologischen Prozesse, wenn wir die Möglichkeit solcher Unterwasser-Erdrutsche oder supramariner Aufbrüche wie 1899 in Yakutat außer Acht lassen. Aber selbst in Neuengland gibt es Überschwemmungen, Wirbelstürme, Erdrutsche, Waldbrände und Wolkenbrüche, die Ausrufezeichen in einer ansonsten verschlafenen Geschichte sind. Und in der Vergangenheit gab es Eisschichten und Absenkungen unter dem Meer.

Mit anderen Worten, die Entstehung von Tälern und Flussmustern für die Karte wird gelegentlich betont, und diese Gelegenheiten können in uns unbekannten Klimawellen auftreten. Die Flussmuster in den Bad Lands, Tennessee, Pennsylvania, dem Grand Canyon und Neuengland ergeben sehr unterschiedliche Karten. Die Verrottung des Gesteins, Kalksteinhöhlen, Niederschläge, Verwerfungen und geneigte unterirdische Schichten, die Quellwasser führen, beeinflussen alle diese Karten. Was ist Erosion und welcher Index wird auf das Land geschrieben, um zu sagen, dass der Grand Canyon und seine Nebenflüsse schneller abgetragen werden als der Mystic River in Boston?

Ralph Stone nahm sich des Mystic River an und markierte Felsvorsprünge und setzte Pflöcke gegenüber den Mäandern der Überschwemmungsebene. Die Idee war, dass Felsvorsprünge durch Frost im Winter gespalten werden und dass sich die Mäander eines Flusses auf der einen Seite bilden und auf der anderen Seite schneiden. Immer wieder wurden Karten angefertigt und die Risse in den Felsvorsprüngen in Millimetern gemessen. Es wurden einige Bewegungen festgestellt, aber ein Studienjahr reichte dafür nicht aus. Wenn wir über viele Jahre hinweg einmal jährlich aufgenommene Luftaufnahmen zu einem Film zusammenfügen könnten, würde der Film zweifellos zeigen, dass das Mäandermuster des Flusses wie eine sich windende Schlange in Richtung Meer wandert.

Als nächstes fertigte Stone in einem Wassertank ein drei Zoll dickes Modell an, indem er 61 sehr dünne Schichten Marmorstaub, Kohlenstaub, Ton, Mennige und Sand sedimentierte. Er kippte es als Insel auf und besprühte es in Zeiträumen von einer bis zweiundneunzig Stunden, insgesamt also 719 Stunden. In der Lagune des Tanks bildeten sich ein sich gabelnder Bach und sein Delta. Der Bach schnitt eine Schlucht mit Wasserfällen, baumartigen Ästen, Promenaden und einer Überschwemmungsebene. Das Modell bestand aus drei harten, weißen Schichten, die durch Sand voneinander getrennt waren. Die weißen Schichten bildeten Wasserfälle und wurden weggefressen, um die Schluchten zu bilden.

Als der Querschnitt des Deltas mit einem Messer aufgeschnitten wurde, zeigte er drei weiße Schichten, die in einem Winkel von dreißig Grad unter dem Becken lagen und durch weitere Sandschichten voneinander getrennt waren. Die unterste dieser Schichten war das Sediment der obersten dicken Marmorstaubschicht des Modells, die zuerst durch die Gischt erodiert wurde, und die oberste vordere Schicht des blattförmigen Deltas war das Produkt der Erosion des Canyonbodens auf der untersten der weißen Schichten. Dies muss in der Natur passieren, wo eine Formation in umgekehrter Reihenfolge durch Flusserosion entsteht, die einen geschichteten älteren Sedimenthaufen untergräbt.

Wir nannten dies das Grand Canyon-Modell, und es zeigte viele Merkmale, die denen der South Dakota Bad Lands und des Colorado River-Einzugsgebiets ähnelten. Es handelte sich ausschließlich um Erosion durch Regen und Schichtung, Versickerung und Versickerung. Die Modelloberfläche neigte sich um zehn Grad, die hohe Wasserscheide an der Spitze hatte eine Neigung von 45 Grad, und alles wurde zwei Monate lang mit speziellen Schlauchdüsen besprüht, wodurch während eines Teils des Tages ein nebelartiger Regen fiel.

Der steile Hang hat sich trotz seiner Steilheit überhaupt nicht eingegraben. Im Gegenteil, dieser Hang hat Feuchtigkeit absorbiert und den Niederschlag unterirdisch durch die Neigung der Schichten nach unten transportiert, um den Hauptflüssen Quellwasser zuzuführen. Der Hang war eine „steile Böschung“, von der man in der physischen Geographie annimmt, dass sie sich durch Eingraben nach hinten bewegt, aber die Rinnen haben nie genug Volumen gewonnen, um sich in sie einzuschneiden. Das gesamte Wasservolumen erhielt seinen Sand zum Schneiden von den großen Oberflächen, die allmählich in Richtung der Flüsse geneigt waren.

Als die komplette Versuchsreihe über Erosion und Sediment veröffentlicht wurde, zeigte sich, dass die baumartige Verzweigung von Flüssen von unterirdischen Wasserflächen abhängt. Mäander in Überschwemmungsgebieten sind zum Teil ein aufsteigender Prozess der Versickerung von Überschwemmungsgebieten. Wenn sich durch Unterhöhlung Seitenflüsse bilden, schneiden die stromaufwärts gelegenen Arme die stromabwärts gelegenen Arme vom Grundwasser ab. Und wenn ein Land in eine Richtung geneigt ist, besteht die Tendenz zu parallelen Strömen, die durch Abstände voneinander getrennt sind, die durch unterirdische Wasserflächen bestimmt werden, die durch das unterhöhlende Maßwerk der Quellwasserquellen erreicht werden.

Diese Verästelung in einem Sprühmodell ist eine regelmäßige und heikle Anpassung, bei der eine Reihe von Nebenflüssen nicht nur Niederschlagswasser aufnimmt, sondern das Ergebnis von Überschwemmungen in unterirdischen Wassergürteln ist, die mit der Neigung des Landes zusammenhängen. Die Verästelung von Flussentwässerungen auf einer Oberfläche aus flachen Schichten, wie der Küstenebene im Südosten der Vereinigten Staaten, ist ein rhythmisches Muster von exquisiter Gestaltung, das im Labor reproduziert und untersucht werden kann. Es handelt sich um eine mathematische Verzweigung und vorwärts gerichtete Entwicklung, die von der Wassermenge abhängt und undurchlässige Schichten entlang durchlässiger Schichten untergräbt. Und nachdem die „Baum"-Karte geformt ist, hält die Zwiebel aus Ästen und Zweigen und unterirdischen Blättern des Quellwassers das gesamte abschüssige Land in ihrem „Schatten", sodass sich dort keine neuen Flüsse bilden können. Das ist es, was unsere großartigen Karten von Flusssystemen ausmacht. Sie ist nicht zufällig. Sie ist ein riesiger Ozean aus unterirdischem Wasser mit Bergen und Tälern aus Wasser.

Ein großer See markiert einen unterirdischen Sickerwasserspiegel. Ein Flussbett markiert eine unterirdische Sickertopographie. Das Wassermeer innerhalb eines Kontinents ist ebenso eine Karte der Hügel und Täler des Wassers wie das Land eine Karte der Hügel und Täler der Geographie ist. Das Wasser ist dynamisch, es fließt. Die Landoberfläche ist dynamisch und wird vom Regen gespeist; es sind kriechende Böden. Grundwasser und Flüsse schmelzen gemeinsam die Landschaft als lebendiges Wesen auf. Der Mensch staut das Wasser und nutzt die Kraft der Erosion, um das Land aufzuschmelzen.

Als wir zum Haystack Basin nördlich des Yellowstone-Parks fuhren, stellten wir fest, dass alle Berge, die es umgeben, hörbar zerbröckelten. Letztendlich ist der Kontinent eins: ein fallender Körper aus morschem Gestein, Eis, Wasser, Sand, Felsbrocken und Erde, der sich selbst Täler und Berge geformt hat und immer weiter stürzt. Und unten sind die Verwerfungsblöcke, Prismen aus Erdschalen über dem weißglühenden Kern. Und auch dieser ist ewig in Bewegung, bricht aus, verursacht Erdbeben, hebt, fällt, schabt, erhitzt, kühlt in Wellen ab, die sich durch die Jahrhunderte ziehen. Der Mensch ist sehr klein, aber wenn er zuhört, kann er den Herzschlag der Erde hören.

An heißen Quellen trifft der Wassermantel auf die heiße Erdhülle. Die Geysirbecken von Yellowstone, Kalifornien, Neuseeland und Island sind also ein heißer Teil des großen Erosionssystems des Grundwassers. Dies bringt uns zur nächsten Gruppe von Experimenten, der Herstellung künstlicher Geysire.

Geysire als Erosionsmittel zeigen, dass der Untergrund heiß ist und von Regenwasser durchdrungen wird. An außergewöhnlichen vulkanischen Orten ist das Wasser kochend heiß. Der Firehole River im Yellowstone gräbt schneller Lösungsbecken aus, als die normalen Geysire kieselsäurehaltigen Sinter aufbauen. Hier handelt es sich um die Erosion kochender Quellen durch Lösung. Man könnte es den extremen thermischen Aspekt der gewöhnlichen Quellwassererosion nennen. Wie erodiert Quellwasser? Indem es unter den Flussbetten aufsprudelt. Das Sprudeln von Quellen lässt Flüsse entstehen, und Hochwasserregen lässt Bodenschluchten entstehen; die Folge ist die Bodenformung.

Wir führen hier Geysirexperimente ein, weil kochende Quellen gewöhnlichen Quellen Dramatik verleihen, so wie aktive Vulkane verborgenen Vulkanen Dramatik verleihen. Gewöhnliche Quellen und verborgene Laven, die unsichtbar eindringen, sind viel wichtiger und umfangreicher als Geysire und Vulkane. Die meisten Menschen denken nie, dass eine Quelle eine von Millionen ist, die aus den Betten von Bächen und Flüssen und auf dem Meeresgrund sprudeln.

Die meisten Menschen denken nie an Vulkanausbrüche – genauer gesagt, Eruptionen oder Inruptionen – unter Kansas oder Brasilien. Niemand bestreitet, dass es dort unter der Erde heiß ist, aber das alles scheint weit entfernt. Doch jede Quelle ist thermisch, wenn Wärme durch das umgebende Gestein entweicht.

Geysire senken das Land um sie herum ab und hinterlassen Hügel als Relief. Die Proportionen von Becken und Hügeln hängen vom Abfluss des verrottenden und sich auflösenden Gesteins ab. Die Form eines hoch aufragenden Hügels, den Davis in Neuengland Monadnock nannte, hängt von seiner gesamten Geschichte ab, nicht von seiner Härte. Ascutney Mountain steht hoch wie ein Klumpen, weil die umliegenden Schieferplatten verrottet sind. Mount Monadnock steht möglicherweise hoch, weil die Quellen unter dem Rissmuster des Flusses ihn beim Verrotten und Zerbrechen eines Kontinents vernachlässigt haben.

Dynamisches, ewig fallendes Gewicht schafft niedrige Stellen. Härte gegen Verwitterung macht einen Berg nur als Relikt oder Überbleibsel hoch. Er ist ein Knotenpunkt im gigantischen Prozess der Schwerkraftverrottung und des Quellspritzens des Grundwassers. Das Wasser erhitzt sich, steigt auf, löst sich auf, saugt, sprudelt hervor und transportiert Schmutz. Darunter befindet sich eine deutlich erhitzte Erdkruste.

Die Übereinstimmung der Gipfelhöhen von Bergen und Hügeln, wenn man über das Land blickt, muss nicht zwangsläufig eine erhöhte ebene Oberfläche darstellen. Dort, wo die Frühjahrsspritzer am umfangreichsten sind, gibt es mehr Unterhöhlung. Wenn die Frühjahrsspritzer gleichmäßig sind, gleichen sich die gegenüberliegenden Hänge eines Tals an. Die Baumgrenze, die Schneegrenze, die Regengrenze und die Windgrenze sind eindeutige Erosionsniveaus. Darunter fällt der ganze verrottende Fels langsam und knarrend zum Erdmittelpunkt. Die ewigen Hügel sind nicht ewig, sie fallen ewig; Felsen, Felsbrocken, Hänge, Wasser, Kies, Sand und Schlamm. Und die Anpassung an die Atmosphäre und die Grundwasseroberfläche ist unaufhaltsam.

1. Experimentelles Geologielabor, Harvard University, 1900

2. Brunnen am Rand des Lavasees, 17. Mai 1917

Die Vorstellung, dass Erosion Hügel zu einer flachen Ebene in Meereshöhe absenkt, ist für geometrisch veranlagte Menschen faszinierend, nicht aber für technisch veranlagte. Eine flache Ebene in Meereshöhe im Mississippi-Delta ist dort, wo der Fluss über seine eigene Überschwemmungsebene nach rechts und links an Talwänden entlanggeschwungen ist. Eine flache Ebene, die durch Eisschichten gesichert oder durch eindringende Wellenbewegungen abgehoben wird, wenn Land absinkt, ist mechanisch wahrscheinlich. Unter diesen Umständen suchen wir nach Fluss-, Eis- oder Wellenstrandablagerungen. Aber eine „fast ebene" Ebene, die durch die mehrfache Aktion namens Erosion bis auf das Grundniveau entstanden ist, ist für mich der reizvolle Traum von Kartenstudenten. Wenn eine Landschaft abgehoben wurde, hat das eine Fräsmaschine oder ein Hobel getan. Die großen Flüsse Chinas hatten lange Zeit, um gegen ihre sie begrenzenden Felsblöcke und auf ihrem eigenen Schlamm hin und her zu schlagen.

Um auf die Experimente mit Geysirquellen zurückzukommen: Ich baute einen einfachen Quart-Kolben, auf den ein 1,20 Meter langes Glasrohr ragte. Oben ragte das Rohr durch einen Korken am Boden eines 60 Zentimeter großen Topfes. An der Seite des Korkens des Kolbens befand sich ein zweites Rohr mit einem Schlauch, der zu einer Vorratsflasche mit Wasser führte. Die Vorratsflasche konnte angehoben oder abgesenkt werden. Wenn das Wasser darin auf gleicher Höhe mit dem Topf war, herrschte hydrostatisches Gleichgewicht: Der Topf war ein Becken, die Flasche eine

Quelle, der Kolben und das Rohr waren voll. Als wir den Boden des Kolbens erhitzten, kochte das Wasser, der Topf lief über und etwas kaltes Wasser aus der Flasche kühlte den Kolben. Der Topf war zu einer kochenden Quelle geworden.

Als nächstes ließen wir die Vorratsflasche herab. Der verringerte Wasserdruck ließ kein Überlaufen in der Pfanne zu, und Dampfblasen sammelten sich in dem vier Fuß hohen, aufrecht stehenden Rohr. Der Siedepunkt wurde durch den vier Fuß hohen Wasserdruck kontrolliert. Wenn der Blasenauftrieb diesen auf drei Fuß senkte, gab es einen niedrigeren Siedepunkt, der Druck wurde durch Überlaufen von oben verringert, und die ganze Flasche kochte. Das Geysirrohr wurde in Abständen von anderthalb Minuten zu einem regelrechten Geysir, wobei die Eruptionen zwanzig Sekunden dauerten.

Dies war eine Miniatur des Old Faithful im Yellowstone. Old Faithful ist größer, seine Intervalle betragen durchschnittlich 65 Minuten und reichen von 31 bis 81 Minuten. Er schießt vier Minuten lang 150 Fuß hoch. Bei jedem Ausbruch schleudert er 3.000 Barrel Wasser aus. Unsere kleine Maschine spuckte etwa einen halben Liter Wasser bis zu einer Höhe von vier Fuß aus.

Wir hören viel über seifige Geysire als künstlichen Reiz. Die Apparatur in unserem Labor zeigte die Wirkung von Seife sofort. Wenn etwas Seife in die Pfanne gegeben wurde, verkürzten sich die Intervalle von anderthalb Minuten auf eine Minute. Seifenlauge sammelte sich im Rohr und drückte das Wasser zum Flaschenhals. Die vielen Blasen, Film auf Film, machten das Wassersystem zähflüssig. Die Myriaden winziger Dampfbläschen bildeten sich so schnell, dass sie die Hebezeit der Säule verkürzten. Wenn die Höhe der Vorratsflasche so eingestellt war, dass der Geysir nicht genau wusste, ob es sich um einen Geysir oder eine kochende Quelle handelte, traf die Seife die Entscheidung und das Ding ging mit einem Knall los.

Diese einfache Reihe von Experimenten lässt Quellen sehr real werden. Die explosiven Quellen in Yellowstone unterscheiden sich von anderen Quellen dadurch, dass sie durch überhitzten Dampf aus lauwarmer Lava erhitzt werden. Der Fels ist rissig und das Wasser löst und lagert ihn ab. Es lagert feste, zähe Kieselerde um einige Öffnungen ab und baut sie gegen den Grundwasserspiegel auf, sodass sie zu Geysiren werden. In Mammoth lagert es Kalk ab, der sich aus dem darunter liegenden Kalkstein gelöst hat, und dies führt zu geformten Terrassen, aber nicht zu explosiven Quellen, da die Temperaturen nicht so hoch sind. Sowohl in Kalk- als auch in Kieselerderegionen formen Blaualgen, die heißes Wasser lieben, die Tümpel dekorativ.

Wie ein Zauberer führte ich die künstlichen Geysire vor Wissenschaftsakademien in New York und Boston vor und fasste die

Ergebnisse unserer Geysir-Experimente wie folgt zusammen: (1) Kochende Quellen sind wie andere Quellen, sie werden durch die Fallhöhe oder den Druck des Grundwassers in den Bergen gesteuert. (2) Aufsteigendes erhitztes Wasser und Ansammlung von Kieselsäure (Konvektion ist der Fachjargon) können die Öffnung einer kochenden Quelle sogar noch höher als ihre Quelle drücken (umgekehrte Fallhöhe). (3) Unter diesen heiklen Bedingungen können sogar Regen oder Sinterbildung oder ein Ausbruch auf niedrigerem Niveau oder die Verstopfung eines Rohrs eine Quelle in einen Geysir oder einen Geysir in eine Quelle verwandeln. Es gibt viel mehr kochende Quellen als Geysire und viel mehr heiße Quellen als kochende Quellen, und das Wort kalt bedeutet überhaupt nichts. Wenn man tief genug gräbt, könnte es unter New York City kochende Quellen geben. Deshalb ist das Durcheinander der Geysirapparate eine Überlegung wert. (4) Unregelmäßige Geysire laufen ständig über, regelmäßige Geysire geben ihr Wasser nur bei Ausbrüchen ab. Beide sind Methoden, Flüsse zu speisen, genau wie jede andere Quelle. Aber im Untergrund gibt es viel vulkanische Hitze.

Dies wirft die Frage auf, inwieweit ein Vulkanausbruch einem Geysir ähnelt. Geologen verwenden für den japanischen Vulkan Bandai, der Dampf und Gestein aus der Seite eines Berges blies und einen Fluss staute, das oberflächliche Wort „phreatisch". Hawaiianische Vulkane spritzen flüssigen Basalt mit Flammen, rotem Rauch und Schwefelgas aus einem Riss, aber fast ohne Dampf. Die Antwort scheint zu sein, dass die Palisades of the Hudson einst hawaiianische Lavaausbrüche gewesen sein könnten und dass dort außerdem immer noch Lava ausbricht, wenn man tief genug gräbt. New York weiß nichts davon, aber es hat es 1886 gespürt, als es das Erdbeben von Charleston spürte.

Die gesamte Wasserversorgung der Catskills, der großen Stadt, befindet sich in Rissen oberhalb der tiefen Lava und erstreckt sich bis unter den Long Island Sound. Wenn sich die Spalte des Hudson-Grabens ein wenig mehr als gewöhnlich bewegt und die tiefe Lava sich absenkt und etwas Atlantikwasser nach unten zieht, ist ein Ausbruch wie der Bandai im Watchung Ridge in New Jersey nicht unmöglich. Das ist zwar nicht wahrscheinlich, aber die Erde hat Revolutionen und Kataklysmen erlebt, und die Watchung-Explosionen könnten ein neues Geysirbecken entstehen lassen. Etwas Ähnliches geschah im Nordwesten Wyomings im Pliozän, 11 Millionen Jahre lang, unmittelbar vor den Eiszeiten, die vor 2 Millionen Jahren begannen. Und der Yellowstone war das Ergebnis. Wir werden noch mehr Vulkan-Geysire sehen.

Als nächstes entwickelte sich die Herstellung von Deltas zu einem Hobby in unserem Labor, im Zusammenhang mit den alten Blattdeltas, die in der

Landschaft Neuenglands verstreut sind und zum Teil mit Bäumen auf den Grundstücken der Landvillen rund um Boston bedeckt sind.

Die Deltaablagerungen erstrecken sich stromaufwärts, innerhalb der Form der Höhle im Eis der Eiszeit. So zeigt die Karte einen schlangenartigen Kiesrücken, der in einer Ahornblattebene mit gelappten Fronthängen endet. Diese Hänge waren viel steiler, wo der Abfluss des Flusses auf dem Delta über die Strandlinie auf der Lagune oder dem Seeniveau fiel, in dem das Delta gebaut wurde. Dies war wie das Delta, das in Stones Erosionsmodell gezeigt wird.

Stone untersuchte die Idee von Sturzbachdeltas in einem Becken, während EW Dorsey und ich mit einer Beckennachbildung des Gletschersanddeltas begannen. Im Gletscher wurde der Eistunnel durch Schmelzen durch die Eisspalten mit Wasser versorgt, genau wie Tunnel in der Schweiz, deren Boden mit vom Eis zermahlenem Sand bedeckt ist. Es gab also einen Sturzbach, der in einem gewölbten Tunnel entlangströmte, dessen Mündung in einem Becken in einem Delta endete, wobei die Wasseroberfläche entweder auf Tunnelniveau oder darüber an der abgerundeten Vorderseite der Eismasse lag.

In Nachahmung einer abgerundeten Eisbank mit einem Wasserbecken davor und einer subglazialen, mäandernden Höhle, die mit Sand und einem Sturzbach gespeist wird, wurde ein Apparat gebaut und über einen Schlauch versorgt. Ein Bleiblech wurde in Form der Gletscheroberfläche gebogen, mit einer gewölbten Öffnung, und in unseren Tank eingesetzt. Dieses passte über einen Tunnel aus Eisenblech, der so verlötet war, dass er im Grundriss mäanderförmig war, und an seinem oberen Ende mit Rohr- und Schlauchanschluss versehen war. Ein Trichter aus Eisenblech erhob sich vom oberen Ende dieser künstlichen Höhle, um dem Modell des subglazialen Flusses, dargestellt durch den Schlauchstrahl und den Eisentunnel, verschiedenfarbigen Sand zuzuführen. Der Eisentunnel endete bündig mit dem Bleibogen.

Ziel der Experimente war es, den bleiernen Gletscher zunächst in ein Wasserbecken im Labortank zu setzen. Anschließend Wasser durch den Tunnel zu spritzen, Sediment in verschiedenen Farben durch den Trichter zuzuführen und dieses am Boden des Tunnels und in einem Delta vor dem künstlichen bleiernen Gletscher ansammeln zu lassen. Die Deltas und ihre Querschnitte stellten in verschiedenen Experimenten die festgestellten Unterschiede in der Sandzufuhr oder im Wasserstand des Beckens dar. In einem Fall lag der Wasserstand unterhalb der Tunneldecke, wo er aus dem Bogeneingang austrat. In einem anderen Fall lag er oberhalb der Höhlenmündung, sodass das Wasser des Höhlenstroms, der aus der unter Wasser liegenden Höhlenmündung in die Lagune mündete, mit seinem

Schlamm nach oben schoss und einen halben Krater an der Gletscherfront bildete.

Diese Experimente beleuchten die Kiesgrubengebiete von Massachusetts. In diesen Einschnitten in Esker (Schlangenrücken) und Sandebenen (Gletscherdeltafächer) wurden Topset-Betten oder Flutwasser oder Forset-Betten in einem Winkel von 45 Grad beobachtet, die das Frontalwasser unterhalb der Lagune darstellen, und gelegentlich Backset-Betten, wo Höhlenwasser nach oben strömte.

Unsere mit einem Messer im Delta geschnittenen Querschnitte und der sich stromaufwärts in der Höhle erstreckende gewundene Kuchen zeigten also nach dem Entleeren des Tanks und dem Herausheben des Apparats Topset-, Forset- und Backset-Schichten. Vom Embryodelta aus überlappen die Überschwemmungsebenen die früheren Frontal- oder Forset-Schichten. Die Frontalschichten liegen immer unter der Lagune. Die Überschwemmungsebenen (Topset) wurden durch einen mäandernden Flusslauf unter der Luft gebildet. Diese Ebene ist immer auf Strandniveau als blattförmiger Waschfächer aufgebaut, wobei der Boden des Höhlenstroms den Stiel des Blattes bildet.

Neuengland ist mit kilometerhohen Eisbergen bedeckt. An den unteren Enden aller Gletscher der Welt findet man in großer Menge subglaziale Ströme und subglaziale klare Eishöhlen. Sie repräsentieren lediglich das Schmelzen von Schnee und Eis in Sonnenstrahlen, Schnee an der Quelle, Eis im Lauf, Gletscherspalten und Schwerkraft, durch die Wasser sickert. Dieses Wasser formt sich einen Kanal und erodiert ein Abwassersystem entlang des Bodens des subglazialen Tals. Dadurch wird das Eis am Boden zermahlen und geschmolzen, sodass gewölbte Höhlen entstehen; und das Sediment lagert sich auf dem Grund der Flüsse ab und formt schließlich die Decken der Höhlen zu hohen Bögen oder Arkaden. Die subglazialen Höhlen sind selbst konstruierte Abflussrohre.

Der Gletscherstrom ist eigentlich ein Hochwasser, das sein Tal schneidet. Der Eisfluss schleift und schabt, und das Wasser unter dem Eis leitet das Schmelzwasser ab. Das Eis trägt Meißel aus zerbrochenem Gestein mit sich. Das enorme Gewicht in gleitenden Eisschichten fließt gemäß den Kristallgesetzen von Schneeflocken und Eiskristallen. Die Moränen oder Schuttfelder an den Seiten und auf und unter dem erodierenden Eisgewirr liefern Schlamm, Sand und Felsbrocken. Der darunter liegende Wildbach entfernt den Schutt.

Das Delta davor folgt den Gesetzen der Sedimentation. Wenn sich davor kein See befindet, ist das Delta ein flacher Waschfächer oder eine Talaue. All diese Dinge werden dem Schüler klar, der aus Blech, Sand, einem Tank, einem Schlauch und einem Wasserhahn einen kleinen Gletscher baut.

Ich habe von Kataklysmen gesprochen, oder was frühe Geologen Katastrophen nannten, die gelegentlich in der Welt der Erosion und der unterirdischen Geysire auftraten. Dazu gehörten der Yakutat-Crash und die Bandaisan-Explosion. Aber jedes gletscherzeitliche Feld, wie ein Eisberg über Europa und Amerika, stellte eine 500.000 Jahre andauernde Kataklysme dar, und dies geschah sogar viermal in den Jahrhunderten der frühen Menschheit. Das Mittelmeer und die Großen Seen sind Nachkommen solcher Kataklysmen. Aber Lyell trieb die Doktrin der Einheitlichkeit auf die Spitze; er dachte, dass das, was der Mensch sieht, immer das ist, was geschieht. Ich glaube nicht, dass Lyell jemals in Betracht zog, dass Erde oder Sonne in einem Monat unserer Zeit explodieren könnten. Auch das ist unwahrscheinlich.

Das Gegenteil des Aktualismus sind gelegentliche katastrophale Auslöser. Der Erosionsprozess löst eine plötzliche Verformung aus. Eine langsame Verformung löst einen Ausbruch aus. Ein Ausbruch löst interne Intrusionen aus. Der Frank-Erdrutsch, die Erdbeben von Charleston, San Francisco und Napier, der Pelée-Ausbruch und der Yakutat-Umbruch haben allesamt für gewaltige Überraschungen bei den Geologen gesorgt.

Die gigantischen Intrusionen aus dem Erdkern, die aus weißglühender Sternmaterie bestehen und über Millionen von Jahren bis zu den Vulkangürteln an der Oberfläche sickern, die 2.900 Kilometer an permanenten, primitiven Rissen hinterlassen haben, werden größtenteils durch das Gewicht der Erdkruste ausgeglichen. Dies ist der sich anpassende Globus. Aber der Intrusionsmechanismus unter den Gezeiten im Gestein und in den Ozeanen, der immer in Bewegung ist, löst die großen geologischen Revolutionen aus.

Die sehr tiefen, zerbrochenen Erdblöcke verschieben sich, Vulkanismus zwischen ihnen erhitzt die Oberfläche, überflutet die Oberfläche mit Gasschaum und hebt Oberflächenbereiche durch Hitzeschwellungen an; und an der Oberfläche macht eine Eiszeit einer Vulkanzeit Platz. Die letzte dieser Perioden war das Miozän-Tertiär mit großflächigen Vulkanausbrüchen auf der ganzen Welt.

Ein Vergleich von Boston mit den Black Hills zeigte, dass es in letzteren zu unterirdischen Ausbrüchen kam, die durch eine Hebung ausgelöst wurden. Dabei handelte es sich um Felszisternen oder Porphyrlinsen, die zwischen die Gesteinsschichten eingedrungen waren. Diese Ausbrüche fanden im Miozän oder Eozän des Tertiärs statt, wahrscheinlich später als bei den meisten Vulkanen des Yellowstone, die weiter westlich liegen.

Boston dagegen bildete schwarze Basaltdämme, die wahrscheinlich mit den Vulkanen der Berkshire Hills und New Haven identisch sind und aus der Zeit der großen Reptilien stammen, also 150 Millionen Jahre vor den Injektionen der Black Hills. Auslöser für die Eruptionen in Boston war die Verformung der Appalachen. Auslöser für die Entstehung der Black Hills war die Laramie-Revolution, die die Rocky Mountains in die Höhe trieb.

Die Injektion von Lavalinsen in den Black Hills war eine Form der Deformation von Gesteinsschichten, mit der wir im Labor experimentierten. Die Schichten aus Sandstein, Kalkstein und altem Meeresschlamm, die den Bogen dieser Hügel bedecken, wurden durch Deiche oder Spaltenfüllungen von unten injiziert. Wie würden sich Injektionen verhalten?

Mit Ernest Howe als meinem Mitarbeiter baute ich einen quadratischen Tank auf, um Sand, Gipspulver, Kohlenstaub oder Marmorstaub in Schichten unter Wasser abzusetzen. Darunter befand sich ein Eisenzylinder, in dem Wachs geschmolzen werden konnte. Ein Schraubkolben drückte das geschmolzene Wachs in schräge oder aufrechte Schlitze in der Mitte des Tankkastens. Das Wasser wurde abgelassen und das heiße Wachs in die Schichten injiziert. Die Tankwände wurden abgenommen und gehärtete Wachslinsen mit einem heißen Messer vertikal eingeschnitten, um zu zeigen, was durch das Eindringen des Wachses mit den Schichten geschehen war.

Bei einigen Experimenten wurden 300 Pfund Schrot über einer Stoffschicht auf den Schichten aufgehäuft, um das Gewicht natürlicher Sedimente zu imitieren. Dies geschah vor der Injektion des heißen Wachses, und das Ergebnis war eine schöne Kuppel aus deformierten Schichten an der Oberfläche, ein kuppelförmiger Hügel über einer Wachslinse im Inneren. Dieser Hügel wurde mit einem Wasserstrahl erodiert, um zu zeigen, welche Art von radialen Tälern entstehen würden. Solche radialen Ströme wurden in South Dakota mit nach innen gerichteten Steilhängen um einige der Kuppelhügel herum gefunden, die von Lakkolithen gebildet wurden.

Von Anfang an sah es so aus, als würde sich eine Injektionslinse bilden, als würden sich die Schichten über eine Wachskuppel wölben. Die gewölbten Schichten erstreckten sich auf dem Kamm und die Brüche klafften nach oben, während die seitlichen Biegungen nach unten klafften. Dort konnte sich das Wachs seinen Weg nach oben bahnen und einen Vulkan bilden. Auf dem Modell bildeten sich einige nette kleine experimentelle Vulkane aus aus Wachs geformten Kegeln und Kratern.

Wie bei allen gefalteten Schichten, die unter ihrem Gewicht nach unten gewölbt sind, lassen die Risse an der Biegung eines nach unten gerichteten Bogens oder einer Synklinale Lava von unten eindringen, während die Risse am nach oben gerichteten Bogen oder an der Antiklinale durch das Gewicht der darüber liegenden Schichten geschlossen gehalten werden. Daher bricht ein Intrusivdom nicht durch seinen Kamm, sondern durch seine Seiten aus.

Die Ergebnisse all dieser Tests zeigten, dass starre Schichten die Bogenkraft aushielten und weiche Schichten am stärksten vom Wachs durchdrungen und beiseite geschoben wurden. Die Steilheit der Bogenkrümmung variierte mit der Belastung. Ein geneigtes Rohr bildete eine unregelmäßige Linse, die am dicksten von der Neigung entfernt war. In einer harten Schicht, die an einer Abwärtsbiegung brach, ließen konzentrische Brüche um eine Kuppel die Lava in höhere Schichten aufsteigen.

Auf dem Kamm einer harten Schicht ähneln die Brüche den Speichen eines Rades, aber sie bilden keine Deiche, sondern klaffen nach oben. Flüssiges Wachs neigte dazu, sich in weichen Gesteinsschichten als dünne Schicht auszubreiten, steiferes Wachs neigte dazu, sich in einer steileren Kuppel aufzuwölben. Schnelle Injektion erzeugte eine höhere und kleinere Kuppel als langsame Injektion.

Verglichen mit der Wölbung des gesamten langen Bergovals der Black Hills mit Granit auf dem Gipfel, imitiert diese Wachsintrusion nur die kleinen Kuppeln der Lavaintrusion oder -injektion, wobei die Injektion die Energie oder Spannung überträgt. Tatsächlich werden in der Natur sogar die Lavalinsen durch die Beulen beeinflusst, die in den Schichten unter der Spannung der Krustenverformung stattfinden. Denn die sich verformende Erdkruste drückt immer den Auslöser und belastet die Schichten. Die von unten aufsteigende Lava sucht sich die schwachen Stellen und unterstützt die Beulen, und folgt auch den unzusammenhängendsten Schlamm- oder Schieferschichten.

Was das große Oval der gesamten Hebung der Black Hills betrifft – die im Laufe von Millionen von Jahren wie die Rocky Mountains aufgequollen ist und bei der die Lavainjektionen nur eine Nebenrolle spielten –, so haben wir es mit einem Schub von unten oder einer Ausdehnung zu tun, die sowohl die präkambrischen Urgesteine als auch die späteren Granite aufschwellen ließ. Solche Aufwölbungen gab es in Massachusetts zweifellos immer wieder. Auch dort finden wir Laven und Granite und Red Beds und Gletscherblöcke, die älter als die Appalachen, aber auch jünger sind. Die jüngeren Laven aus der Trias sind definitiv zwischen Verwerfungsblöcken ausgebrochen.

Unsere Experimente haben lediglich gezeigt, was geschmolzenes Material in Schichten unter Gewicht tut, wenn die Kraft des geschmolzenen Materials diesen Druck überwindet, um sich einen Platz zu suchen, obwohl das Gewicht durch große, in großem Maßstab stattfindende Wölbungen mehr oder weniger angehoben werden kann. Die Wölbung ist größer als die hydraulischen oder gasförmigen Druckspritzer.

Neben dem Beulen gibt es noch eine andere Möglichkeit. Das sind Verwerfungen oder Bewegungen tiefer Krustenblöcke, deren Grenzen nicht sichtbar sind. Die tiefe Kruste ist ein bewegliches Mosaik über dem Kern, und diese Bewegung erneuert sich, mal hier, mal dort. Dutton zeigt, dass wir uns die Rocky Mountains bis hin zur Pazifikküste so vorstellen können. Es kann sein, dass die Kernflüssigkeiten die Blöcke nach unten saugen, während die vulkanischen Flüssigkeiten die lokalen Schichten nach oben drücken. Und die vulkanischen Flüssigkeiten in den Rissen sind die entarteten gasförmigen oberen Reste der Kernflüssigkeiten, die der Mensch noch nie gesehen hat und die 2.900 Kilometer tief liegen.

Die Grenzen der Krustenblöcke sind nicht sichtbar, da die gesamte erste Schale der Erde unter Laven, Intrusionen, Kristallen und Schlamm begraben ist. Mit Schlamm sind hier zahllose Ablagerungen von Seen, Flüssen und Meeren über 3.000 Millionen Jahre gemeint. Diese Art des Denkens begann mit Wachsinjektionen.

Aus den Experimenten wird ersichtlich, dass wir es mit Erosion der Erdoberfläche zu tun haben, egal ob wir mit einem Bunsenbrenner unterirdische Hitze imitieren, um einen Geysir zu erzeugen, oder oberirdische Kälte mit einem Delta-Apparat, um einen Gletscher zu simulieren. Die Erosion begann mit dem ersten Angriff der Atmosphäre oder des Meerwassers auf die Lava. Niemals war die ursprüngliche Lava wie das Magma im Erdinneren; sie brach, kühlte ab und oxidierte. Ob wir sie nun Basalt oder Obsidian nennen, sie degenerierte. Darüber hinaus degenerierte sie in der äußeren Kruste, als sie ihre Gase freisetzte, sich selbst und die Felswand erhitzte, auf Grundwasser und freie Luft stieß und eine für sie neue Oxidation begann. Thermische Einwirkungen sind ebenso mit Erosion verbunden wie Regen oder Schnee. Ob wir also Wachs injizierten und Schichten aufquellen ließen oder Geysire und Wellenlinien imitierten, wir experimentierten mit Vulkanen, denn die Erdkruste ist grundsätzlich vulkanisch. Für die Zwecke dieses Buches müssen diese Fakten wiederholt werden.

In sogenannten Geosynklinalen oder Erdsenken lagern sich die großen Schichten an. Sie bestehen aus dem Schmutz, der von den Hochebenen in die Binnenmeere gespült wird. Es sind Schichten aus Sandstein, Tonstein oder Kalkstein; dünne Filme im Vergleich zur durch Feuer entstandenen Erdkruste. Himalaya und Appalachen entstanden durch die Faltenbildung von Beckenfüllungen durch Ausdehnung oder Endschub. Die Berge werden durch Fäulnis und Wassertransport aus Faltungen, Überschiebungen und Verwerfungen herausgeätzt. Das Längsdrücken der Schichten, um sie zu falten, nennt man Gebirgsbildung, besser gesagt Faltenbildung der Schichten. Die dicksten von ihnen erreichten eine vertikale Höhe von zwölf Meilen, aber was ist das schon im Vergleich zur 1.800 Meilen dicken

Erdkruste? Die Kruste hebt und senkt Verwerfungsblöcke. Die kleinen Schichtbecken dehnen sich durch Hitze an ihrem Boden aus und werden von unterirdischen Lavaeinbrüchen gezogen und geschoben. Außerdem werden sie durch die globale Kontraktion zwischen Krustenblöcken zusammengedrückt und durch die jahrhundertelangen Schwankungen auf und ab geschoben. Die größte Schwankung war das Absinken der großen Ozeane über Verwerfungsblöcke, als die Erdkruste zum ersten Mal aufbrach und sich über dem Erdkern ablagerte. Diese Ozeane haben sich seither in Wellen globaler Aktivität verschoben und angepasst. Die Erdkruste hat die Erde als Kugel erhalten, während Laven ausbrachen und die Blöcke nach unten drückten. Diese Blockschwankung reicht bis in die innersten Kontinente. Eruptionen entlang der Risse wanderten von den kontinentalen Meeren zu den Küsten der heutigen Ozeane. Dabei änderten sie ihre Zusammensetzung, weil sie von Eruptionen unter der Luft zu Eruptionen unter dem Meer wechselten, von einem Druck von 15 Pfund zu 600 Atmosphären Druck. Von Erosionseruptionen mit enormer Hitze zu Tiefseeeruptionen mit enormer Kälte und Druck. Und letztere sind die Vulkane der Gegenwart, die bis auf die Inseln und Meeresränder größtenteils verborgen sind.

In der Zwischenzeit taumeln die Krustenblöcke weiter auf und ab, und Beben knarren weiter unter den Gesteinsfluten der Anziehungskräfte von Sonne und Mond. Das Knarren und Wackeln sind unsere großen Erdbeben, Flutwellen und Eruptionen. Solche großen Ansammlungen von Eruptionen wie die Kordilleren oder der Hawaii-Rücken sind in ein paar Millionen Jahren ein gewaltiges Gewicht. Beide Haufen sind seit dem Miozän oder seit etwa 18 Millionen Jahren dabei, sich durch die Krustenblöcke auf dem Kern zu bohren. Ob dieses Ausbalancieren der schweren Gewichte auf den Krustenblöcken auf Veränderungen der Lavagewichte oder Sedimentbecken zurückzuführen ist, zehn bis zwölf Meilen Fels vertikal, das Herabdrücken und Unterfließen wird mit dem griechischen Wort Isostasie bezeichnet. Es bedeutet „waagerecht stehen" und ist ein schlechtes Wort, weil die Erdkruste niemals stillsteht. Die Blöcke passen sich ewig an und knarren über einem flüssigen Kern, der Globus wirbelt, Sonne und Mond ziehen, die Vulkane brechen aus und das Sonnensystem schießt durch den Weltraum. Die Erde ist nie statisch. Und unser kleines atmosphärisches Leben auf ihr steht nie still. Uns ist heiß, und wir selbst sind für eine starke Erosion verantwortlich.

Diese Rede ist die Einleitung zur nächsten Reihe von Harvard-Experimenten, die sich mit dem Zusammendrücken und Falten von Gesteinsschichten zur Nachahmung der Falten und Verwerfungen der Appalachen beschäftigten. Bailey Willis vom Geological Survey fertigte eine Presse aus Wachsmodellen von Gesteinsschichten. Ein schwerer Eichenkolben wurde durch eine Schraubkurbel vorwärtsbewegt. Die

Modelle bestanden aus Wachs, das mit Gips für harte Gesteinsschichten vermischt war, und Wachs, das mit venezianischer Terpentinmischung für weiche Gesteinsschichten vermischt war. Sie wurden gegossen, um tatsächliche Abfolgen von harten, dicken Kalksteinen, weniger harten Sandsteinen, weichen Tonsteinen oder Schiefern nachzuahmen. Der Kolben bewegte sich mit gemessener Geschwindigkeit gegen ein Ende des Modells, während das andere Ende eine feste Box war und die Gesteinsschichten horizontal lagen. Das langgestreckte Appalachenbecken hatte im Osten einen Kontinent (den Kolben), im Westen eine breite, flache Aufschüttung aus Kalksteinen oder Meeresboden (die Box) und im Osten, in Richtung der Flüsse des erodierenden Kontinents jener alten Zeit, die tiefste Mulde aus Kieselsteinen, Sand und Schlamm. Der schwere Kalkstein verjüngte sich von Westen her in diese dünneren Schichten und bildete in ihrer Mitte eine steife Rippe. Das Endergebnis ihrer Faltenbildung waren lineare Falten mit Achsen im Norden und Süden parallel zur Rinne und eng beieinander im Osten. Die Falten kippten nach Westen, und die Umkippungen entwickelten sich zu Überschiebungsbrüchen nach Westen, als die Schichten brachen. Außerdem wurden die Falten nach Westen hin unter dem tieferen Meer größer, flacher und weiter auseinander; die berühmteste davon ist der Cincinnati-Bogen.

In den Staaten des Nahen Ostens ist zu erkennen, dass der Boden der Rinne sank, als die schweren Küstensedimente von den Flüssen ins Meer gespült wurden. Die Staaten im mittleren Westen erhielten eine breite Kalksteinplatte. Durch die Hebung des Kontinents wurde der Ozean flacher und schmaler und gelangte über die großen Ebenen. So blieb eine tiefe Rinne aus schwachen Schichten, massivem Kalkstein und einer Überlappung von kontinentaler Anschwemmung über dem emporgehobenen späteren Kontinent der heutigen Zeit zurück. Die in Willis' Modellen zu untersuchenden Probleme waren, wie sich Faltung auf einen solchen Stapel auswirkte, was die Faltenbildungskraft übertrug, was eine einzelne Faltung auslöste und wie sich weiche und harte Schichten unter horizontalem Druck verhielten.

Er fand heraus, dass harte, dicke Kalksteinschichten den Schub am weitesten übertragen. Dass sich weiche Schichten in der Nähe des Kolbens übereinander stapelten. Dass diese Schichten schöne Überschiebungsverwerfungen zeigten, die vom Kolben weg geneigt waren. Und dass der Beginn einzelner Falten durch sehr kleine anfängliche Biegungen in einer Übertragungsschicht begünstigt wurde. Diese Abwärtsbiegungen vom Kontinent weg würden entstehen, wenn der Boden des Trogs im Laufe der Zeit absackte. Die Art dieses Absackens in aufrechten Scheiben des Bodengesteins ist wahrscheinlich eine Abwärtsverwerfung. Jede vertikale Scheibe würde beim Absacken eine Stufenbiegung bilden.

Der Boden von Willis' Kiste ließ keine Abwärtsbewegung durch Unterströmung zu, und der Kolbendruck erzeugte auch keine entgegengesetzte horizontale Kraft, die aus dem Meeresgebiet hätte kommen können. Um die Aufwärtsbewegung über den gebildeten Falten zu begrenzen, stapelte Willis Säcke mit Schrot auf das Modell, um die Abwärtsbewegung darzustellen. Die Faltung in den Appalachen befand sich ganz unten im Haufen, wo die Dinge heiß und komprimiert waren und die Hitze einzelne Schichten ausdehnen konnte.

In unserem Druckkasten haben wir das Willis-Konzept erweitert. Wir haben zwei Kolben an den gegenüberliegenden Enden einer Eichenkiste angebracht, mit dicken Glasscheiben an einer Seite, um die Faltung zu beobachten. Die beiden Kolben würden den Enddruck besser verteilen und die Möglichkeit zulassen, dass nicht der gesamte Druck vom Kontinent kam. Der Boden unter dem Modell war eine innere Kiste, die sich nach unten bewegen konnte und an schweren Federwaagen aufgehängt war. Diese konnten hochgeschraubt werden, um einen Druck nach oben auszuüben, der die Schrotladung kompensierte. So konnte sich die erste Falte sowohl nach unten als auch nach oben wölben. Dies imitierte einen möglichen abgesenkten Trogboden. Die Kolbenvorschubgeschwindigkeit wurde durch ein Metronom gesteuert, ein Mann an jeder Schraube.

So bestanden beispielsweise die Modelle E, F und G aus vier weißen und vier schwarzen Schichten, alle von gleicher Substanz, bei schnellen, mittleren und langsamen Geschwindigkeiten. Die schnellste verkürzte sich in fünf Minuten um einen Zoll. Die langsamste verkürzte sich in einer Stunde und 45 Minuten um einen Zoll. Das Modell mit der schnellen Verdichtung ließ sich problemlos biegen, alle Falten schienen zu fließen und das Modell hielt kompakt zusammen. Das Modell mit der langsamen Verdichtung verkürzte sich um den gleichen Betrag, brach an vielen Stellen, war spröde und hielt nicht kompakt zusammen. Dies schien zu beweisen, dass langsame Bewegung Brüche verursacht, während schnellere Bewegung Schichten intakt hält, unter ansonsten identischen Bedingungen der Substanz, der Faltung und Verkürzung und der vertikalen Eingrenzung.

Wir haben Willis' Schlussfolgerungen bestätigt, dass steife und dicke Schichten den Druck am weitesten übertragen und dass Überschiebungen dazu neigen, sich in weichen Schichten zu bilden, die in der Nähe eines Kolbens dicker werden. In einem Modell haben wir Überschiebungen in entgegengesetzte Richtungen auf gegenüberliegenden Seiten des Modells entlang einer einfach gefalteten Achse mit einer Verdrehung dazwischen erhalten. Während eines Experiments knarrte die Brust gelegentlich, was einem Erdbeben entsprach. Ein Modell wurde gegossen, um eine Überlappung von Schichten in Küstennähe darzustellen, wie eine

Küstenebene. Wenn es zusammengedrückt wurde, bildete es eine Gruppe von Überschiebungen weg vom Kolben, die als Ufergestein fungierten.

Beim Vergraben von Schichten besteht die Möglichkeit, dass sie Falten bilden, und zwar am meisten in eine Richtung, was der Kolbendruck nicht nachahmt. Das ist die Erwärmung durch Vergraben und Ausdehnung oder Verlängerung der kontrollierenden Schichten. In einem langen Becken wie den Appalachen ist die Faltenbildung unter Ausdehnung über die größte Länge am leichtesten, da die Achse der Steifheit parallel zur langen Rinne verläuft. Übergänge abseits der Küstenlinie von einem Sediment zum nächsten – Sand zu Schlamm, Schlamm zu Kalk – werden Schwachstellen sein, die Biegungen auslösen, wenn beim Vergraben entlang der separat erhitzten Schichten Ausdehnungsdruck auftritt. Diese Biegungen entwickeln sich zu Falten und die Falten zu fortschreitenden Falten, wobei die Achse parallel zur anfänglichen Veränderung der Schwachstellen verläuft. Die Ausdehnung in Längsrichtung von Falten kann, sobald sie begonnen hat, lange flache Bögen bilden, die in eine Richtung geneigt sind. Diese Erwärmung durch Vergraben verteilt die Faltung besser und weiter als schiebende Widerlager und verursacht anfängliche Biegungen. Alle unteren Schichten erhitzen und dehnen sich in alle Richtungen aus. Die Richtung, in der einem Faltungsimpuls am leichtesten nachgegeben wird, verläuft über die schwachen Übergangsgürtel. Danach wird die Bewegung durch linienförmige Falten und Brüche in eine Richtung aufgenommen.

Die Modelle wurden nach kontinuierlichem oder intermittierendem Zusammendrücken aus der Truhe entfernt und mit einem heißen Draht in Scheiben geschnitten, um sie zu sektionieren und zu fotografieren. Bei einer spröden, gebrochenen Reihe von Falten in einer harten Schicht wurde das Modell auf dieser Schicht auseinandergenommen und die Oberfläche fotografiert. Der Faltenkamm zeigte Fugen oder regelmäßige Risse. Ein Satz verlief erwartungsgemäß parallel zu den Faltenachsen; der andere Satz kreuzte die Hänge diagonal und in Kurven. Letztere wiesen auf Spannungen verdrehter Natur auf einer einzelnen Schicht zwischen einer Abwärts- und einer Aufwärtsfalte hin.

Was bewirkt in der Natur den Endschub oder Kolbenschub? Nach alter Vorstellung war es die Kontraktion des Erdinneren durch Wärmeverlust. Willis schrieb, dass das Becken absackte, die Isostasie oder Tiefenströmung im rechten Winkel zur Länge des Beckens stand und die allgemeine Kontraktion aufgrund der Tiefenströmung erfolgte. Die Tiefenströmung war in Richtung des leichteren Kontinents gerichtet, von dem der Sand ursprünglich verloren ging.

Die neuere Vorstellung, dass sich in der äußeren Hülle radioaktive Wärme befindet, widerlegt die Kontraktion des Erdinneren. Außerdem glaube ich nicht an eine flache Unterschicht aus Lava, die 80 Kilometer oder weniger tief liegt und unter Gewichtsverlagerung horizontal fließen kann. Ich glaube jedoch an eine tiefe Unterschicht aus Flüssigkeit in 2.900 Kilometer Tiefe unter einer Kruste mit Schollenverwerfungen. Dieser flüssige Kern passte sich ursprünglich den Schollen am Meeresboden an und machte die aufrechten Scheiben zu nach unten gleitenden Kontrollorganen des Appalachenbeckens. Es gibt keinen Beweis dafür, dass das Sedimentgewicht dies bewirkt hat. Es ist wahrscheinlicher, dass magmatische oder durch Feuer entstandene Lava, als die dicke äußere Panzerplatte der Erde in Intrusionen ausbrach, die vertikalen Scheiben geschmiert hat. Intrusionen gibt es unter jedem sedimentären Gebirgszug der Erde. Es ist wahrscheinlicher, dass ein jahrhundertelanges Aufsteigen von Gebirgsverwerfungen und ein Absteigen von Beckenverwerfungen darüber entschieden hat, wo das zentrale kontinentale Becken liegen sollte, und zwar alles innerhalb der permanenten Seitengebirgszüge Nordamerikas. Denn dies war ein kontinentales Mittelmeer, und die Verformung des Philadelphia-Hochlands und des Cincinnati-Beckens war nur eine Episode in der 2.000 Millionen Jahre alten Geschichte der atlantischen und pazifischen Grenzen des Kontinents. Der Untergang des Intrakontinentalmeeres im Verhältnis zum Aufrechterhalten des Hochlands war eine Welle in der Geschichte des Globus und seines Kerns. Erosion und Ablagerung waren Ergebnisse, nicht Ursachen. Sie waren Ergebnisse der vulkanischen Geschichte des sich ständig bewegenden aktiven Mosaiks des Globus. Das permanente Nordamerika blieb im Verhältnis zu den atlantischen und pazifischen Tiefen hoch.

Die Faltung der Sedimente geht in den südlichen Appalachen in Intrusionen von Magma über. Hier entstand das Granitproblem von ungeheurem Ausmaß, das sich in unserem Ascutney Mountain in Vermont wiederholt. Was es unter dem Boden dieser riesigen Kalksteinfelder von Ohio bis Illinois zu suchen hatte, wissen wir nicht. Ebenso wenig wissen wir, was unter den riesigen Kalk- und roten Schlammfeldern auf dem heutigen Boden der Tiefsee zu suchen ist. Aber wir wissen, dass durch Feuer entstandenes Gestein unter allen vom Meer abgelagerten Sedimenten, die jemals auf Inseln oder Kontinenten untersucht wurden, an die Oberfläche spritzt. Dieses durch Feuer entstandene Gestein hat, wenn es erstarrt ist, eine Dicke und einen Boden. Wir kennen weder seine Dicke noch seinen Boden. Wir wissen, dass sich darunter große, 3.000 Kilometer lange Risse befinden, die es in Vulkansysteme aufspalten. Die Schlussfolgerung lautet, dass der Globus von einer Schicht magmatischen Materials umhüllt ist, das seit mehr als 3.000 Millionen Jahren Risse ausspuckt. Wie gelangte diese Materie durch neue Eindringlinge in die Erde und zog, drückte, erhitzte und zerknitterte im Laufe von 500 Millionen Jahren den in flachen Gräben der Appalachen zwischen Alabama und Indiana angesammelten Schmutz? Wir wissen es nicht.

Das letzte Harvard-Experiment, an dem ich teilnahm, betraf das Schmelzen von Pulvern aus basaltischen Mineralien und Gesteinen, das allmähliche Abkühlen und anschließende Zerteilen unter dem Polarisationsmikroskop, um zu sehen, wie sie Laven ähnelten. VF Marsters von der University of Indiana half mir dabei. Basierend auf den europäischen Arbeiten von Doelter, Fouqué, Michel-Lévy und anderen verwendeten wir einen französischen Ofen mit Gasflammenstoß und kleine Tiegel aus Kieselgur, gemischt mit Ton. Die Pulverproben aus zerkleinertem natürlichem Basalt oder Mischungen aus Pyroxen, Feldspat und Olivin wurden 40 bis 150 Stunden lang glühend gehalten und entweder schnell oder langsam abgekühlt. Damals glaubte man, dass die langsame Abkühlung die Hauptursache für die grobe Kristallisation sei. Schnelles oder langsames Abkühlen erzeugt diese Effekte in Lavaströmen mit Sicherheit.

Durch schnelles Abkühlen erhielten wir im Allgemeinen radiale Kristallbündel oder Sphärolithen in einer glasartigen Grundmasse. Durch langsames Abkühlen erhielten wir eine Diabasstruktur oder gröbere Kristallisation mit einigen durchbrochenen Hohlkristallen. Und es gab kleine Körner aus Magnetit und Spinell. Viel Zeit wurde mit Ofensicherheit und -methoden und mit feuerdurchlöcherten Tiegeln aus Platin, Kohlenstoff und Graphit verschwendet.

Im Jahr 1900 hatte man noch nichts über das Rühren gelernt, und auch nicht über Gas als Bestandteil von Basalt. Erst Jahre später bewies Emerson am Hawaiian Volcano Observatory, dass Aa-Lava durch Rühren in einem Tiegel hergestellt wird. Aa ist kristallin. Emerson erhielt glasartige Lava durch ruhiges Schmelzen. Niemand hat Lava bisher Wasserstoffstößen wie denen eines Bessemer-Ofens oder anderen Gasen ausgesetzt. Hier bietet sich ein großes Feld für die Nachahmung der Fontänen von Mauna Loa und Ätna sowie für die kritische Petrographie künstlicher Basalte. Moderne Arbeiten befassen sich mit der physikalischen Chemie begrenzter Mineralsysteme. Soweit ich weiß, hat seit der Arbeit von Carl Barus für den US Geological Survey in den neunziger Jahren niemand natürliche Gesteine als Objekte der Naturgeschichte mathematisch synthetisiert.

Kapitel III
Expeditionsjahrzehnt

„ Die Stimme deines Donners

war im Wirbelsturm. "

Während mir kleine Laborexperimente dabei halfen, über die Details der Experimente der Natur nachzudenken, blieb die Notwendigkeit bestehen, die Natur selbst zu messen. Die tiefen Laven von South Dakota, die sich zwischen Schieferschichten drängen, warfen viele Fragen auf. Welche Schichtdurchdringung findet unter dem Vesuv statt? Neigt oder hebt ein Lavastrom den Boden? Ist dies vergleichbar mit Ausbrüchen in oder aus Kratern? Kann man nicht Experimente mit Kratern selbst durchführen, indem man sich dort aufhält? Sicherlich kann man den Fortschritt der Laven messen, während sie ausfließen.

Im Jahrzehnt nach meinen Schlammkuchen-Experimenten war ich Assistenzprofessor in Harvard und leitender Professor der geologischen Abteilung des Massachusetts Institute of Technology. Diese Ernennungen erfolgten unter den Präsidenten Eliot, Pritchett und Maclaurin. Von 1901 bis 1910 arbeitete ich weiterhin für den Geological Survey und verfasste Berichte. Dann schlug die Natur zu. Es folgten Erdbeben und Ausbrüche in Guatemala, eine schreckliche Katastrophe in Westindien, Expeditionen in die Karibik, nach Italien, auf die Aleuten, nach Japan, Hawaii und Mittelamerika, eine weitere in Nordjapan sowie verheerende Erdbeben in San Francisco, Valparaiso, Messina und Costa Rica. Die Zerstörung des St. Pierre auf Martinique bereitete den Boden für Feldforschungen zu Vulkanen und Erdbeben, die ich ein halbes Jahrhundert lang fortführen sollte.

Als die Abendzeitungen vom 8. Mai 1902 die plötzliche Vernichtung von 26.000 Menschen an jenem Morgen um 8 Uhr in St. Pierre, Martinique, meldeten, ging ich sofort zu Präsident Eliot. Da er wusste, dass ich auf Feldstudien über Vulkane gedrängt hatte, stimmte er zu, dass ich nach St. Pierre gehen sollte, und telegrafierte an Marineminister William H. Moody, um den Transport zu organisieren. Sofortige finanzielle Unterstützung erhielt ich von Alexander Agassiz, der National Geographic Society und zahlreichen Freunden; und meine Harvard-Kollegen erklärten sich bereit, meine Vorlesungen zu halten.

Ich meldete mich auf dem Schulschiff *Dixie* in Brooklyn, wo ich Kapitän Robert Berry vorfand, einen tapferen Mann aus Virginia, der das Kommando über eine Kadettenmannschaft übernahm. An Bord befanden sich IC Russell aus Michigan, Autor von „Volcanoes of North America", EO Hovey vom American Museum, Curtis, der Hersteller topografischer Modelle, RT Hill vom Geological Survey und Experte für karibische Länder sowie zahlreiche andere Wissenschaftler und Zeitungskorrespondenten.

Die Reise nach Westindien war einzigartig. Auf dem Marinekreuzer befanden sich Lebensmittelvorräte, Zelte, Kleidung und medizinische Vorräte für die Flüchtlinge sowie eine seltsam gemischte Passagierliste; alles zusammengetragen wegen des Krieges gegen die Menschheit durch zwei völlig unbekannte Vulkane, Soufrière auf der britischen Insel St. Vincent und Pelée am nördlichen Ende der französischen Kolonie Martinique. Geologen hielten Vorträge für die Besatzung an Deck; und im Gegenzug lernten wir etwas über Marinedisziplin und Effizienz.

Als wir 13 Tage nach der schrecklichen Katastrophe in Fort de France ankamen, wurden wir sofort mit dem Schlepper *Potomac nach St. Pierre gebracht* . Wir gingen an Land und liefen durch die zerstörte Zuckerstadt, deren Straßen mit Melasse und Rum übersät waren. Tausende von Toten lagen unter den Trümmern begraben, denn am Tag vor unserem Besuch hatte es eine zweite Explosion des 1.200 Meter hohen Vulkans Pelée gegeben, der sechs Kilometer entfernt rauchte. Dadurch wurden die Dächer, die nach der ersten Explosion noch übrig waren, eingerissen.

Wir kamen am 21. Mai 1902 gegenüber von St. Pierre an und sahen eine rauchende, staubige Reihe von Ruinen entlang der Küste. Bevor wir an Land gingen, wurden wir gewarnt, dass wir zu den Booten gehen sollten, wenn die Pfeife des Schleppers ertönen sollte. Der staubige Hügel lag zu unserer Linken wie eine graue Schneelandschaft, überhaupt nicht wie ein Kegel. Der Krater war eine Schlucht in einem gewöhnlichen Berg unter Wolken.

Wir wanderten durch die trostlosen Ruinen und fanden völlig zerstörtes Mauerwerk und keine sichtbaren großen vulkanischen Fragmente. Die Straßen waren voller Schutt und alles war mit grün-grauem Pulver bedeckt. Dächer waren weg, hier und da brannte ein Baumstamm, und in den Ruinen der Häuser lagen noch immer zahlreiche Leichen. Wir sahen ein Baby in einer eisernen Wiege, einen Mann mit dem Gesicht nach unten in einem Tank und einen großen Mann auf dem Rücken in einem tiefen Backofen. Sein Fleisch war durch die Hitze geschrumpft und von seinen Gelenken weggezogen. An anderer Stelle lagen acht oder zehn Leichen zusammengedrängt am Fuß einer Klippe.

3. Explosionswolke steigt während des explosiven Ausbruchs vom Halemaumau auf, 13. Mai 1924

4. Felswand im Lavasee, 23. Januar 1918

Das Ende der Stadt in Richtung Vulkan, das von Klippen umgeben war, war tief unter Kies begraben, aber das südliche Ende war nur etwa 30 bis 60 Zentimeter mit Sand bedeckt. Die zweite Explosion war heftiger als die erste und zerstörte das dritte Stockwerk und den zweiten Glockenturm der Kathedrale. Die wunderschönen Glocken, „deren sanfte, liebliche Töne zur Stunde des Angelusgebetes mit ergreifender Kadenz über die Bucht schallten", lagen zerstreut zwischen Schutt, Splittern und dampfenden Dämpfen; ihre alten, geprägten Inschriften waren halb im Staub begraben.

Die meisten der Leichen waren nach dem zweiten Ausbruch zu einer Kruste verschrumpelt, denn vorher waren sie kaum verändert worden. Der Geruch war eindringlich und kehrte in Träumen zurück – nach Gießerei, Dampf, Schwefelhölzchen und verbranntem Zeug, und hin und wieder ein Hauch von gebratenem, verfaultem Fleisch, der schrecklich war. Es war unmöglich zu begreifen, dass dieses Pompeji zwei Wochen zuvor noch eine blühende französische Stadt gewesen war. Kein Dach war übrig und kaum ein Balken; Dampf drang durch kleine Löcher im nassen braunen Sand, und ein widerlicher Geruch verriet, woher er kam.

Es war schwer zu erkennen, wo einst Straßen gewesen waren. Alles war unter eingestürzten Mauern aus Kopfsteinpflaster und rosafarbenem Putz und Fliesen begraben, darunter 20.000 Leichen. Eine Stadt in Neuengland wäre zu weißer Asche verweht, wenn das riesige Blasrohr die Flammen brennenden Rums hätte einwirken lassen.

Ich blickte auf den grauen alten Vulkan mit dem verhüllten Gipfel. Die Landschaft war staubig wie alte Statuen. Berghang und Klippe waren von Bäumen entblößt. Ein umgestürzter Fabrikkessel hatte Löcher, die von herumfliegenden Steinen durchbohrt worden waren. Ein rundes Marmorbecken eines Brunnens war auf der Vulkanseite durch Bombardierung weggeschlagen worden. Alte Kanonen, die als Ankerpfosten am Kai dienten, waren gewaltsam entwurzelt worden. Die grüne Landschaft endete abrupt an der Stadt entlang einer scharfen Linie, mit Kokospalmen, die halb grün, halb braun waren. Außer den Dampfdüsen an Pelées Hängen war nichts zu sehen.

Plötzlich fragte ich mich, was diese Dampfdüsen zu suchen hatten. Zuerst waren es ein oder zwei entlang der Küste gewesen, aber jetzt waren es acht, zehn, zwanzig, die hoch und über den ganzen Vulkan verstreut sprudelten. Ein Arzt, Dr. Church, stand neben mir, und wir waren uns einig, dass uns der Anblick nicht gefiel. Jetzt waren es vierzig Düsen, wie so viele geisterhafte Lokomotiven, die aus dem Lokschuppen des Pelée-Massivs gefahren werden. Unterdessen waren Offiziere und Wissenschaftler in weißen Kitteln in Gruppen unter den Klippen verstreut, einige davon außer Sichtweite des Mount Pelée.

Wir blickten zur USS *Potomac*; sie hatte den Dampf gesehen, und ihr eigener weißer Dampf kündigte schnelle, wiederholte Tuten ihres Nebelhorns an. Durcheinander kamen die Passagiere zur Anlegestelle gestolpert. Die Matrosen hatten die Boote kaum gestartet, als zwei weitere Gestalten in weißen Kitteln auftauchten, und wir mussten umkehren, um sie zu holen. Der Berg sah aus, als würde er an hundert Stellen aufbrechen, um einen Ausbruch vorzubereiten, und es gab viele Geschichten über die Bildung neuer Krater. Was wir sahen, war in Wirklichkeit das Ergebnis eines heftigen Regenschauers, der auf glühend heißen, trockenen Kies fiel; aber wir sollten später etwas über die Explosion von Regenbächen erfahren. Wo immer ein Bach in eine solche Richtung fließt, bildet sich sofort ein Dampfstrahl.

Die Hauptwasserschlucht des Pelée-Kraters wurde von Wolken freigeblasen, als wir vorbeifuhren, und wir sahen unter dem Gipfelamphitheater eine Mulde, wo vorher ein See gewesen war, mit einem Haufen schuppig aussehender heißer Felsbrocken in der Mitte, die heftig dampften. Dieser Krater erstreckte sich in eine tiefe Schlucht bis zum Meer, aus der am 5. Mai eine verheerende Schlammflut gekommen war, die eine Zuckerfabrik begrub. Das war drei Tage vor der Zerstörung von St. Pierre geschehen. Wasser ging dem Dampf voraus. Die Risse unter der Schlucht neigten sich zweifellos von der Stadt weg, und aus einem unbekannten Abgrund quer zur Schlucht schoss Wasser und überhitzter Dampf wie ein Wasserstrahl aus einem Schlauch auf die Stadt zu. Das war am 8. Mai geschehen. Das ausgeworfene Material war trockener Dampf und glühend heiß, was die frühen Berichte über Lava in der Nacht erklärt.

Fünf Wochen nach meiner Reise *zum Potomac*, als der Kraterkegel über dem Rand der Schlucht lag, sah ich geschmolzenes Gestein, offenbar große Fragmente aus braunem, kantigem Material, die auf feinerem Kies ruhten. Blumenkohlfarbene Wolken aus rötlichem Staub spritzten jede halbe Stunde aus dem Bett der Schlucht darunter und wanderten die Schlucht hinab. Darauf folgte ein leises Grollen, vielleicht von Lawinen. Das Becken weitete sich im Laufe des Monats und die Kuppel gewann an Höhe und Breite. Nachts war ein heller, glühender Riss zu sehen, der den Haufen schräg durchquerte. Auf eine plötzliche Zunahme des Glühens folgte ein Grollen, als würde sich die Kuppel heben. Brotkrustenbomben aus Andesit, an deren Oberfläche tiefe Risse entstanden und die man sowohl bei Pelée als auch bei Soufrière auf dem Berg aufgelesen hatte, waren Stücke der inneren Lava.

Zwei Monate nach der Zerstörung von St. Pierre kam es zufällig zu einer Räumung des gesamten Doms. Dies fotografierten wir, als brauner Staub aufstieg und Dampfstrahlen südöstlich auf dem Dom und in der Schlucht auftauchten. Oben befand sich ein außergewöhnlicher Grat, geformt wie eine Haifischflosse, mit steilem Abhang im Osten, gekrümmt und glatt und abgeschabt im Westen, der aus einem zentralen Riss des Doms nach oben gedrückt wurde. Er war wie Paste aus einer Tube, ein harter zentraler Lavastift, der von der expansiven Kraft im Inneren nach oben gedrückt worden war. Gezackte Bruchflächen zeigten sich auf der vertikalen Ostklippe und lange, glatte, gewölbte Schrammen auf dem abgerundeten Westprofil des Vorsprungs. Andere hornartige Vorsprünge zeigten sich auf dem Dom. Der Gipfelgrat befand sich 200 Fuß über der Oberfläche des Haufens.

Am 6. Juli 1902 wurde erstmals über den berühmten Pelée-Stachel berichtet. Er zerbröckelte im August, und ein Jahr später erreichte ein neuer, in die entgegengesetzte Richtung weisender Stachel eine Höhe von 300 Metern. Er war eine zentrale Zunge der halbfesten Lava des Doms, die plastisch genug war, um durch Kräfte im Inneren nach außen gedrückt zu werden. Ansonsten war der Dom ein nahezu fester, mit herabgefallenen Bomben bedeckter Extrusionskörper. Dies war das Magma oder die Lava der Pelée-Soufrière-Eruptionen. Deichrippen erstreckten sich radial vom Stachel quer über den Dom. Ich veröffentlichte eine falsche Erklärung, dass der Felsdom aus alten Fragmenten bestand, die durch eine Superexplosion geschmolzen wurden, und keine echte Lava war. Ich lag jedoch so weit richtig, dass ich die Gaswärmetheorie und das Schmelzen allen Vulkanismus vorwegnahm.

Die direkte Krise dieser karibischen Inseln im Jahr 1902 wurde durch den Vulkan Soufrière auf St. Vincent, 100 Meilen südlich von Martinique, am 7. Mai um 13 Uhr ausgelöst, neunzehn Stunden vor der Katastrophe von St. Pierre. Soufrière explodierte, wie man so schön sagt, durch eine Kraterseegrube südwestlich seines 4.000 Fuß hohen Gipfels, wobei der Kraterrand 3.500 Fuß hoch war. Es ist bemerkenswert, wie viele Vulkane 4.000 Fuß hoch sind und wie viele Kratergruben nicht an der Spitze, sondern entlang eines Grabens unterhalb des Gipfels haben. Genau dies war der Fall bei Pelée, genau dies kennzeichnet die Calderas von Kilauea und Mauna Loa. Ein Dutzend anderer Vulkane ließen sich nennen, deren Schlote durch die Flanke des Haufens verlaufen.

Hovey, Curtis und ich wurden mit der *Dixie* nach St. Vincent gebracht, wo uns die gastfreundlichen englischen Kolonisten am Fuße des Soufrière Häuser, Diener und Pferde zur Verfügung stellten. Der Versorgungsdampfer der Regierung brachte uns um die Insel herum. Wir fuhren den Soufrière hinauf bis zum Rand des großen Kraters und blickten auf das kochende Wasser weit unter uns, grün und schlammig, und an einer Wand strömte eine Dampfsäule empor.

Wir drei Amerikaner, geführt von TM MacDonald, einem schottischen Pflanzer, bestiegen den Berg als erste nach den furchtbaren Ausbrüchen vom 7. und 18. Mai. Wir verließen unser Quartier im Chateau Belair und stiegen zu Fuß von der südwestlichen Basis aus auf, mit sechs kräftigen Negern, die Instrumente, Wasser und Lebensmittel trugen. In den Ruinen der Wallibu-Zuckerfabrik begegneten wir einem wild dreinblickenden ostindischen Kuli und seinen Helfern, die Zucker plünderten.

Der Wallibu River bekam die Hauptlast des schweren, trockenen, glühend heißen Kieses der Eruptionen ab, der wie Schnee aufgewirbelt und mit nassem Schlamm verkrustet wurde. Das vom Fluss zugeführte Wasser bahnte sich seinen Weg in die 24 Meter glühend heiße Talschüttung. Augenblicklich wurde eine Dampfexplosion in weißen Spiralen hochgeschleudert, und der Fluss staute sein eigenes Bett mit dem Steinregen der Aufwärtsströmungen. Dadurch verwandelte sich sein eigenes Wasser in frische, heiße Asche und hielt so die explosive Wirkung aufrecht. Ein solcher explodierender Fluss schickte eine dreiviertel Meile hohe, unbeschreiblich majestätische Säule hoch, die die Eingeborenen veranlasste, von neuen Kratern zu berichten. Ein Regen aus Schlamm und Sand fiel auf unsere Gruppe.

Die alte Straße über den Berg Soufrière war zerstört, die Flussauen waren tief eingeschnitten und bei jedem Schritt stieß man auf schwierige Grate und Senken. Die Schluchten waren zu Schluchten vertieft, die Hänge darüber waren von einem federähnlichen Rinnenmuster durchzogen. Jeder Ausläufer zwischen den Schluchten war wie ein sehr steiles Dach, mit einem glatten Pfad bergauf entlang der Wasserscheide. Das erleichterte das Vorankommen. Große *Ficus- Baumstümpfe* ragten zerfetzt aus dem verhärteten Schlamm, die Äste waren verkohlt und vom Sandstrahl geschärft.

Ein Wirbel aus Vulkansand erzeugte einen unangenehmen, stechenden Staubregen, und Schwefelwasserstoff roch nach faulen Eiern. Doch in Gipfelnähe war die Luft frisch und die Sonne hell. Ein Regen hätte den Schlamm rutschig und gefährlich gemacht, denn die Schluchthänge waren praktisch Klippen. Schließlich kamen wir zu Schlammklumpen, die einer Viehsuhle ähnelten, knietief und klebrig. Große Felsblöcke von zwei Fuß Durchmesser lagen auf der Oberfläche, herausgeschleuderte Stücke der alten Kraterwände; und es gab einige Bomben aus neuer Lava.

Nach drei Stunden versammelten wir uns am Rand des alten Kraters, der vor dem Ausbruch von einem hohen Kratersee erfüllt war. Plötzlich kamen wir zu einem riesigen, fast kreisförmigen Abgrund, dann zum Profil eines schwarzen Abgrunds, der 2.000 Fuß abfiel; und an seiner Wand sahen wir eine stille Dampfsäule in Wogen dahinplätschern. Der Boden war ein grüner Teich aus kochendem Wasser, der durch Quellen aus der Wand getrübt wurde; und hundert Schwänze weißen Dampfes schlossen sich der Säule an der Wand an.

Die Innenwände zeigten horizontale Bänder aus alter Lava und Intrusionen sowohl in Linsenform als auch als Deiche. Es gab rotbraune Puddingsteine, die aus Fragmenten bestanden. Eine trichterförmige Intrusion sah aus wie der Querschnitt eines Vulkans und bildete ein perfektes T aus grauer Lava, wie ein Pilz. Ein großer Spalt, der sich nach Westen ausfüllte, erhob sich von unten nach oben. Ein nördlicher felsiger Hufeisenrand oder Somma an der Spitze bildete den Gipfel des St. Vincent. Der Kraterrand war eine Meile breit und das Innere eine halbe Meile tief; und die grüne Pfütze am Boden hatte einen Durchmesser von 1.200 Fuß. Die Basis der Wandsäule spritzte heftig und schleuderte schwarzen Schlamm und Felsfragmente in die Luft. Der Seespiegel lag 1.100 Fuß über dem Wasserspiegel, 800 Fuß niedriger als vor dem Ausbruch; und der Tümpel war flach und mit Wattflächen und kleinen Inselchen bedeckt. Wir bedienten Kameras, Kompasse und Skizzenbücher, schritten eine Grundlinie ab; und bemerkte, dass die nordwestliche Ecke des Kraters weggesprengt worden war und eine große Kerbe hinterlassen hatte.

Als wir zum Chateau Belair zurückkehrten, brachten die schwarzen Bäuerinnen ihre Kinder heraus, um uns anzuschauen, die gottgleichen Männer, die sich in den Krater gewagt hatten. Mr. MacDonald musste uns durch die Menge lotsen, und wir fühlten uns wie die zwölf Apostel nach einem Wunder.

Der Ausbruch des Soufrière in der ersten Maiwoche war gewaltiger und heftiger als der des Pelée, denn der Pelée-Ausbruch konzentrierte sich auf ein Ziel. Der Soufrière-Ausbruch richtete im Osten und Westen Verwüstungen an, während der Pelée-Ausbruch sich in einem Sektor südwestlich des Berges ereignete. Sie waren jedoch gleichermaßen verheerend und erzeugten bei beiden Ausbrüche von überhitztem Dampf und Kies. Siedender Staub tötete Menschen, aber auch Wasserwellen, Feuersbrunst, Dampf, Steine, Ertrinken und Verschütten.

Soufrières Staubregen wurde bis nach Trinidad und Barbados gemeldet, und von Schiffen aus 100 bis 900 Meilen Entfernung, direkt gegen die Passatwinde, aus dem Osten und Südosten. Die Staubsäule durchdrang die Antitrades der oberen Atmosphäre. Geräusche waren 150 Meilen entfernt laut, aber in der Nähe der Berge nicht zu hören. In dem glühend heißen Kies gab es unzählige Erdrutsche, Flusswasser strömte in den Kies und verursachte falsche Eruptionen, und Küstenklippen stürzten ein.

Auf St. Vincent trat keine Lava auf, außer in Form von Fragmenten, während sie auf Pelée als Kraterhaufen aufstieg. Sowohl vor als auch nach den ersten Ausbrüchen traten radial zu den Vulkanen verlaufende Flussfluten auf, die Wissenschaftler fälschlicherweise auf Wolkenbrüche zurückführten. Später zeigten genaue Beschreibungen der Einheimischen, dass die Quellen heißes Wasser waren, das an Orten hervorsprudelte, an denen es keinen Regen gab.

Eine Reihe von Ausbrüchen in immer größeren Abständen von Mai bis Dezember aktivierte beide Vulkane. In den darauffolgenden Jahren nahmen die Explosionen ab; über Pelées Krater erhob sich jedoch eine mächtige Kuppel und ein Grat aus steifer Quarz-Basalt-Lava, wie Salbe aus einer Tube.

Auf Pelée gab es einen Riss im Boden der langen Kraterschlucht. Mit Staub aufgeladene, blumenkohlartige Dampfspiralen strömten aus den Rissen, unten am Ufer mit scharfen Kanten im Profil, in der Nähe des Kraters weich und diffus. Kochendes Wasser im Grund der Schlucht führte Schlamm mit sich. Der Berg brach entlang radialer Schluchten auf und spritzte Dampf und Geysire aus, aber all dies war von Sedimenten verdeckt. Niemand hat jemals gesehen, wie sich die Risse öffneten. Die wandernden, mit Kies aufgeladenen Dampfwolken wurden Glühwolken genannt und man glaubte, dass sie als Gasflüssigkeiten aus dem Krater „flossen".

Eine Aufklärung dieses ganzen Mysteriums erfolgte viele Jahre später, nach gründlicher Untersuchung aller Berichte. Die Glutwolken, die zunächst mit den gewaltigen Explosionen verwechselt wurden, die die Stadt zerstört hatten, wurden nach und nach erklärt. Es stellte sich heraus, dass radiale Risse alte Merkmale von Lavadomen sind und dass Lavadome unter Agglomerathaufen liegen. Pelée und Soufrière sind Agglomerathaufen.

Kilauea und Mauna Loa sind Lavadome. Der Vesuv ist ein Vulkan mittlerer Art.

Ich blieb von Mai bis Juli im Feld, kehrte zum Mount Pelée zurück, durchquerte die nördlichen karibischen Inseln und ging auf den Grund des tiefen Kraters des Mount Misery auf St. Kitts. Meine Führer auf St. Kitts waren zwei farbige Männer, Johnny Eddy und Samuel Jim. Im Krater fanden wir Dampf und Schwefel und einen Geruch nach faulen Eiern am Ufer eines kalten Kratersees. Wir stiegen an scheinbar senkrechten, mit Wurzeln bedeckten Klippen hinab. Dies war eine typische Fumarole oder Solfatara, eine der unbefriedigenden Eigenschaften von Kratern. Wir sammelten Proben und machten Schnappschüsse, fragten uns, wie oft sich solche Orte plötzlich verändern, und erkannten Schwefelwasserstoffgas nur am Geruch. Das alles passte zu dem, was ich später auf Hawaii entdecken sollte: dass man einen Krater nur erkennen kann, wenn man mit ihm lebt, und dass Gase Lava schmelzen können.

Wenn ich auf die Martinique-Expedition zurückblicke, weiß ich, was für ein entscheidender Moment in meinem Leben das war und dass es die menschlichen Kontakte waren, die mich inspirierten, nicht die Abenteuer im Gelände. Allmählich wurde mir klar, dass die Tötung Tausender von Menschen durch unterirdische Maschinen, die den Geologen völlig unbekannt und damals unerklärlich waren, ein Lebenswerk wert war.

Die Geschichte von Rita Stokes hat mich tief beeindruckt. Im Krankenhaus von Barbados sprach ich mit diesem jungen weißen Mädchen und ihrer farbigen Krankenschwester Clara King, die Passagiere auf der SS *Roraima gewesen waren*, die in St. Pierre lag, als die Stadt zerstört wurde. Als ich sie sah, waren sie in Bandagen gewickelt. Claras Verbrennungen waren schwer an Knie, Arm und Hand. Ritas waren an Kopf, Händen und Armen und einem schwer entstellten Ohr. Beide waren lebenslang verletzt. Mrs. Stokes, ein Junge und ein kleines Mädchen in der Kabine mit ihnen waren getötet worden. Alle sahen, wie der nahe Berg Rauchwolken ausstieß, als das Schiff am Morgen des 8. Mai vor der Küste von St. Pierre vor Anker lag, aber die Schiffsoffiziere beruhigten sie.

Plötzlich stürzte der Steward herbei und rief: „Schließen Sie die Kabinentür, der Vulkan kommt!" Mrs. Stokes schlug die Tür zu, kurz bevor es zu einer gewaltigen Explosion kam, die fast die Trommelfelle platzen ließ. Das Schiff wurde hochgehoben und sank, und alle wurden durch den Aufprall von den Füßen gerissen und kauerten sich in einer Ecke der kleinen Kabine zusammen. In der pechschwarzen Dunkelheit strömte kochend heiße, feuchte Asche durch ein zerbrochenes Oberlicht herein. Dann folgte Erstickungsanfälle, die dadurch gelindert wurden, dass die Tür aufplatzte und Luft hereinströmte.

Als es wieder etwas hell wurde, waren Mrs. Stokes und der kleine Junge schwarz mit heißem Schlamm bedeckt, das kleine Mädchen lag im Sterben und die Krankenschwester und Rita litten große Schmerzen. In einer Ecke des Bodens hatte sich ein Haufen glühend heißer Schlamm angesammelt, und als das kleine Mädchen ihre Hand nach unten streckte, um sich aufzurichten, steckte ihr Arm bis zum Ellbogen im kochend heißen Sand. Sie wurden alle aufs Deck gebracht, wo Mutter, Junge und Baby starben. Das Schiff brannte, und die nahe Stadt war ein einziges Feuerwerk. Noch mehr Asche fiel herab und verbrühte die Opfer. Seltsamerweise blieben auf der Haut Verbrennungen dritten Grades zurück, obwohl die Unterwäsche überhaupt nicht verbrannt war.

Clara sagte, der Berg sei grau ausgesehen, weil der Rauch nach Westen ziehe, das Wetter sehr ruhig gewesen und der Staub habe nach Schießpulver gerochen. Sie habe während der Explosion keine Flammen gesehen und nicht gewusst, was den Dampfer in Brand gesetzt habe. Die Brände seien wahrscheinlich aus der Stadt gekommen. Die Asche sei in spritzenden Spritzern herabgeflogen, wie „feuchter Mergel". Es seien keine Steine herabgestürzt und der Kies in der Kabine und auf den Brandstellen sei nasser Sand gewesen. Vor der Explosion habe es Staub geregnet, aber Clara zufolge habe es keine Atembeschwerden gegeben. Die Sonne sei bräunlich rot gewesen.

Der Bug des Schiffes war seewärts gerichtet, und das Schiff neigte sich erst nach links, dann nach rechts. Zuerst fing das Heck, in Richtung des Feuers, Feuer, dann der Bug. Es gab kein Rumpeln, nur einen Stoß und einen rasselnden Donner auf einmal, vorher und nachher kein Geräusch. Die einzigen Menschen, die Clara King am Ufer sah, waren einige Männer auf einem Floß.

Ich schrieb Präsident Eliot und dem American Relief Committee über den Fall von Rita Stokes, Halbamerikanerin und die einzige weiße Frau, die in St. Pierre gerettet wurde. Und ich freute mich, von ihrem Vormund und Onkel, JE Croney aus Barbados, zu erfahren, dass für sie gesorgt wurde. Die Summe von 450 Dollar wurde an das Komitee überwiesen und 6.000 Dollar wurden für sie zurückgelegt. Sie wurde nie von ihrer hingebungsvollen Krankenschwester Clara King getrennt.

Außer den Erlebnissen der Verwundeten gaben mir die Erkenntnisse zahlreicher Geologen, die Berichte von Ärzten, Matrosen, Marineoffizieren, Beamten der örtlichen Behörden, der Lokalzeitungen und Fotografen, die von uns gesammelten Proben sowie die Arbeit bedeutender Zeitungs- und Zeitschriftenkorrespondenten viel Stoff zum Nachdenken.

Die Fakten und Fotos, die wir sammelten, waren verwirrend. Sie stimmten nicht mit den Lehrbüchern überein. Zwei Vulkane, hundert Meilen voneinander entfernt, spuckten plötzlich tödliches Wasser aus. Offensichtlich waren sie entlang der Inselkette miteinander verbunden, mit Ozean im Osten und Ozean im Westen. Telegrafenkabel waren gerissen. Warum? Was unter dem Ozean lag, war völlig unbekannt, sowohl die Ereignisse als auch die Topographie. Der größte Teil dieser Vulkane lag unter dem Meer.

Die Erdbeben bei Pelée waren relativ schwach, aber oft ununterbrochen. Flutwellen waren lokal und wurden von Dampfstößen begleitet. Die Abwärtsstöße wurden zunächst auf Lawinen zurückgeführt, die durch die Aufwärtsstöße entstanden waren. Dann stellte sich heraus, dass es sich in Wirklichkeit um schräge Strahlen aus verborgenen Löchern oder Rissen in den Schluchten handelte, mit schrägen Öffnungen inmitten der Blöcke eines zerklüfteten Berges. Denn bei Pelée schoss die Explosion, die St. Pierre zerstörte, in Kaskaden aus Wasser und Dampf aus der Kraterschlucht, während Beobachter auf höheren Ebenen den Horizont oder den klaren Himmel über dem Krater sahen.

Die Explosionsgeschwindigkeit betrug zehn Kilometer in zwei Minuten oder 290 Kilometer pro Stunde. Dies war anders als die Glutwolken in den darauffolgenden Monaten, die langsam entlang der Risse im Grund der Schlucht wanderten.

Die Wahrnehmung der Geschwindigkeit im Verhältnis zu ihm selbst hat nichts mit der tatsächlichen Geschwindigkeit zu tun. Man könnte argumentieren, dass ein kleiner Vulkan schneller ausbricht als ein großes Vulkansystem, aber nicht, wenn man das gesamte terrestrische Systemgeflecht berücksichtigt. Ein Ausbruch des Mauna Loa ist eine sehr langsame Angelegenheit, verglichen mit den 10.000 unterirdischen Lavaausbrüchen in Rissen, die völlig unbemerkt bleiben, außer als Erschütterungen auf einem Seismographen.

Pelées Ausbruch war wie das Aufdrehen eines Wasserschlauchs. Ein strukturelles Ventil oder eine Öffnung, die sich plötzlich durch unterirdisches Heben des Bergblocks öffnete und Dampf und Schlamm austreten ließ, scheint die einzige vernünftige Erklärung für das Geschehene zu sein. Und die einzigen möglichen Auslöser waren glühende, steife Lava, die kochendes Wasser unter der Erde erhitzte. Beides wurde später identifiziert.

Grove Karl Gilbert vom US Geological Survey, der mein Manuskript über die Intrusivlava der Black Hills positiv bewertet hatte, schrieb mir, ich solle das Rätsel um den Mount Pelée nicht aufgeben, da er die veröffentlichten Berichte unbefriedigend fand. 1949, 47 Jahre nach der Katastrophe, veröffentlichte ich „Steam blast eruptions", das sich mit Pelée beschäftigte. In der Zwischenzeit habe ich viele Vulkane studiert.

Alexander Agassiz, der mich gedrängt hatte, eine Abhandlung über Vulkane zu schreiben, finanzierte eine Reise zum Vesuv, als dieser 1906 ausbrach und Lava ausspuckte. Ottajano nordöstlich des Vesuvs wurde von Kies- und Steinströmen zerstört, und Boscotrecase im Süden wurde von schwarzen Strömen schwerer, sprießender, steiniger Schlacke überflutet. Hier kam es zu einem Wandel der Gewohnheiten, von der 34 Jahre währenden Aufschüttung von Lava zu Einsturz, innerem Lawinenabgang und reiner Dampfexplosion, begleitet von Resten des aufgewühlten Lavastroms.

Warum 34 Jahre? Ein Dritteljahrhundert? Dreimal so lange wie das Sonnenfleckenintervall? Die letzte Dampfexplosion des Vesuvs vor 1906 hatte 1872 stattgefunden. Im Fall des Mount Pelée und des Soufrière waren zwischen den letzten Explosionen 51 bzw. 90 Jahre vergangen. Es sollte jedoch darauf hingewiesen werden, dass die karibischen Vulkane kurz vor 1902 zwei Jahre lang von furchtbaren Grollen, Gestank und Beben heimgesucht wurden. Unter allen drei Vulkanen gibt es Grundwasser in großen Mengen. Bei Soufrière, Pelée und dem Vesuv begannen die Dampfexplosionen mit einstürzenden Kratern, das heißt mit Lava, die ins Erdinnere gelangte. Die Lava trat beim Vesuv normalerweise zutage, während sie bei Pelée und Soufrière lediglich Fumarolen oder Gasaustritte bildete. Der Mensch, ein bloßer Mikroorganismus, konnte aus heißen, schwefelhaltigen Rissen nichts machen.

Am 25. April schob uns der elektrische Zug langsam bis zur Sternwarte, hinter der alles zerstört war. Außerhalb von Neapel waren die Felder mit fünf Zentimetern graugrünem Staub bedeckt, und Kiefern und Palmen waren mit einer zwei bis drei Fuß hohen Sandschicht beladen. In der Nähe der Sternwarte begrub eine schwere sechs Zoll dicke Schicht aus Sand und Staub die Lavafelder. Der Vesuvkegel war mit geraden, weißlich-grauen Sandlawinen bedeckt, die gelegentlich nach unten rutschten. Die Landschaft war von weißen Aschehaufen umhüllt, die die schlackigen Verrenkungen der Lava darunter nur undeutlich enthüllten. Reiner weißer Dampf brodelte aus der Höhle im Gipfel, umgeben von einer älteren Regenwolke, wie ein Hut auf der Krone des Vulkans.

Meine Begleiter – Dr. Tempest Anderson und die Herren Yeld und Brigg – kamen alle aus Yorkshire. Wir begannen den Aufstieg des 29-Grad-Hangs bei starkem Westwind. Der Dampf legte sich auf dem Gipfel und wechselte dann mit klaren Abschnitten ab. Wir folgten dem Westprofil des Kegels geradewegs nach oben und bemerkten, wie die Schienen der Seilbahn durch Erdrutsche verbogen waren. Alles war mit Kieselsteinen, Sand und Staub bedeckt, mit hier und da großen Fragmenten von bis zu fünf Fuß Durchmesser. Wir fanden festen Halt auf den radialen Erhebungen aus entweder ausgewaschener alter Lava oder verdichteten Fragmenten. Die Schluchten waren mit tiefem Sand gefüllt.

Der Rand, den wir vor uns sehen konnten, war die Kante des Kraters selbst. Als wir ihn endlich erreichten, war die Plötzlichkeit des Absturzes äußerst erschreckend. Der Wind peitschte uns mit stechenden Sandkörnern in den Nacken, die übrigens meine neue Kodak ruinierten. Nur gelegentlich drang Sonnenschein durch die Mischung aus Sand, Dampf und Wolken. Wir konnten einen nach innen gerichteten Hang von 35 Grad erkennen, der 100 Fuß weiter unten von einem vorspringenden, rauchenden Abgrund abschloss. Die kreisförmige Krümmung des Kraters war eingetieft. Das einzige Geräusch war der heulende Wind. Wir konnten die gegenüberliegende Seite des eingestürzten Kessels mit einem Durchmesser von einer halben Meile nicht sehen. Der Gipfel lag nach aneroidischer Messung 4.000 Fuß über dem Meeresspiegel, 350 Fuß niedriger als vor dem Ausbruch. Es gab eine große Kerbe nordöstlich in Richtung Ottajano, wo Tausende Tonnen Kies über die Spitze des Monte Somma, des umlaufenden alten Bergrückens, geschleudert wurden. Der Ost-West-Durchmesser war viel größer als der Nord-Süd-Durchmesser. Die radialen Grate und Schluchten ähnelten einem gewellten Dach, und der Sand bildete einen abgeflachten Winkel aus Geröll an der Basis des ausgewaschenen Kegels. Die Wellungen waren keine Erosion durch Regen, sondern entstanden durch herabgefallene Schuttmassen. Ich habe einige Fotos gemacht und Herr Perret hat mir weitere gegeben.

Das Große war die Linie der Gebirgsblöcke aus Erdkruste. In Italien besteht sie aus Ischia, Pozzuoli, Vesuv, Lipari und Ätna, während die karibische Linie aus Mount Misery, Montserrat, Guadeloupe, Dominica, Martinique und St. Vincent besteht. Eine solche Linie aus zerbrochenen Erdblöcken ist ein vulkanisches System. Hunderte von Meilen lang, ist es nie ruhig. Ein einzelner Ort scheint ruhig, weil wir uns oberflächlich der anderen Orte überhaupt nicht bewusst sind. Ein Mikroorganismus auf der Kopfhaut weiß nichts von der Haut der Zehen. Menschen sind bloße Mikroben auf der Haut von Küste, Meer und Insel. Und sie sind sich des Meeresbodens überhaupt nicht bewusst.

Riesige Entfernungen und lange Zeiträume sind Aufzeichnungen, aber der Mensch misst sie nicht. Er misst Zivilisationen, Kriege und Dynastien, nicht die Abenteuer des Bodens, auf dem er lebt. Boden betrachtet er als statisch. Tatsächlich ist er äußerst dynamisch. Gelegentlich explodiert er und der Mensch wird vernichtet. Die Erdgeschichte und Vulkansysteme lassen Kriege sehr klein erscheinen.

Die gewaltigen Ansammlungen zerbrochener Felsen über Lavabetten auf dem Kegel des Vesuvs und auf allen karibischen Inseln erinnern an die Brekzien oder vulkanischen Konglomerate des Yellowstone und der

Hochplateaus von Utah. Basaltfluten wechseln sich mit gewaltigen Wasserfällen oder Ausschwemmungen vulkanischen Kieses ab. Lawinen, Erdrutsche, Sturzbäche, Überschwemmungen – nennen Sie sie, wie Sie wollen – bedecken riesige Gebiete der Kordilleren. Der Vesuv und der Pelée türmen Kegel auf, aber auch die Karibik und Italien sind mit Agglomeraten übersät. Erosion zerstört Kegel, aber Erosion erzeugt Agglomerate oder Talfüllungen aus Felsen und Schlamm. Dies ist die Geschichte jedes Vulkansystems auf der Erde. Stübel entdeckte unter jedem Vulkansystem glatte Basaltdome wie Mauna Loa.

1904 hatte der Vesuv einen Lavastrom ausgestoßen, der im September stoppte. Sein Kegel war spitz zulaufend und wies nur einen kleinen Krater und einen inneren Kegel auf. 1905 war Lava aus einem nordwestlichen Spalt geflossen. Am 4. April 1906 entstand eine prächtige schwarze Blumenkohlwolke. Der nordwestliche Strom stoppte und ein südlicher radialer Riss ließ Lavamündungen 500, 1.800 und 2.400 Fuß unter der Spitze vordringen, mehr als auf halber Höhe des Berges. Aus der unteren Mündung kamen glasige Pahoehoe oder glatte, zerstörerische Ströme, intensiv glühend und flüssig, die schnell zu AA abkühlten oder groben Fudge, schwarze Krusten und Schlacke hervorbrachen. Der geschmolzene Brei floss als schlangenartige Lawine in das Steindorf Boscotrecase.

Am 7. April schoss am Krater eine sechs Kilometer lange, mit Felsbrocken beladene Dampfsäule in die Höhe, die Blitze auslöste. Neue Lavaströme schickten Schlangen, die sich gabelten und Teile des Dorfes zerquetschten und verschluckten. Innerhalb der Mauern war ein Friedhof sorgfältig aufgefüllt, was zeigte, dass der steinige Strom im Inneren flüssig war.

In der Zwischenzeit schickten Flugbahnen wie die eines Schlauches kilometerweit Kiesregen nach Ottajano auf der gegenüberliegenden Seite des Berges. Diese kamen ebenfalls aus dem zentralen Krater. Auf der Westflanke, beim Observatorium, schwankte das Haus, und schwere Steine zwangen seine Bewohner zum Rückzug. Matteucci und sein Stab kletterten bis zur Hälfte des Kegels hinunter, um am nächsten Tag zurückzukehren. Die Explosionen nahmen in den nächsten zwei Wochen ab, obwohl eines Tages ein Gegenwind vom Krater Kohlendioxid und Schwefelwasserstoff mit sich trug, der einige Menschen fast ersticken ließ. Danach stiegen blumenkohlgroße Wolken aus weißem Dampf auf, und man hörte das Geräusch großer Lawinen.

Das Schlackenfeld, das Boscotrecase überflutete, war 16 Fuß dick, und Häuser wurden von einem schlackigen Sturzbach in zwei Hälften zerteilt. In Ottajano, auf der gegenüberliegenden Seite des Berges, stürzten flache Ziegeldächer ein und wurden unter drei Fuß schwerem Kies begraben, von dem einige apfelgroß waren. Näher am Krater wurden Felsbrocken mit einem Durchmesser von fünf Fuß eine Meile weit geschleudert. Der Vulkan wurde wahrscheinlich innen durch aufsteigende Lava auf der Boscotrecase-Seite blockiert, was dazu führte, dass er Dampf und erdiges Lawinenmaterial schräg nach außen auf der gegenüberliegenden Seite, Ottajano, ausspuckte.

Die Italiener haben ein Wort, *sprofondimento*, das „durch Einsaugen vertiefen" bedeutet und ausdrückt, was geschah. Dieses Geflecht aus Schlackenaufschwung und Lawineneinbruch gegen einen Wasserdampf-Geysir, die beide gleichzeitig stattfanden, war ganz anders als der ruhige Lavaausfluss der vorangegangenen Jahre. Es bedeutete eindeutig das Aufbrechen von Erdblöcken, das tiefe Austreten dieser Lava, wahrscheinlich im untermeerischen Teil der radialen Risse, und das tiefe Eindringen von Quellwasser in weißglühende, verlassene Kammern. Es bedeutete eine Bruchkrise, den Einsturz des Gipfels und einen neuen, völlig unbemerkten Geysir. Der Ausbruch endete, als der Schlackendruck nachließ, die Bergblöcke sich gesetzt hatten und die gefrorene Schlacke das Grundwasser abgesperrt hatte. Die verbleibende Lava geriet in eine jahrzehntelange tiefe Ansammlung und Gasblasenbildung, die solfatarische Phase. Was den dreißig Jahre dauernden Aufbau beendete, war wahrscheinlich der Abwärtsdruck aufgrund des Gewichts der Oberflächenaufschüttung des Kegels. Durch die Risse wurde Wasser nach innen freigesetzt.

Die nächsten 38 Jahre kulminierten in einer ähnlichen Krise des Vesuvs, die zehn Tage dauerte, und wieder brach sein Gipfel zusammen. Das war im März 1944, als unsere amerikanischen Truppen in Neapel einmarschierten. Es ist interessant, dass diese Kulminationen ein Drittel- bis ein halbes Jahrhundert auseinander lagen, aber die Bedeutung der Intervalle kann nur dann wirklich verstanden werden, wenn Vulkane wie Ätna, Stromboli und Vesuv zusammen betrachtet werden. Dasselbe gilt für Kilauea und Mauna Loa sowie für Pelée und St. Vincent. Ponte berichtet, dass die Ausbrüche des Ätna zehn Jahre auseinander lagen, ähnlich dem Sonnenfleckenintervall; und Perret gibt ein Zehnjahresintervall für die kleineren Ausbrüche des Vesuvs an. Wir haben ein Elfjahresintervall für Hawaii gemessen, mit Kulminationen nahe dem Minimum der Sonnenflecken. Eine Kulmination ist, wenn Lava abfällt und ruhig bleibt oder wenn die Zahl der Sonnenflecken abnimmt und gering bleibt. Niemand kennt den Grund dafür oder kennt irgendeine damit verbundene Ursache.

Drei elfjährige Kulminationen ergeben ein Dritteljahrhundert, wenn am Kilauea und am Vesuv etwas Größeres passiert. Sonnenflecken haben zu entsprechenden Zeitpunkten eine verdächtig ähnliche Kurve aufgezeichnet.

Fotos des Vesuvs, die kurz vor dem Einsturz im Jahr 1944 aufgenommen wurden, zeigen das Kraterloch von 1906, das vollständig gefüllt und übergelaufen war. Es gab einen inneren flachen Boden, in dessen Mitte sich ein kleiner Kegel befand. Der Ausbruch von 1944 ließ den kleinen Kegel einstürzen, spaltete den großen äußeren Kegel und sandte Ströme aus, die San Sebastiano und mehrere Dörfer zerstörten. Die Ascheströme töteten Menschen und das Elektrizitätswerk der Standseilbahn wurde wie üblich zerstört. Der Berg spaltete sich in mehrere Richtungen.

Genau wie 1906 bestand der Ausbruch von 1944 aus Lavaströmen, aus spritzender, sehr flüssiger Mischlava, einstürzenden Kratern, gewaltigen Gasausstößen, schwarzer Asche, die sich bei zunehmenden Ausstößen in Dampf und weiße Asche verwandelte und schließlich zu weißem Dampf wurde. Die schwarze Asche war die zeitgleich mit dunklem Augit entstandene Lava; die schneeähnliche weiße Asche bestand aus zermahlener alter Lava, die die weißen Kristalle Leuzit enthielt.

Die flüssige Phase nahm eine ungewöhnliche Fontänenform an, die der des Mauna Loa auf Hawaii ähnelte, und es kam zu neun Phasen heller, glühender, explosiver Fontänen. Der Einsturz begann am 13. März; die Fontänen traten zwischen dem 20. und 22. März auf, mit Fontänen heller flüssiger Lava und Flammen, 300 bis 900 Meter hoch; und der Krater wurde zu einem Lavasee. Die Flammen wurden durch Wasserstoff in der Lava selbst und möglicherweise durch einige Kohlenstoffgase ausgelöst. Diese Phase der flüssigen Fontänen war der Höhepunkt von Explosionen, die Bimsstein bildeten, wobei Wasserdampf das gasförmige Produkt war. Asche fiel 4 Fuß hoch in 5 Kilometer Entfernung herab, und ein Teil davon fiel auf die Adriaküste. Sowohl weiße Dampfwolken als auch schwarze Aschewolken entstanden mit den Fontänen, weiß und schwarz nebeneinander.

Der Nettoeffekt bestand darin, eine Schüssel mit einem Durchmesser von 450 Metern und einer Tiefe von 244 Metern zu hinterlassen, deren Boden mit Lawinenschotter bedeckt war. Dies rekonstruierte den Trichter von 1906, und wie 1906 betrug die Höhe des Randes nach dem Ausbruch 1.250 Meter. Mit anderen Worten: 38 Jahre hatten den riesigen Krater gefüllt, nur um 1944 den Inhalt zu verschlingen, auszuwerfen und die Hänge hinunter zu streuen, wodurch die Außenschale des Kegels ein enormes Gewicht erhielt.

100 Millionen Kubikmeter Lava wurden ausgegossen, und 50 Millionen Kubikmeter Asche liegen heute auf dem Vulkan. Dreimal so viel wurde weit weggetragen, und das Volumen der Gase war zehnmal so groß. Die Felsfragmente, wahrscheinlich 200-mal so groß, wurden von Lawinen verschlungen.

Die große Leistung eines Ausbruchs besteht darin, einen Berg aufzubrechen, die Lava im Inneren brodeln und absinken zu lassen, Grundwasser eindringen zu lassen und ein spektakuläres Feuerwerk aus brennenden Gasen und Schmelzwasser zu erzeugen. Die Druckentlastung durch Aufspalten der

Kruste ermöglicht ein großartiges Schauspiel feurigen Schäumens, aber kein Geologe sieht die gewaltige Leistung, die Lava erbringt, wenn sie absinkt und durch unterirdische Kanäle abfließt. Sie kann auf dem Grund des Mittelmeers austreten. Am Vesuv kann sie durch tiefe Risse in Richtung Sizilien rutschen.

Sicherlich hat tief unten in der Erde eine periodische Anpassung des großen Systems (Vesuv-Stromboli-Ätna) stattgefunden, und die 38 Jahre der Ansammlung bedeuten eine Belastung durch Gewicht. Der Druck von 100 Millionen Tonnen gespeicherter Lava im Inneren eines schwachen Kegelbergs, die bereit ist, vor Hitze zu brodeln und ihren Wasserstoff abzugeben, wird von der Wissenschaft allzu oft vergessen.

Das kontinentale Risssystem zwischen den Erdkrustenblöcken und voller Regenwasser wartet darauf, der Krise zu helfen, während die Blöcke über den aufsteigenden Gasen der Zeitalter schweben. Die Gase der Zeitalter, die bis zum Erdkern reichen, schmelzen die Wände mit weißglühender Kernmasse unaufhörlich, Wände aus silikatischen Gesteinsblöcken, die 1.800 Meilen tief sind. In diesem System ist der Vesuv ein winziger Pickel. Übrigens wurden die Erdbeben von 1944 in der größten Zahl während der Zeit registriert, als die flüssigen Bimssteinfontänen in den neun verschiedenen Perioden zwischen dem 20. und 23. März in Aktion waren. Das bedeutet, dass die Höhepunkte von verschlingenden Kratern, brodelnder Schlacke, ausströmendem Gas, knirschendem Berggewicht und lawinenartigen Innenwänden alle gleichzeitig auftraten. Das Verstopfen der Öffnungen zwang den Grundwasserdampf zum Pulsieren. Das konnte nicht so bleiben; die Bergblöcke setzten sich und nahmen wieder Druck auf, tiefe Lava floss ab, Hitze schwand und Gas wurde freigesetzt. Das größere Vulkansystem übte seinen nach unten gerichteten Druck auf die Erde aus.

Indem wir so viel Wert auf Pulsationen und 33-Jahres-Intervalle legen, träumen wir von einem idealen Vulkan, wie er ähnlich konstruiert werden könnte wie unser Geysir. Aber die Realität von Gezeiten in Gesteinen wie im Meer, von Tag und Nacht, Kälte und Sonnenschein, Jahr und Jahrhundert steht außer Frage. Kontinent und Meer sind positiv, Globus und Sonnensystem sind positiv. Der ideale Vulkan ist Teil eines Gezeitensystems und hat eine begrenzte Größe. Daher hat die Wissenschaft das Recht zu untersuchen, wie es dazu kommt, dass die meisten Vulkane über Jahrhunderte hinweg 4.000 Fuß hoch bleiben. Sie hat das Recht, nach Durchschnittswerten und Periodizitäten zu suchen, so wie ein Arzt nach Atmung, Temperatur und Herzschlag sucht.

Wie Menschen sind auch Vulkane nicht alle gleich, aber sowohl Menschen als auch Vulkane sind geordnete Organismen. Das Ziel der Vulkanologie ist es, Ordnung zu finden und die kleine Ordnung mit der großen Regelmäßigkeit der Erd- und Sonnengezeiten in Beziehung zu setzen.

Mein Besuch im Jahr 1906 am Ende des Vesuvausbruchs kristallisierte die Idee meines Lebenswerks heraus, das ich in Pelée begonnen hatte; aber meine Leistung wurde durch die von Perret in den Schatten gestellt, den ich kennenlernte, als er dem italienischen Vulkanobservatorium assistierte. Er war ein Fotograf und Beobachter von seltenem Rang. Er hatte in Neapel gelebt und alle italienischen Vulkane fotografiert, und er hatte ein Sonnenkontrolldiagramm zur Vorhersage von Vulkanfluten ausgearbeitet. Italien hatte aus einem Physiker-Ingenieur einen Vulkanologen gemacht. Perrets Entdeckung bedeutete mir viel mehr als jedes Phänomen der Geologie.

Frank Alvord Perret war ein Elektroingenieur aus Brooklyn und ein Genie mit einer gewöhnlichen Kodak. Er machte am Vesuv durch pure Kühnheit die bemerkenswertesten Fotos, die je von einem aktiven Vulkan gemacht wurden. Seine Kenntnisse in Astronomie, Meteorologie und Physik ließen ihn in einem Vulkan etwas sehen, das er aus der Nähe studieren konnte, so wie Benjamin Franklin ein Gewitter studierte. Er entwickelte und druckte seine Fotos selbst und kolorierte seine Diapositive. Er half Matteucci, dem Leiter des Observatoriums am Vesuv, und wurde vom König von Italien zum Ritter ausgezeichnet. Er wanderte in der Nähe von Lavaöffnungen und Explosionswolken herum und machte Hunderte von Fotos.

Perret und ich hatten genau dieselbe Vorstellung von einem Vulkan. Wir dachten, er sei ein lebender Organismus, den man aufzeichnen könne, so wie der Wettermann den Niederschlag aufzeichnet. Für unsere Aufzeichnungen mussten wir Instrumente für Vulkane erfinden. Obwohl die Kamera Perrets wichtigstes Instrument war, war er sein ganzes Leben lang ein Erfinder der Elektrotechnik gewesen. Geschäftsleute aus Springfield, Massachusetts, finanzierten seine Arbeit in Italien; und ich ging nach Springfield, um dort Vorträge zu halten und ihre Forschungsvereinigung, den Vorgänger unserer hawaiianischen Vereinigung, zu unterstützen.

Perret fotografierte den Ätna, den Stromboli, Teneriffa, Sakurajima, Kilauea, die Karibischen Vulkane und andere Vulkane und leistete beim Erdbeben von Messina 1908 heroische Arbeit. Als Pelée 1929 erneut in eine seiner Phasen der Explosion und Hebung eintrat, wurde er von Perret, der auf Martinique ein Museum und ein Observatorium gegründet hatte, eingehend untersucht. Er ließ sich schließlich in seinem Museum in St. Pierre nieder und leistete beim Erdbeben von Montserrat 1933 und danach große Dienste. Er war körperlich nicht stark und bekam durch den Vulkanstaub eine Lungenentzündung, erholte sich jedoch mehrmals von Anfällen. Er starb in

New York, nachdem ihn der Zweite Weltkrieg in den Norden getrieben hatte.

Ich traf auch den Augenarzt, Geologen und Fotografen Dr. Tempest Anderson aus Yorkshire 1906 auf dem Vesuv. Dies war eine weitere glückliche Begegnung. Auch er war ein erfahrener Vulkanfotograf und hatte mit seinen selbstgebauten Kameras mit äußerst originellen Methoden in Neuseeland und Island Bilder gemacht. Später baute er für mich eine Kamera mit kleinen Glasplatten, Dunkelkammer, Armmanschetten, ohne Plattenhalter, Alpenstockstativ, Flaschenstreifentestentwickler, selbsttrocknendem Metallgehäuse und höchster Perfektion in puncto Stabilität und Fokus. Wir sollten uns in verschiedenen Teilen der Welt immer wieder begegnen. Er wurde einer der britischen Experten, die von der Royal Society nach Soufrière geschickt wurden. Er starb auf einer Vulkanreise auf die Philippinen an Typhus.

Kurz nach meiner Vesuvexpedition verließ ich Harvard, um Leiter der Geologieabteilung an der Massachusetts Tech zu werden. Meine Lehrtätigkeit überschnitt sich mit der der Professoren W. Niles und WO Crosby an der Tech und Wellesley, während ich eine Zeit lang meine Arbeit in Harvard fortsetzte. Zu dieser Zeit begann ich über mögliche Finanzierungsmethoden für eine Expedition zu den Aleuten und ihren vierzig aktiven Vulkanen nachzudenken. Das Jahr 1906–1907 war eine Zeit des Finanzbooms, also ging ich zu Calumet und Hecla, der großen Kupfergesellschaft, deren Präsident Agassiz war. Zu meinem Erstaunen zeichneten sie 1.000 Dollar, um die Technologieexpedition zu starten. State Street und Wall Street brachten diesen Betrag in zehn Tagen auf 13.000 Dollar auf, und ich lernte viel über die Verfügbarkeit von Geld während eines Booms an der Börse. Präsident Pritchett von Harvard genehmigte die Expedition, und ich organisierte sie für einen Segelschoner aus Seattle mit neun Besatzungsmitgliedern und sieben Wissenschaftlern.

5. *Wissenschaftler der technischen Expedition zu den Aleuten, 1907; von links nach rechts: Jaggar, Gummere, Vandyke, Eakle, Sweeney und Myers*

6. Kapitän George Seeley von der Lydia *, Technische Expedition zu den Aleuten, 1907*

Wir stachen im Frühjahr 1907 in See und verbrachten vier Monate in diesem Ozean aus Stürmen, Nebel, Regen und Kälte zwischen Dutch Harbor und Atka – der östlichen Hälfte der Aleuten. Ein Mann, Colby, war ein Bärenjäger, der die Halbinsel Alaska erkundete und über Kohle und Gold berichtete. Die Wissenschaftler waren zwei Geologen, zwei Bergbaustudenten, ein Arzt, der auch Botaniker und Entomologe war, und ein Astronom. Es waren Eakle, Myers, Sweeny, Vandyke und Gummeré. Der Kapitän und der Maat waren Onkel und Neffe, beide Neuschottländer namens Seeley. Das folgende Gedicht des Kapitäns erzählt die Geschichte besser, als ich es könnte.

EINE IDYLL AUS ALASKA

Ein renommiertes Eastern College

Hatte in Seattle Town gekauft

Der Schoner Lydia mit schlechtem Ruf

Und Seeley war der Name des Kapitäns.

Der Wissenschaftler, sie waren sieben

Ihre Themen reichten von H———l bis zum Himmel

Einer über den Vulkan, einer über die Sterne

Botanik, Käfer, Abkürzungen zum Mars.

Wie die Ritter von einst waren sie bereit zu schießen

Der mächtige Wal, das wilde Malamoot.

Alles gute Kerle. Ich hoffe, sie werden nachsichtig sein

Dem, der diesen Vers auf dem Meer schreibt

Prof. Jaggar, Mann der Erdbebenkunde.

Berggipfel besteigen und dann erkunden

Indem Sie mitten in ihren Eingeweiden graben, spotten Sie bitte nicht.

Ich könnte dir sagen, wie es war, das verfluchte Ding ging los

Zu anderen Zeiten an vielen fremden Ufern

Hatte tief in seismologisches Wissen studiert

Indem Sie in ihren Rachen schauen und den Geruch wahrnehmen.

Konnte genau sagen, wie weit wir von H———l entfernt waren.

Prof. Gummere vom Drexel Institute

Auf dem mächtigen Berg Makushin verbrannte er seinen Stiefel

Der Krater war zwar heiß, aber als wir nachfragten

Habe festgestellt, dass dies beim Trocknen in der Nähe des Feuers passiert ist

Magnetische Winkel und Neigungen

Trockene und nasse Zwiebeln waren immer in seinem Kopf

Stark in der Debatte über Theorien wissenschaftlich

Verbrachte viele ermüdende Stunden auf dem Pazifik

Dr. Vandyke würde die Vorgebirge oft umrunden

Über das Umdrehen von Steinen und das Wühlen im Dreck

Käfer und Käfer, alles, was fliegt und krabbelt

Waren seine Freude, und er kannte sie alle gut

Wenn man krank wäre oder am Rande des Abgrunds schwebte,

Er würde dich mit einer Salbe aus Zink zurückbringen

Fauna und Flora, also Käfer und Blumen

Waren seine Freude. Über sie redete er stundenlang

Von schlanker Statur, von Natur aus energisch

Die Art, wie er diese Käfer jagte, war ziemlich erbärmlich

Colby und Cody, renommierte Jäger.

Wessen Spezialität waren Bären, weiß, schwarz oder braun

Die Aleuten-Inseln bieten nur Fuchs und Ratte

Aber diese Nimrods kümmerten sich wenig darum

Blut war ihr Hobby, aber sie lebten für das Blut

Und Colbys Magen verlangte nach mehr.

Zu unserem großen Bedauern haben sie uns früh verlassen

Um unten in der Bristol Bay Grizzlys zu jagen.

Mit Traubenkernen, Mehl, Speck in Hülle und Fülle

Sie jagen das Karibu, was könnten sie mehr verlangen

Als nächstes kommt der kleine Dr. Eakle mit dem Funkeln in den Augen

Wer einen Pfannkuchen backen könnte, zerstampft Steine.

Oder erklimme die Berge hoch

Ich wette, wenn er wieder zu Hause an Kaliforniens Küste ankommt

Er wird nie wieder mit einem Sch'r durch das Beringmeer fahren.

Er verließ uns in Dutch Harbor und nahm einen anderen Weg

Zu Berkeleys Alma Mater an der Bucht von San Francisco.

Als nächstes die Herren Sweeney und Myers, junge Männer mit gutem Ruf

Der Letztere blies oft mit Freuden auf seinem Horn

Zu jeder Stunde und zu jeder Tages- und Nachtzeit

Wecken, Messeruf, was auch immer

Er würde sie hinausschleppen und spielen.

Zu unserem großen Bedauern ist er mit Eakle gegangen

Und in meinen Träumen höre ich noch immer das Wecken.

Jetzt habe ich diese Kerle richtig geröstet und getoastet

Neigen Sie einfach Ihr Ohr und hören Sie zu

Während ich dir zuflüstere

Mit besseren Schiffskameraden bin ich noch nie in See gestochen

Inmitten der leichten Pazifikbrise oder des wilden Aleutensturms

Ich werde mich an jeden einzelnen erinnern

Und ich hoffe, sie werden an mich denken

Und die Reise, die sie mit der Lydia Bold machten.

Zum verdammten alten Beringmeer.

George Seeley

Segeln Meister der Technik

Expedition 1907

[Unkorrigiert vom Originalmanuskript]

Wir sammelten Proben und machten uns Notizen zu Geologie, Magnetismus, Topographie, Wetter, Fotografie, Ethnologie, Pflanzen, Insekten, Vögeln, Erzen, Schifffahrt, Vulkanen und Navigation – Material für jahrelange Laborstudien. Das 37 Seiten lange Tagebuch der Expedition mit Fotos wurde in der *Technology Review veröffentlicht* .

Wie bei jeder Vulkanexpedition dieser Art waren wir durch die Notwendigkeit, ein Segelschiff zu benutzen, durch schlechtes Wetter, durch Regen, der das Fotografieren erschwerte, durch lange Aufenthalte auf offener See im Nebel und durch unzugängliche Krater inmitten des Eises der Berggipfel behindert. Aus administrativer Sicht stachen zwei Dinge hervor: die Notwendigkeit eines Amphibienboots, das unabhängig von Häfen ist, und die Notwendigkeit einer mehr oder weniger permanenten Landstation, von der aus ein Amphibienboot bestimmte Strände erreichen und dort landen kann. Eine permanente Station könnte bei schlechtem Wetter an

Proben arbeiten. Diese Entdeckungen bestimmten die Politik, die bis 1932 zum Hawaiian Volcano Observatory, zum Bau von Amphibienbooten und zu fünf weiteren Aleuten-Reisen führen sollte.

Ich könnte beschreiben, wie ich auf den rutschigen Grasflächen von Unalaska an den steilen Hängen, die den Aleuten eigen sind, hinunterrutsche, wie ich Eiskrater auf dem Gipfel des Makushin in Unalaska erkunde oder wie ich fünf Tage lang in einem Sturm festsitze, um zu Fuß den Korovinski-Vulkan in Atka zu erreichen. Aber diese Geschichten wurden anderswo veröffentlicht.

Der aufregendste Vulkan der Aleuten ist Bogoslof, ein nördlich von Umnak unter Wasser liegender Gipfel, dessen Krater, eine Reihe ausbrechender Felsklippen, gerade auf Meereshöhe liegt. Wir hatten Glück mit dem Wetter und landeten am Vormittag des 7. August 1907 auf Bogoslof. Hunderte von Seelöwen, die dicht neben den Dories brüllten, tauchten auf, starrten uns an und tauchten dann panisch in die Wellen. Am Strand fanden wir einen schlafenden Bullen, der jedoch aufwachte und unbeholfen ins Meer trieb. Die kleine Insel bestand damals aus vier Gipfeln mit Sandbänken dazwischen, der mittlere aus einer dampfenden Masse aus Lavavorsprüngen in Form von Kartoffeln. Daneben befand sich ein halber Kegel, der in zwei Hälften zerbrochen war, mit einem gehörnten Dorn wie eine Haifischflosse; Pelée noch einmal. Sie ähnelte auch Neuseelands White Island. An den beiden Enden der Insel befanden sich ältere, spitze Lavafelsen. Der aktive Haufen war 450 Fuß hoch und mit leuchtend gelben Beschichtungen bedeckt. Um ihn herum befand sich ein Ringbecken aus heißem Salzwasser, gelb von eisenverfärbtem Schlamm. Die felsigen Klippen waren mit Tausenden von Trottellummen, ihren Küken und Eiern bedeckt; und die Vögel verdunkelten im Flug den Himmel. Der Gestank von Innereien und faulen Eiern war intensiv.

Das Meer war voller Fische, die Strände voller Seelöwen, die heiße Lava und die Luft voller Vögel. So existierten Leben und tödlicher Vulkanismus nebeneinander. Das aktive Gestein war feuerfester Basalt, halbfest, der beim Aufsteigen aus einem untergetauchten Krater Krusten bildete und in Blöcke zerbrach.

Am 1. September, nachdem wir aufgebrochen waren, explodierte der Krater und schleuderte Sand und Staub 160 Kilometer weit nach Osten. Der mittlere Haufen wurde verschlungen, so dass nur eine Lagune übrig blieb; die übrigen Gipfel wurden von einer dicken Schuttschicht umhüllt. Eine solche Geschichte des Aufbaus, des Aufbrechens und der Ausbreitung als Untiefe dauert nun schon mehr als 111 Jahre an. Bogoslof ist der Gipfel einer unterseeischen Pelée, mehrere tausend Fuß über dem Meeresboden. Er ist immer aktiv, der Leitvulkan der Aleuten.

Etwa zu dieser Zeit erkannte man die Notwendigkeit von Observatorien. Eine neue und ernste Bedrohung war in die Geologie eingetreten: schreckliche Dampfstöße, die horizontal und explosiv austreten konnten. Und selbst während ich dies im Jahr 1952 schreibe, haben diese am Mount Lamington in Papua und am Mount Hibokhibok auf der Insel Camiguin auf den Philippinen bereits Menschenleben gefordert.

Am Vesuv wurde unter Palmieri um 1859 ein Observatorium eingerichtet. Der Direktor interessierte sich für die Meteorologie, die vom Vesuv beeinflusst wurde, und es wurden unregelmäßig Jahresberichte veröffentlicht. Nachfolgende Direktoren interessierten sich für die Herstellung von Instrumenten für die Vulkanologie, und Mercalli, der Direktor im Jahr 1907, veröffentlichte ein Buch auf Italienisch über die aktiven Vulkane der Welt. Als ich zum Monte Pelée ging, war ich mir des Abenteuers am Vesuv bewusst; und Professor Lacroix aus Paris stellte nach der Katastrophe Artillerieoffiziere in der Nähe der Ruinen von St. Pierre auf, um als Vulkanobservatorium zu beobachten und zu berichten. Sie lieferten Einzelheiten und Fotos der vielen Ausbrüche und des Wachstums der Lavakuppel und des Lavarückens. Die Doktoren Hovey, Flett, Anderson, Lacroix und Heilprin kehrten zum Monte Pelée zurück und fügten dem Beobachtungs- und Fotobericht viel hinzu, und Dr. Stübel veröffentlichte ein spezielles Buch, das von einer kritischen Studie der Karibik im Vergleich mit Andenvulkanen inspiriert war.

Hovey und ich brachten 1907 auf der Versammlung der Geological Society of America eine Resolution durch, in der wir „die Einrichtung von Vulkan- und Erdbebenobservatorien dringend empfahlen". Perret und ich waren beide Instrumentenerfinder, beide Experimentatoren und beide davon überzeugt, dass die Expeditionsmethode allein das Vulkanproblem niemals lösen würde. Die Brüder Friedlaender aus Zürich gründeten in Neapel eine „Zeitschrift für Vulkanologie" und ein Labor mit deutschen, schweizerischen und italienischen Assistenten. Die Carnegie Institution gründete in Washington ein geophysikalisches Labor, das sich der physikalischen Chemie bei hohen Temperaturen widmete. Wir anderen waren von Feldambitionen getrieben, und seit 1899 kämpfte ich für eine geologische Untersuchung auf Hawaii, denn ich war davon überzeugt, dass der dortige Kilauea-Vulkan ein amerikanisches Vulkanobservatorium haben musste.

Meine Experimente zu Erosion, Sedimentation, Deformation und Eruptionen überzeugten mich davon, dass in jedem dieser Bereiche der dynamischen Geologie zwangsläufig eine experimentelle Feldforschung entstehen würde. Alle diese Bereiche erforderten Feldobservatorien, um Erosions-, Sedimentations-, Bodenbewegungs- und Erdbebenindizes sowie Vulkanismusindizes zu bestimmen; diese Indizes mussten quantitativ sein, so wie Thermometer, Barometer und Windmesser die Klimatologie zu einer quantitativen Wissenschaft der Luft machten. Ich stellte fest, dass in diesen neuen Feldwissenschaften fast nichts erreicht wurde. Niemand dachte im Traum daran, den Mississippi als reines Wissenschaftsgebiet der Erosion anzugehen, im Gegensatz zum Amazonas. Man war der Ansicht, dass diese Dinge dem Handel und den Ingenieuren überlassen werden könnten.

Mit Eruptionsindex meine ich die geografische Besonderheit des Vesuvs als Eruptionszentrum. Perret versuchte, dies in Diagrammform zu bringen. Ich veröffentlichte in Washington einen Appell für geophysikalische Observatorien.

Bei einem Erdbeben im Jahr 1908, das Perret vorhergesagt und fotografiert hatte, kamen in Messina, Italien, in der Nähe des Ätna, 125.000 Menschen ums Leben. Daher war mir stärker denn je bewusst, dass etwas getan werden musste. Und so reiste ich 1909 mit meiner Familie auf eigene Kosten nach Hawaii und Japan. Alles in mir war darauf ausgerichtet, aus den Ergebnissen meiner Pazifikreise mein Lebenswerk zu machen.

In Honolulu wurde ich eingeladen, meine Farbdias von der Mount Pelée-Katastrophe zu zeigen und die Pläne von Massachusetts Tech für eine Seismographenstation auf Blue Hill bei Boston zu beschreiben. Als mich der ehrenwerte LA Thurston vom *Pacific Commercial Advertiser* nach dem Vortrag interviewte und fragte, ob der Kilauea-Vulkan auf der Insel Hawaii nicht besser wäre als Blue Hill, antwortete ich, dass es dort sicherlich viel mehr Erdbeben gäbe und dass man außerdem Vulkanlava in Aktion beobachten könne. Thurston fragte: „Ist es dann eine Frage des Geldes?" Ich antwortete, dass dies größtenteils der Fall sei, dass es aber auch darum gehe, die Tech-Behörden davon zu überzeugen, dass ich Recht habe.

Nach meinem Besuch auf Kilauea, wo ich im Volcano House übernachtete und die Lavagrube Halemaumau in Aktion sah, reiste ich weiter nach Japan. Dort besuchte ich die Seismographenstationen von Professor Omori und reiste zum aktiven Vulkan Tarumai in Hokkaido. Tarumai, der zu dieser Zeit einen interessanten Ausbruch erlebte, ist ein 4.000 Fuß hoher Kegel in Kiefernwäldern auf der Nordinsel Japans. (Beachten Sie die üblichen 4.000 Fuß.) Er war explosionsartig ausgebrochen, hatte eine große Spirale aus blumenkohlartigen Dampf- und Aschewolken Tausende von Fuß hoch in die Luft geschleudert und anschließend in seinem Gipfelkrater einen Lavadom aufgetürmt, der den Kraterboden anhob und über die Spitze des Berges hinausragte.

Dies war ein Andesit-Austritt, der feuerfester war und heißeren Dampf abgab als die Schlote des Kilauea, wie mit einem elektrischen Thermometer gemessen wurde. Wir haben mit einem Bristol-Thermoelement 450 °C in schwefelbedeckten Rissen gemessen, die auf der Oberfläche des Lavadoms zischten. Der Kilauea hatte in dem berühmten „Postkartenriss", in dem Besucher ihre Postkarten bräunten, 300 °C abgegeben.

Der steife Lavadom von Tarumai war ein Duplikat der Laven von Bogoslof und Pelée, aber Bogoslof war ein Krater auf Meereshöhe, und Pelées großer Dom und Rücken über dem Berggipfel entstanden im zweiten Jahr der Eruptionen. Weitere Inspiration fand ich bei einem Besuch des Vulkans Asama in Zentraljapan. Hier, genau wie am Tarumai, lag die harte Lava in einem starren Wirbel, zischend und dampfend am Boden des Gipfelkraters, nachdem der Krater seinen Ausbruch durch „blumenkohlartige" Aufwallungen angekündigt hatte.

Es war offensichtlich, dass harte Lava, die vom Boden der Krater aufsteigt, charakteristisch für die Pazifik- und Karibikküste ist, im Gegensatz zu hawaiianischen und italienischen Abwärtsströmungen. Der Druck nach oben bricht einen Berg, die Schlacke und das kochende Grundwasser im Inneren wirbeln Lawinenkies und -staub auf, staubhaltige Dampfsäulen strömen heraus, der Aufbruch gibt Lava frei, und je nach ihrem schäumenden Gas und ihrer Hitze und der Lufttemperatur ist sie physikalisch in der Lage, entweder Flüssigkeit durch radiale Risse auszuschäumen oder halbfest nach oben zu drängen und als aa-Haufen aufzutürmen.

Der Nettoeffekt sind flache Lavaschilde auf Hawaii, mit Strömen in und unter dem Ozean, und formschöne hohe Kegel in den Anden und Japan, wobei Italien irgendwo dazwischen liegt. Der Unterschied in der Laven ist eine Frage der inneren Schmelzbarkeit aufgrund chemischer Prozesse und Gase.

Im ersten Jahrzehnt des 20. Jahrhunderts war das für mich als Geologe neu, denn die Bücher erklärten nicht, was in Lava im Inneren Gase sind. Die Geographie wusste nichts über die Beziehung zwischen einem Vulkan und Risslinien in der Erdkruste und der Tiefe der Kruste, und gewaltige Explosionen beherrschten die Geschichte als Ausnahmen. Feuerfeste Schlacken galten damals als aufgrund chemischer Schmelzbarkeit steif, und gelöste Gase in einer Schmelze sind bis heute nicht verstanden. Die Japanreise erklärte den Lehrbuchkontrast zwischen dem ozeanischen Hawaii und dem kontinentalen Ecuador, die beide vulkanischen Ursprungs sind, und den weiteren Kontrast zu den Agglomeraten des Yellowstone und den Intrusionen der Black Hills von South Dakota. Hawaii muss eindeutig untersucht und die experimentelle Geologie als Laboratorium auf den Globus ausgedehnt werden.

Bei meiner Rückkehr nach Honolulu traf ich den Förster Professor Ralph Hosmer und teilte mir mit, dass Geld aus Honolulu zur Verfügung stünde, wenn mich Massachusetts Tech nach Hawaii schicken würde, um dort eine Vulkan-Experimentierstation zu gründen. Auf der Stelle wurde die von Wirtschaftsführern in Honolulu gegründete Hawaiian Volcano Research Association Wirklichkeit, die sich später zu einer Bildungsgesellschaft entwickelte.

Im Jahr 1910, als ich noch Professor an der Massachusetts Tech war, lud mich die United Fruit Company ein, auf einem ihrer Schiffe mitzufahren, um die Zerstörung von Cartago in Costa Rica durch das Erdbeben zu untersuchen. Ich sah eine Gelegenheit, Seismologie vor Ort zu studieren, da ich in Martinique Vulkanologie studiert hatte. Die United Fruit Company besaß die Eisenbahn und einen Großteil der Staatsschulden Costa Ricas. FR Hart, Schatzmeister des MIT und Direktor der Fruchtfirma, sagte mir, ich solle meine eigenen Pläne machen und die Firma würde alle Kosten tragen. Da ich wusste, dass Ingenieurswissenschaften bei Erdbebenkatastrophen von größter Bedeutung sind, lud ich Professor Charles Spofford, den Leiter unserer Bauingenieurabteilung, ein, mich zu begleiten, und er nahm sofort an.

Unsere Reise begann in New Orleans in einem der prächtigen schneeweißen Dampfer der Fruit Company. Dieses Schiff, das an Belize in Britisch-Honduras vorbeifuhr, brachte uns nach Limon auf der karibischen Seite Costa Ricas, einem Ort mit Bananenplantagen und jamaikanischer Negerarbeit. Von Limon fuhren wir mit einer Bergbahn in die hochgelegene und gesunde Hauptstadt San Jose. Wir passierten die Ruinen der Stadt Cartago mit ihren durch das Erdbeben zerstörten Kirchen und niederen Gebäuden, die alle mit schweren Dächern aus roten Ziegeln bedeckt waren. Don Anastasio Alfaro, ein Regierungswissenschaftler, zeigte uns Seismographen und Karten, und wir besuchten Präsident Jimenez, der eine Milchfarm an den hohen Hängen des Vulkans Irazu direkt oberhalb von Cartago besaß. Ich vereinbarte mit dem Präsidenten, dass die Regierung eine offizielle Untersuchung in der gesamten Republik durchführen sollte, und schlug eine Studie über zehn Grade von Erdbebenschäden vor, die den mittelamerikanischen Gepflogenheiten angepasst waren. Diese Grade, von bloßer Besorgnis bis hin zu zerstörten Kirchen, sollten auf das zutreffen, was an jedem Ort geschehen war. Anhand der Antworten würden wir für jeden Ort einen numerischen Intensitätswert ermitteln und diesen in die Karte eintragen.

Wir besuchten die Trümmer von Cartago, wo das Erdbeben am 4. Mai 1910, genau zur Essenszeit, wie ein Peitschenknall zugeschlagen hatte. Ein amerikanischer Eisenbahnschaffner und seine Familie saßen bei Tisch, und bei den ersten Erschütterungen stürzten sie alle nach vorn unter den Esstisch. Als das niedrige Lehmhaus auf sie fiel, rettete der Tisch ihnen das Leben. Ein erbärmliches Objekt war der hohle Platz des Carnegie Palace, der von einem costaricanischen Architekten entworfen worden war, um den Frieden in Zentralamerika zu fördern. Er war nicht richtig gestützt, und alles stürzte ein, einschließlich der verzierten Steinmauer, die das Gelände umgab; und ein gesprungener Torpfosten hielt einen melancholischen Bussard in der scheußlichen Ruine gefangen. Diese und mehrere der großen Kirchen, gesprungen und zerstört, gaben Spofford Stoff für seine Architekturnotizen.

Die Präsidentenfarm auf Irazu war ein schöner Ort mit grünen Lichtungen, fettem Vieh und hübschen spanischen Milchmädchen auf einer Höhe von über 2.700 Metern. Der Krater von Irazu auf 3.100 Metern Höhe war eine eingestürzte Vertiefung auf dem Gipfel des Berges mit einer dampfenden Solfatara auf einer Seite und vielen kreisförmigen Löchern im Inneren, innerhalb eines mehr oder weniger kreisförmigen Randes.

Der Poas-Krater war ganz anders, mit einem Kratersee aus kochendem Wasser, umgeben von bunten horizontalen Ascheschichten. Wir fanden vergrabene Bomben von einem kürzlichen Ausbruch, die Löcher von einem bis zwei Fuß Durchmesser in den Boden gerissen hatten. Es war ein wildes Abenteuer für mich, als ich um 4 UHR MORGENS EIN PFERD mit einem morschen Sattel bekam, der verrutschte, als ich aufstieg. Das Pferd war mir in der Dunkelheit des frühen Morgens übel, da ich gerade sein Futter verlassen hatte, und warf mich und den Sattel sofort ab. Weitere Abenteuer folgten. Auf dem Ritt den Berg hinauf und mitten im Wald stießen wir auf eine Jaguarfalle, in der vor kurzem zwei Großkatzen gefangen worden waren. Es war ein Pferch, überdacht mit Baumstämmen, die mit einem Vogel als Köder versehen und mit Gestrüpp getarnt waren; ein Fensterladen fiel zu und verschloss die Öffnung, als der Köder berührt wurde. Auf dem Weg nach unten gerieten wir in ein schreckliches tropisches Gewitter mit kaltem Regen, und ich fror bis auf die Knochen und war zwei oder drei Tage lang an Ruhr erkrankt.

Es gibt ein Dutzend Vulkane wie diese beiden im Rückgrat der Rocky Mountains von Costa Rica. Sie verlaufen in einer unregelmäßigen Linie von der Grenze zu Panama im Südosten bis nach Nicaragua im Nordwesten. Alle sind von explosiver Aktivität geprägt, Lavaströme sind jedoch selten. Die von Vulkanen bedeckte Linie der Kordillere beginnt in Nicaragua und setzt sich durch Salvador, Honduras und Guatemala fort. Einige der niedrigeren Vulkane weisen Lavaströme auf. Cosequina ist unter ihnen berühmt. Ein auffälliger, häufig aktiver Vulkan ist Santa Ana in Salvador. Einer seiner Gipfel ist der Izalco, der Leitvulkan Mittelamerikas, der häufig ausbricht. Weitere Leitvulkane sind Kilauea für Hawaii, Stromboli für Italien und Bogoslof für die Aleuten. Die nächste Vulkanlinie, die ebenfalls nach Nordwesten verläuft, erstreckt sich von Guatemala bis ins südliche Mexiko.

Die Costa Rica-Linie überlappt die nordöstliche Seite der Nicaragua-Salvador-Linie, und diese überlappt wiederum die Guatemala-Linie und so weiter. Die Vulkanketten erstrecken sich über einer Reihe von Rissen und werden von aufgeschütteten Lavagipfeln auf der kontinentalen Wasserscheide überragt.

Aus der Sicht der Vulkanforschung war die Erforschung des Erdbebens von Cartago und der Krater von Poas und Irazu und die Untersuchung ihrer Beziehungen typisch für die unbefriedigende Kombination von aufgeworfenen Gebirgsschichten, Vulkanausbrüchen und unterirdischer Reibung. Dies erstreckt sich entlang der gesamten Kordillere von Patagonien bis nach Alaska. Ich sage unbefriedigend, weil die Wirkung von Ausbrüchen oder Erdbeben aus wissenschaftlicher Sicht zeitlich und örtlich weit verstreut ist und nur lokale Geophysiker und reisende Wissenschaftler diese Arbeit leisten können. Cartago liegt direkt am Fuße des Vulkans Irazu, aber der Vulkan brach nicht gleichzeitig mit dem Erdbeben aus. Ebenso liegt Messina am Fuße des Ätna und Tokio am Fuße des Fujiyama; und die großen Erdbeben stehen nicht im Einklang mit den Ausbrüchen. Sakurajima im Jahr 1914 war eine Ausnahme, es gab ein Beben nach dem Ausbruch.

Das unmittelbare Ergebnis meiner Untersuchung von Linien gleicher Erdbebenwirkungen auf der Karte von Costa Rica zeigte das Maximum des Bebens von 1910 auf dem kontinentalen Rückgrat, und die Linien drängten sich entlang der westlichen Berge zusammen. Sie breiteten sich jedoch immer weiter entlang der karibischen Küstenebene aus, die einen erhöhten Meeresboden im Nordosten des Landes darstellt. Mit anderen Worten, der gewaltige Stoß war ein tiefes Rutschen oder Kratzen unter der Vulkanlinie, und die elastischen Wellen mit ähnlich starker Wirkung lagen in den Bergen auf der Pazifikseite dicht beieinander, wo ihnen hartes Gestein gegenüberstand. Andererseits verbreiterten diese Wellen, die viel schwächer waren, ihre Linien, als sie durch flache, weiche Schichten auf der karibischen Seite gingen. Die Antwort scheint zu sein, dass entlang der gezackten Brüche, die den Vulkanen zugrunde liegen, ein kontinuierlicher Aufwärtsdruck von Lava herrscht, der gelegentlich zu einer großen Beule oder einem großen Rutsch beschleunigt wird, mal hier, mal dort, während sich die gesamte große Bergkette im Laufe der Zeit vulkanisch hebt und hebt.

Unsere nächste Reise führte uns von Barrios nach Guatemala-Stadt, wo wir in der Ferne Vulkane wie den reinen Kegel des Agua und den spitzen Gipfel des Santa Maria sahen, der im Oktober 1902 seine Flanke weggesprengt und ein riesiges Loch hinterlassen hatte. Das guatemaltekische Plateau mit seinem reichen Boden und den zahlreichen Marktprodukten erhebt sich allmählich von den feuchten Bananenplantagen auf der karibischen Seite bis zu einer Höhe von 4.870 Fuß in Guatemala-Stadt. Dies liegt auf der Linie der Vulkanrisse. Dann fällt das Land abrupt in einem steilen, abschüssigen Hang zu einem niedrigen, flachen Schelf entlang des Pazifischen Ozeans ab. Dieser Schelf ist mit dem Zusammenfluss vieler Deltas bedeckt, die von den Strömen und Sturzbächen gebildet wurden, die das gut bewässerte Plateau entwässern. Entlang dieser Linie auf der Spitze des Abgrunds befindet sich die Vulkankette, mit reichen Kaffeeplantagen zu ihren Füßen an den oberen Hängen. Kaffeeplantagen wurden 1902 durch Dampf, Schlammfluten und Ascheexplosionen zerstört, und 1923 sollte eine ähnliche Zerstörung erneut einsetzen.

In einem Park im Freien in Guatemala-Stadt wurde ein großes Modell Mittelamerikas aufgebaut, das das Hochplateau und seine Berge, den flachen Hang im Osten und den langen geraden, steilen Abhang zum pazifischen Küstenschelf prächtig zeigt. Dies ist eine der besten Darstellungen der Blockverwerfung eines Kontinents, der wie eine riesige flache Platte entlang eines Risses angehoben und vom Pazifik weggekippt wurde. Der pazifische Block fiel nach unten.

Dieselbe Struktur gilt in größerem Maßstab für die Andenkette, die als vulkanbedeckte Platte angehoben und entlang der chilenischen Küstenebene abgesenkt wurde. Das Hochland neigt sich zum Becken des Amazonas hin. In diesen Studien experimentieren wir mit Vulkanen im geographischen Maßstab, aber die zugrunde liegenden Prinzipien gelten für Mexiko und die Kaskadenkette in Oregon. Sie gelten wahrscheinlich auch für die Aleuten-, Kamtschatka- und westlichen Pazifikbögen, die als angehobene und erodierte Gebirgszüge betrachtet werden. Sie sind Bögen, weil sie alte Calderas sind.

Wir reisten mit dem Dampfer entlang der Pazifikküste nach Panama, wo der Kanal fertiggestellt wurde. General Goethals und seine Ingenieurskollegen beeindruckten uns, ebenso wie die großartige Organisation der Großingenieurskunst, die die Vereinigten Staaten zu bieten hatten. Das Gelbfieber war besiegt, Schiffe brachten ständig Milchprodukte aus New York zu den Kanalarbeitern, Häuser waren mit Fliegengittern versehen und unverglast, und der Dschungel war so weit zurückgedrängt worden, dass er vor den Moskitos sicher war. Wir trafen lebhafte junge amerikanische College-Absolventen, Männer und Frauen, die in den tiefen Tropen Tennis spielten, wo zuvor Hunderte an Fieber gestorben waren. Wir kamen gerade zu der Zeit an, als die Seiten des Culebra Cut wie ein Gletscher ständig nach innen rutschten, um den Graben zu schließen. Der Boden unter einem Dorf oben auf dem Ufer brach in langen Spalten auf, und die Siedlungen mussten aufgegeben werden. Die einzige Lösung bestand darin, den Hügel mit Hunderten von Kipplastern wegzugraben, bis der Hang flach genug war, um nicht mehr zu rutschen.

Eine amüsante Episode ereignete sich am pazifischen Ende des Kanals, wo riesige Monitore oder Schlauchdüsen verwendet wurden, um die Ufer abzutragen. Ingenieur Williamson hatte die Idee, diese Monitore auf vor Ort gebauten Betonkähnen zu montieren. Er bedeckte die Rahmen mit Stahlgeflecht und spritzte Beton gegen das Geflecht, bis ein wasserdichter Rumpf entstand. Seine Kollegen verhöhnten Williamson und meinten, ein aus Fels gebautes Boot würde mit Sicherheit sinken. Jemand fragte Williamson, wie er sein erstes Boot nennen würde, als es die schweren Monitore erfolgreich hochhob. Er malte den Namen in großen Buchstaben auf das Boot: „Elfenbeinseife, es schwimmt."

In Costa Rica und Panama trafen wir Arthur Herschel, den Stadtingenieur von Kingston auf Jamaika, der für den Wiederaufbau der Stadt nach dem schrecklichen Erdbeben von 1907 verantwortlich war. Herschel lud Spofford und mich ein, auf unserem Heimweg bei ihm zu bleiben, und machte einen Zwischenstopp, als wir Jamaika passierten. Wir taten dies, wurden wunderbar unterhalten und lernten etwas über Ingenieurswesen und Wiederaufbau nach dem schwersten Erdbeben aller Zeiten.

Die momentane Intensität des Bebens war völlig ohne Vorwarnung gekommen, als ob zwei Berge zusammengestoßen wären, und das Mauerwerk des Geschäftsviertels von Kingston zerbröckelte fast augenblicklich. Ein britischer Major ging mit einem schweren Spazierstock die Hauptverkehrsstraße entlang, als er am anderen Ende der Straße einen Tumult bemerkte und dachte, es sei ein Aufstand der Neger. Der Tumult kam mit einem Brüllen auf ihn zu, und er sah Staubwolken wie einen Tornado von der Straße aufsteigen und auf sich zukommen. Er spürte, wie der Boden bebte, hob seinen Stock und beschloss, aufzustehen und dagegen anzukämpfen. Die Gebäude rechts und links explodierten einfach, und er wehrte Ziegel, Steine und Balken ab. Seine Füße waren halb in Trümmern begraben, und er setzte sich auf einen Stahlträger, der in die Straße hinter ihm ragte. Der Staub war erstickend, der Lärm war ein wanderndes Brüllen, das an ihm vorbei und die Straße hinter ihm hinunterging. Er rief einem Schwarzen zu, er solle seine Füße ausgraben, aber der Mann eilte mit starrenden, verrückten Augen an ihm vorbei. Er hörte Schreie und sah Frauen davonlaufen. Es dauerte eine Weile, bis die Rotkreuzstationen eingerichtet waren und die Soldaten ihn retteten.

Dieses Erdbeben, das heftiger war als das von Cartago, lehrte uns, dass die Holzbungalows der hügeligen Vororte auf felsigem Boden der Katastrophe besser standhielten als selbst Stahlbeton im überfüllten Hafenviertel. Die besser gebauten Regierungsgebäude blieben zum Teil erhalten.

Das Jamaica-Gesetz von 1907 hatte klare Grenzen für Holzbauten festgelegt, die auf die Vororte beschränkt waren, und im Geschäftsviertel neue und breitere Straßen angelegt. Es hatte auch strenge Brandversicherungsgesetze und eine städtische Bauordnung eingeführt, die für alle Mauerwerke eine bestimmte Bauweise vorschrieb. Das Ergebnis war ein markierter Ring von Alleen, der das Geschäftszentrum von den Wohngebieten in den Vororten trennte. Das Problem mit solchen Gesetzen, deren Auswirkungen ich 26 Jahre später in Kingston sah, ist, dass Erdbeben hoffnungslos unregelmäßig auftreten. Ohne große Erdbeben als Testobjekte werden solche Gesetze zu totem Buchstaben, eine neue Generation erinnert sich an nichts, und eine verantwortungslose und unwissende einheimische Bevölkerung stellt neue Probleme der Armut und des Lasters dar. Eine Reform der Erdbebensicherheit wird zu einem unpraktischen Traum. Dies ist Teil der unbefriedigenden Qualität der Erdbebenforschung, wenn es um Hilfe für die Menschheit geht.

So endete mein Expeditionsjahrzehnt von 1901 bis 1910 nach einer Reihe von Feldstudien, die man als Operation Pelée-Soufrière, Operation Vesuv, Operation Aleutians, Operation Kilauea-Tarumai und schließlich Operation Cartago bezeichnen könnte. Damals betrachtete ich diese nicht als strategische Arbeit, die mit einer Einsatzgruppe in geographischer Vulkanologie verbunden war; aber wenn ich jetzt zurückblicke, kann ich in jeder Expedition die Organisation einer Institution und von Menschen sowie den Fortschritt der Vulkangeologie erkennen.

Das Ereignis auf Martinique sollte durch viele Forscher die Geophysik reformieren. Der Vesuv machte mich mit der Bedeutung hervorragender Fotografie vertraut, wie sie von Perret und Anderson dargestellt wird. Die Aleuten-Inseln brachten die Frage der nautischen Erkundung und die Bedeutung eines Feldlabors für die Arbeit in einem Land mit widrigen Wetterbedingungen auf. Die Japan-Hawaii-Expedition zeigte mir die nationale seismometrische Arbeit von Dr. Omori vor Ort und legte den Grundstein für das Hawaiianische Vulkanobservatorium. Schließlich machte mich die Costa Rica-Expedition mit der Komplexität seismologischer Feldarbeit in einem Land der Vulkane vertraut, wobei die technischen Probleme geschickt untersucht und später von Spofford veröffentlicht wurden. Dieses Jahrzehnt führt somit logischerweise in ein völlig anderes, in dem Feldexperimente in Geographie durchgeführt und ein Vulkanobservatorium in und auf dem aktivsten Vulkan der Welt mit einer dauerhaften Behausung auf einem Krater gegründet wird.

Kapitel IV
Leben mit Vulkanen

„ Er begab sich auf die Reise in ein fernes Land. "

Im darauffolgenden Jahrzehnt begannen echte Vulkanexperimente, als zwei Organisationen, die etwa 8.000 Kilometer voneinander entfernt waren, ihre Ressourcen bündelten. Die Whitney Foundation richtete am Massachusetts Institute of Technology eine Stiftung mit einem Betrag von 25.000 Dollar für geophysikalische Arbeiten zu Erdbeben und Vulkanen ein, wobei sie eine Arbeit auf Hawaii bevorzugte. Und eine Gruppe von Geschäftsleuten in Honolulu, die Volcano Research Association, bot an, mein Gehalt fünf Jahre lang zu zahlen.

Als Präsident Maclaurin und eine Gruppe von Professoren des MIT mir zu meinem Abschied nach Honolulu ein Abendessen im University Club in Boston gaben, drehte sich das Gespräch am Tisch um die Schrecken der Tiefsee, die Gefahren von Vulkanen, die Grausamkeit der Lepra auf Hawaii und den Heldenmut, einen sicheren Lehrauftrag in Boston aufzugeben. Ich antwortete, ihr Pessimismus erinnere mich an die letzten Worte von Daniel Webster, die von einem Farmer aus Neuengland zitiert wurden: „Dan'l öffnete die Augen, warf einen Blick auf das Glas Whisky auf dem Tisch neben seinem Bett, einen weiteren auf die hübsche Krankenschwester und sagte: ‚Ich bin noch nicht tot.'"

Ich hatte die verfügbaren Mittel so organisiert, dass ein Paar Bosch-Omori-Seismographen aus Straßburg verschickt und weitere Seismographen bei Omoris Instrumentenbauer in Tokio bestellt wurden. Ich sammelte experimentelle Instrumente wie Hochtemperaturthermometer und Chronographen, wie sie in der experimentellen Physiologie verwendet werden. Ich hatte vor, Blutdruck und Puls auf der ganzen Welt zu messen. Außerdem besorgte ich mir einen kompletten Satz Wetterdienstinstrumente für Temperatur, Niederschlag, Luftdruck und Luftfeuchtigkeit sowie die elektrischen Pyrometer, Entfernungsmesser und Fotoapparate, die ich bei meinen früheren Expeditionen verwendet hatte. Und ich hatte einige kleine japanische Transite sowie Messtische und Alidaden für topografische Experimente.

Ich konnte erst 1912 nach Hawaii reisen und war daher hocherfreut, als Perret im Sommer 1911 einwilligte, gemeinsam mit ES Shepherd, Gaschemiker am Carnegie Geophysical Laboratory in Washington, zum Kilauea-Vulkan zu reisen. Dr. AL Day, Direktor des Carnegie-Labors, stellte uns freundlicherweise auf unsere Kosten zwei Widerstandspyrometer von Leeds und Northrop und die dazugehörige Wheatstone-Brücke zur Verfügung sowie Thermoelemente, die er aus seiner Ausrüstung lieh. Perret und Shepherd gingen zum Kilauea-Vulkanhaus, und Perret baute eine Hütte am Rand der Halemaumau-Grube, wo ein innerer Lavasee brodelte und eine Insel etwa 200 Fuß unter dem Rand aufrechterhielt. Kilauea ist der große Kessel, Halemaumau ist die Feuerstelle in seinem Boden. Wenn „Kilauea"-Aktivität gemeint ist, ist im Allgemeinen Halemaumau gemeint. Sie haben getrennte Felsränder.

LA Thurston, führender Journalist und Publizist Hawaiis und eifriger Förderer eines geplanten Hawaii-Nationalparks, tat alles Mögliche, um den Wissenschaftlern zu helfen. Perret schrieb wöchentliche Berichte über den Zustand der Halemaumau-Lava und schickte Fotos an Mr. Thurstons Zeitung, den *Pacific Commercial Advertiser* . Indem er an der Feuerstelle lebte und kampierte, weihte Perret etwas Neues für Hawaii ein und setzte einen Standard für das Vulkanobservatorium. Diese kontinuierlichen Berichte waren mein Traum für Vulkane wie den Vesuv gewesen, wo die Veröffentlichungen normalerweise in verzögerten Jahrbüchern erfolgten und keine aktuellen Nachrichten darüber enthielten, was der Vulkan tat. Außerdem befand sich das Vesuv-Observatorium am Fuße des Gipfels.

Ich hatte bei der Lidgerwood Company eine Reihe von Kabeln bestellt, darunter auch einige mit elektrischen Leitungen. Diese sollten die 1.500 Fuß überbrücken und ein Thermometer in die Grube von Halemaumau hinablassen. Unterstützt von Alex Lancaster, dem eifrigen kleinen Mischlingsführer aus Virginia, und zahlreichen Arbeitern von den Plantagen, deren Verwalter, angespornt von Thurston, großes Interesse an dem Projekt zeigten, errichteten Perret und Shepherd zwei hohe A-Rahmen auf gegenüberliegenden Seiten der Feuergrube und bauten einen Wagen auf dem zwischen ihnen gespannten Kabel. Perret maß ständig die sich ändernde Höhe der flüssigen Lava, während der glühende, schlackige Teich aufstieg und fiel und über seine Ufer trat. Auf einer Seite einer dreieckigen Insel befand sich ein Siedepunkt namens „Old Faithful", wo Gasblasen in einer feurigen Kuppel platzten, unregelmäßig, aber ungefähr einmal pro Minute. Ziel war es, die Temperatur der flüssigen Lava in der Nähe der Blasenbildung zu bestimmen. Dies wurde dadurch erreicht, dass die elektrischen Pyrometer tatsächlich in die geschmolzene Schlacke getaucht und dann die genaue Temperatur an der Aufzeichnungsbox beobachtet wurden, die sich in den Händen von Dr. Shepherd befand, der am oberen Ende der Verbindungsdrähte am Grubenrand blieb.

Nach zahlreichen Proben kam schließlich der Tag, an dem das lange Stahlrohr oder die Endstelle am Ende des beweglichen Kabels mit der Laufkatze zu einem mittleren Punkt über der Grube bewegt werden konnte, wo es beim Absenken mit brodelnder flüssiger Lava in Kontakt kommen würde. Dies war ein äußerst heikles Verfahren, denn die Lava war eine dicke Matte aus selbstverkrustendem flüssigem Gestein, dessen Kruste harte

Platten bildete; nur wenige Stellen sahen aus wie brodelnder Brei. Noch nie zuvor war jemand mit der Flüssigkeit eines Springbrunnens wie „Old Faithful" in Kontakt gekommen. Zum Glück wurde das teure Gerät, das aus in Quarzglas eingebetteten Platindrähten bestand, in zweifacher Ausführung hergestellt, sodass wir von allem zwei hatten. Die spritzende Flüssigkeit von „Old Faithful" sah so harmlos aus wie ein Kessel mit kochender Suppe, aber Perret und Shepherd erlebten eine Überraschung. Als Shepherd die Endstelle direkt in die Flüssigkeit hinabließ, explodierte „Old Faithful", denn die geschmolzene Schlacke erwies sich als ein Sogstrudel, der Lava-Tentakel über das Stahlrohr schleuderte. Das Gerät ging „wie ein Bass unter einem Baumstamm" zugrunde und das Kabel wurde wie ein Stück Schnur abgebissen. Das gesamte Terminal verschwand im Wirbel und nur ein korrodierter Draht blieb zurück.

Um es kurz zu machen: Das zweite Terminal wurde an einen scheinbar sichereren Ort mit Flüssigkeit hinabgelassen. Eine Welle der Schmelze schlug gegen das Rohr und belastete es, und obwohl es geborgen wurde, konnte zu keinem Zeitpunkt ein elektrischer Widerstandswert gemessen werden, als die Kiste am Rand der Grube lag. Ausrüstung im Wert von fast 1.000 Dollar ging verloren. Das Widerstandspyrometer ist ein empfindliches Laborgerät, das genaue Temperaturwerte im Bereich von 1.200 °C angibt, was vermutlich der Schmelzpunkt von Basalt ist. Für das raue Sprudeln von Basaltschlacke, bei dem brennende Gase und kalte Luft eine wichtigere Rolle spielen als das bloße Schmelzen, war es jedoch ungeeignet.

Glücklicherweise waren Shepherd und Perret mit ihren Ressourcen noch nicht am Ende. Es blieb noch das Thermoelement übrig, ein einfacheres Paar Drähte aus Platin und Iridium, eingehüllt in ein Stahlrohr. Die Anschlüsse davon führen zu einem einfachen Galvanometer in den Händen des Bedieners. Der Wagen konnte noch verwendet werden, und das Thermoelementrohr hatte kein Glas im Inneren, das hätte zerspringen können. In einem sprudelnden Bereich wurde eine Temperatur von 1000° Celsius gemessen, und das wurde als ausreichend für eine Näherung erachtet.

Ein weiteres Experiment bestand darin, einen Eiseneimer in die Flüssigkeit hinabzulassen und ihn voll und triefend mit schwarzem Lavaglas wieder herauszuziehen. Dieses wurde zur Analyse nach Washington geschickt. Nachdem der Lavasee zurückgegangen war, waren in diesem Jahr keine weiteren Experimente mehr möglich, und Perret begann mit der Erstellung einer Kurve von Höhen und Tiefen für den Anstieg und Abfall am Boden der Grube.

Es mag übertrieben erscheinen, wertvolle Geräte für solche scheinbar unbedeutenden Ergebnisse zu verschwenden; tatsächlich war das Shepherd-Perret-Tagebuch vom Sommer 1911 jedoch epochal in der Geschichte der

Vulkanologie und der Arbeit des Hawaiian Volcano Observatory. Es bewies, dass erfahrene Beobachter in einem aktiven Krater leben und dort ihre Fähigkeiten in den Bereichen Fotografie, Chemie, Notizen und kontinuierliche Veröffentlichung anwenden konnten. Es wurde nachgewiesen, dass die Substanz aktiver Lavaseen Viskositäten und Verfestigungen aufweist, die sich von denen von Gasen unterscheiden, und es wurde gezeigt, dass verschiedene Arten von Thermometern negative oder positive Ergebnisse lieferten, die für die Zukunft von Nutzen waren. Vor allem zeigten die Notizen zur Vulkanchemie von Shepherd und Perret, dass technische Geräte auf den heißesten und am stärksten aktivsten Krater der Welt angewendet werden konnten. Ihr Erfolg war mit dem relativ geringen Aufwand einer Reise und einiger Maschinen verbunden. Brun aus Genf hatte ein Beispiel für ähnliche Arbeit gegeben, aber Perrets Anstiegs- und Abfallkurve lieferte eine detailliertere Aufzeichnung des Kilauea-Kraters von Tag zu Tag als je zuvor.

Ein Observatorium ist ein Ort der Beobachtung und Messung, ganz gleich, ob es sich bei den beobachteten Dingen um Gletscher, Flüsse, Sterne, das Wetter oder Vulkane handelt. Das Motiv der Beobachtung in der modernen Wissenschaft ist entweder die Qualität dessen, was geschieht, oder die Quantität, ausgedrückt in Längen, Graden und Geschwindigkeiten. In Erinnerung an den Präzedenzfall des Vesuvs wurde ich in Hawaii mit der Notwendigkeit konfrontiert, zu bestimmen, wie ein Vulkan beobachtet werden sollte, die Notwendigkeit, Veränderungen an einem einzelnen Vulkan zu messen und dauerhafte Aufzeichnungen dieser Veränderungen zu erstellen. Wir wählten Messinstrumente, Fotoausrüstung und Thermometer aus, und ich erfand ein System zur Aufzeichnung, das aus Feldnotizen, die von vielen verschiedenen Assistenten einheitlich gemacht wurden, in einem einzigen Aufzeichnungsbuch zusammengefasst wurde.

7. Vulkanhaus vom Observatorium aus, 1913

8. Insel im Lavasee Halemaumau, 1911. Foto von Perret

9. *Hawaiianisches Vulkanobservatorium, 1912*

10. *Jaggar im Seismographengewölbe unter dem Vulkanobservatorium, 1916*

Die Lehrbücher der Vulkanologie enthalten Angaben zu Form, Höhe, Anzahl, Verteilung, Temperatur und Unterschieden zwischen Vulkanen. Wie gasförmig ist Lava? Wie radioaktiv ist sie? Wie oft bricht sie aus? Und wie gefährlich ist sie für den Menschen? In Bezug auf die Quelle, den Riss oder den Krater benötigen wir Kenntnisse darüber, wie die Erdkruste aufbricht, wie tief die Brüche sind und inwieweit das Aufsteigen der Lava in diesen Rissen von Erdbeben begleitet wird.

Meine erste Aufgabe nach meiner Ankunft in Hawaii war, Kontakt mit Mr. Thurston und seinen Mitarbeitern aufzunehmen. Die nächste war, eine gute Karte des Kilauea-Vulkans als Grundlage für die Messung der Veränderungen in der Feuergrube zu erstellen. Gouverneur Walter F. Frear kam mir zu Hilfe und schickte sofort Colonel Claude Birdseye und Captain Albert Burkland, um eine topografische Karte des geplanten Hawaii-Nationalparks zu erstellen. Diese Ingenieure brachten das topografische Lager des US Geological Survey mit ins Feld und standen meinem Projekt äußerst positiv gegenüber. Sie stellten mir Vermessungsdenkmale zur Verfügung und skizzierten Methoden, mit denen ich eine genaue Basislinie für die Messung der Veränderungen innerhalb der Grube erstellen konnte.

Dank der Energie des brillanten Demosthenes Lykurg, des gastfreundlichen griechischen Verwalters des Volcano House, des Hotels, in dem ich wohnte, wurde schnell ein Labor am nordöstlichen Rand des Kilauea-Kraters eingerichtet. Alle Kaufleute des dreißig Meilen entfernten Hilo steuerten Geld bei, und innerhalb weniger Wochen begannen Zimmerleute auf einem Grundstück, das dem Bishop Estate gehörte und vom Volcano House untervermietet wurde, mit der Arbeit. Die Möbel wurden vom Whitney Fund bezahlt.

Ein Keller für Seismographen wurde von Territorialgefangenen in den heißen Fels unter dem Labor gesprengt, am eigentlichen nordöstlichen Rand des größeren Kraters des Kilauea. Die Lavagrube Halemaumau, die immer rauchte, war drei Kilometer entfernt gut zu sehen. Der mit Beton ausgekleidete Keller, der die Dampfrisse abschloss, wurde zu einem warmen, trockenen Ort für Instrumente mit einer konstanten Temperatur von etwa 26 °C. Betontische auf dem Boden des Kellers hielten das Paar horizontaler Pendel in Ost-West- und Nord-Süd-Richtung, die mit feinen Stiften auf rauchigem Papier aufzeichneten, das über eine Chronographentrommel gespannt war. Diese Papieraufzeichnungen, die jeden Tag herausgenommen und mit Schellacklack fixiert wurden, wurden zu den Seismogrammen der Dauerakten. Lange Bänder aus Wellenlinien auf jedem Papier zeigten Sekunden, Minuten und Stunden an; und wenn eine der Linien einen scharfen Zickzack aufwies, war dies ein Beweis für ein lokales oder ein entferntes Erdbeben. HO Wood, mein Assistent in Feldgeologie in Harvard und mit Erfahrungen mit Omori-Seismographen an der University of California ausgestattet, wurde als Seismologe zum Observatorium berufen.

So wurde ich in den ersten sechs Monaten des Jahres 1912 zum Bewohner eines Vulkans auf Hawaii und verfügte über ein angemessenes Labor mit acht Räumen und passenden Veranden, einer Dunkelkammer zum Fotografieren und den ersten Seismographenaufzeichnungen im Keller. Pferde und Sättel wurden gekauft, die notwendigen Außenhäuser gebaut und Alec Lancaster als Hausmeister und Außendienstmitarbeiter eingestellt. Francis Dodge, ein sportlicher junger Honoluluer und Sohn eines staatlichen Landvermessers, wurde zum topografischen Assistenten ernannt. Er war ein robuster Cowboy mit einiger Erfahrung als Messtechniker für den Geological Survey.

Von dem Moment meiner Ankunft an trug ich für alle Mitarbeiter einheitliche Notizblöcke mit heraustrennbaren Blättern und bestand darauf, dass jeder, der zur Lavagrube ging, sich Notizen machte, Datum und Uhrzeit eintrug, erzählte, was er sah, und mir die Notizen überreichte. Sogar Alec Lancaster, dessen Vater ein Zimmermann der Cherokee-Indianer und dessen Mutter eine Mulattin war, machte sich Notizen und lernte die Himmelsrichtungen und die Namen der Buchten und Blowholes des Lavasees am Boden der Grube. Einige von Alecs Notizen waren sehr amüsant, wie zum Beispiel als er schrieb: „9:30 UHR, 3. April, Old Faithful macht ihre Arbeit sehr gut." Er lernte jedoch schnell die korrekten technischen Ausdrücke für das Oberflächenströmen der Lava, die Helligkeit der Fontänen bei Nacht, die Anzahl der Blasenfontänen und die Rauchstellen am Boden der Grube. Alec war immer ein nützlicher Lagerarbeiter, ein guter Koch und ein furchtloser Kletterer. Als es darum ging, Strickleitern mit Hickory-Sprossen für den Abstieg von einer 200 Fuß hohen Klippe zum Rand der Lava herzustellen und zu verwenden, war Alec der erste, der sich freiwillig meldete. Er trieb Nägel in Felsspalten und testete die Leitern, umgeben von Rauch. Dies geschah im Juni und Dezember 1912, als die Gaschemiker der Carnegie Institution auf den Grund geführt wurden, um mit Pumpen und Vakuumröhren Gase aus brennenden Spritzkegeln zu sammeln.

Ich hoffe, diese Einführung vermittelt eine Vorstellung davon, was das erste Jahr des Observatoriums geleistet hat. In der Zwischenzeit häuften sich Probleme der Politik und der Veröffentlichung von Ergebnissen auf mich. Die Aufzeichnungen aller Mitarbeiter mussten zusammengestellt werden; kritische wissenschaftliche Besucher mussten von der Nützlichkeit des neuen Vorhabens überzeugt werden; die Sponsoren von Massachusetts Tech und Honolulu mussten geeignete Berichte erhalten; ein ständiges Aufzeichnungsbuch mit Erhebungen, Aufzeichnungen und Fotografien musste erstellt werden; und ich musste gelegentlich nach Kalifornien, Boston und Washington reisen, um mit der Regierung, wissenschaftlichen Gesellschaften und wissenschaftlichen Zeitschriften in Kontakt zu treten.

Es war notwendig, die Verbesserungen bei Fotoplatten zu verfolgen, denn die Feuergrube mit ihrer dunkelroten Hitze und den dunkelroten Steinen war ein schwieriges Fotomotiv. Glücklicherweise war die panchromatische Platte kurz zuvor von Dr. CEK Mees erfunden worden und war ein Geschenk des

Himmels für Experimente zur Aufnahme von spritzender flüssiger Lava bei Nacht. Dr. Mees, Forschungsleiter bei der Eastman Kodak Company in Rochester, war seitdem ein Besucher und guter Freund des Observatoriums. Sowohl die Vermessung als auch das Fotografieren waren im Jahr 1912 schwierig, da die innere Grube eine dichte Rauchsäule aufsteigen ließ, die nur dann nachließ, wenn die flüssige Lava heißer wurde und Fontänen bildete. Im Januar und Juli gab es eine solche rauchlose Entwicklung mit Hunderten von tosenden Fontänen aus flüssiger Lava. In der Zwischenzeit war viel Rauch zu sehen, und im August gab es eine dichte Säule aus lautlos aufsteigendem grauem Rauch über die gesamte Breite der Grube, so dass vom Boden nichts zu sehen war.

Um die Höhe der Lava am Boden zu bestimmen, musste man von einer festen Station aus mit einem Transit arbeiten, nachts eine Taschenlampe benutzen und auf einen glühenden Punkt oder eine Fontäne warten. Dazu musste man vertikale und horizontale Winkel ablesen, die von zwei Stationen aus schwer zu bestimmen waren, und zwar die Entfernung zum gemessenen Glühpunkt. Oft musste man tagsüber stundenlang warten, um von Stationen am Ende einer Basislinie am Rand der Grube aus einen Blick auf den Boden durch die Dämpfe zu erhaschen. Glücklicherweise waren die Dämpfe nie später so schlimm wie 1912. Es wurde ein Verfahren eingeführt, bei dem man vom Fenster des Observatoriums aus täglich ein Foto des Rauchs der entfernten Grube machte, und dies erwies sich als nützlich, als 1917 die inneren Lavaseen und -klippen sichtbar wurden.

Wie Perret berichtete ich an die Zeitungen in Honolulu. Nach und nach nahmen diese Berichte die Form eines monatlichen Bulletins an, das in Honolulu von Dr. Howard Ballou, dem Sekretär der Hawaiian Volcano Research Association, herausgegeben wurde. Diese Vereinigung hielt gelegentlich Vorstandssitzungen ab, an denen ich teilnahm und vor denen ich Berichte verfasste und Vorträge hielt. Der Bericht über die gesamten in den ersten Monaten des Jahres 1912 geleisteten Arbeiten wurde in Boston von Massachusetts Tech veröffentlicht.

Die frühere Geschichte der Vulkane Hawaiis wurde in ausgezeichneten Büchern von Reisenden wie den Damen Gordon-Cumming und Isabella Bird, William Lowthian Green, den Doktoren CH Hitchcock und WT Brigham sowie Professor James D. Dana von Yale festgehalten. Dana hatte von einem Missionar aus Hilo, Titus Coan, Daten aus den Jahren 1840 bis 1890 erhalten. Als ich in Hawaii ankam, waren gerade zwei Bücher über die Aktivität des Kilauea im Jahr 1909 erschienen und eine große Monographie von Brun aus Geneva, der festgestellt hatte, dass die Kilauea-Lava frei von Wasserdampf und die heißeste Lava der Welt sei.

Außerdem hatte RA Daly von Harvard auf der Grundlage seines Sommers 1909 auf dem Kilauea sein Buch „Nature of volcanic action" veröffentlicht. Es gab heftige Kontroversen gegen Brun in der Wasserfrage, aber die Experten, darunter Day und Shepherd, kamen zu dem Schluss, dass Lavaausbrüche vom Kilauea-Typ durch brennende Gase wie Wasserstoff, Kohlenmonoxid und Schwefel ausgelöst wurden; dass diese Gase tief unten in der Erde in irgendeiner elementaren Form gelöst waren und dass die Chemie ihrer Emission die Lava auf ihrem Weg nach oben erhitzte. Die Lavaseen waren oben heißer als unten. Wir werden sehen, dass alle Lava teilweise an ihrem eigenen Boden erstarrt und darüber flüssig bleibt.

Die Aktivitätsniveaus am Kilauea-Vulkan während des Jahrzehnts von 1911 bis 1920 waren von 1912 bis 1913 durch deutliche Schwankungen gekennzeichnet, mit einem bemerkenswerten Tiefpunkt im Jahr 1913, der in einem starken Erdbeben im Oktober gipfelte. 1914 gelangte die flüssige Lava zurück auf den Boden der Halemaumau-Grube, und im Dezember brach Mauna Loa in einer Fontäne an seinem Gipfelkrater aus. Die Lavaseen des Kilauea wurden 1915 größer, und eine dreieckige Insel erschien, die sich aus einer flachen Ebene erhob und sich sogar horizontal drehte oder anschmiegte. Ihre Erhebung war wie eine spitze Böschung aus Lavaschichten, die in eine Richtung geneigt war, etwas, das Perrets Insel von 1911 sehr ähnelte.

Eine Verwandtschaft zwischen Kilauea und Mauna Loa war offensichtlich. 1916 brach der Gipfel des Mauna Loa aus, indem er den südwestlichen Graben des Berges aufspaltete und einen Lavastrom in die Weide- und Waldgebiete von South Kona auslöste. Doch gerade als die Aktivität des Mauna Loa endete, senkte sich der gesamte Boden des Halemaumau 30 Meilen entfernt an einem Tag dramatisch ab und hinterließ eine tiefe, brodelnde Schmelzpfütze, umgeben von tosenden, glühend heißen Lawinen. Der Zufall war, zusammen mit den entsprechenden Erdbeben, unverkennbar.

Unmittelbar nach der Absenkung quoll die flüssige Lava von Halemaumau aus den Rissen der Grenzmauern und stürzte durch den Schutt, um einen ovalen Teich im unteren Trichter aus zerbrochenem Gestein zu bilden. Die Lavasäule stieg in den nächsten sechs Monaten 600 Fuß hoch und es bildete sich ein gelappter See, dessen Buchten durch Sektoren aus überlaufender Lava getrennt waren, die sich langsam in der Mitte zu Klippen erhoben. Im Jahr 1917 waren die Seen und Klippen in Halemaumau weniger als 100 Fuß tief, die Seeufer wurden für Experimente mit Eisenrohren zugänglich und die Klippen kamen vom Observatorium aus in Sicht, was das tägliche Foto zum Vergleich der Veränderungen der entfernten Grube völlig rechtfertigte.

11. Lavasee, mit Bank, 30. März 1917

12. Halemaumau, mit Lavasee und Felsen, 8. Dezember 1916

13. Jaggar hält Rohr zum Messen eines Lavasees, 1917. Zylinder am Ende des Rohrs hält Seger-Kegel zum Messen der Lavatemperatur

In den Jahren 1918 und 1919 war die Grube voll und überflutete den Boden des Kilauea. Während des gesamten Jahres 1919 war Halemaumau als Grube durch seine Kuppel aus Lava verschüttet. Im Herbst brach die Südflanke des Mauna Loa erneut aus, und es kam zu einer Lavaflut, die das Meer in Süd-Kona erreichte. In Erinnerung an 1916 sagten wir voraus, dass, obwohl Halemaumau bis zum Rand gefüllt war, das Absinken der Mauna-Loa-Lava die Kilauea-Lava plötzlich wie ein Siphon nach unten ziehen würde. Genau das geschah am 28. November 1919. Während der Nacht sanken die Felsklippen, der Kleeblattsee und die gewölbte Kuppel der Lavafüllung über dem Rand des Halemaumau in zwei oder drei Stunden als Zylinder auf eine Tiefe von 400 Fuß ab und hinterließen glühende Lawinenwände, eine erfreuliche Bestätigung der Theorie.

Wie schon 1916 kehrte die Halemaumau-Lava sofort auf den Boden der Grube zurück und stieg drei Wochen lang täglich neun Meter hoch, so dass sie im Dezember eine heftig kochende ringförmige Pfütze war, die ein Hufeisen aus Felsklippen mit einer ruhigen inneren Lagune umgab und einem Korallenatoll ähnelte. Der Boden des Kilauea, der außerhalb von Halemaumau kuppelförmig ist, spaltete sich radial nach Süden auf, ließ Lavaströme in das Tal der Kilauea-Kraterwand strömen und trat sogar in die Kau-Wüste aus. Dies wurde zu einem Bergriss erweitert, der Lavaströme an den Flanken des neun Meilen südwestlich entfernten Kilauea-Bergs verursachte, was seit 1823 und 1868 nicht mehr geschehen war. Konzentrische Krater wie die Kilauea-Caldera und die Halemaumau-Grube sind daher Ring-in-Ring- oder Becher-in-Becher-Strukturen durch Schlackenhaufen über einem tiefen Riss in der Gesteinskruste, wobei die Kreisform durch gelegentliches zentrales Absinken bestimmt wird.

Diese Kreisform hat manchmal Perfektion erreicht. 1894 und 1909 wurde der Flüssigkeitspool im Inneren von Halemaumau durch stetiges Aufsteigen um ein zentrales Loch herum vollkommen kreisförmig innerhalb eines umlaufenden Überlaufwalls. Dies ist ein seltener Zustand, der von der Beständigkeit des Aufsteigens, der Temperatur und der Viskosität abhängt. Dies ist wichtig, weil es zeigt, wie die perfekten Kreise und Wallkessel auf dem Mond entstanden, wo es auch eckige Senkungskalderen wie den Kilauea-Krater gibt. Offensichtlich haben sich die Gaserhitzung und die Flüssigkeit auf dem Mond verändert, genau wie es auf Hawaii der Fall war. Die Quellen dort liegen über Rissen, wie auf Hawaii. Die Analogien sind in dieser und vielen anderen Hinsichten so vollständig, dass ich absolut nicht an Meteoriteneinschläge für die Mondkrater glaube. Der Mond wartet auf einen vollständigen Vergleich mit aktiven terrestrischen Basaltlavas durch einen modernen Vulkanologen.

Dies ist nur eine kleine Skizze des erstaunlichen Glücks, das die Fotografen und Protokollanten des Hawaiian Volcano Observatory in seinem ersten Jahrzehnt hatten. Es gab ähnliche Jahrzehnte im 19. Jahrhundert, und es gab 1879 und zu anderen Zeiten ähnliche zerklüftete Felsen, die sich als Inseln und Küstenlinien um kleeblattartige Seen erhoben. Zweifellos gab es früher ähnliche mitschwingende Bewegungen, durch die der Kilauea nach dem Ende der Mauna-Loa-Ausbrüche abgesunken war. Aber nichts davon war zuvor von Tag zu Tag gemessen worden. Unsere Mitarbeiter besetzten ab 1912 die trigonometrischen Stationen, jeden Tag und jede Nacht, wenn das Wetter es erlaubte, um den Pegel der aktiven Lava auf einen Fuß genau zu messen. Die Lava war wie das Quecksilber in einem Barometer und musste unaufhörlich beobachtet werden. Dies wurde mit einem Teleskop von Leuten getan, die am Rand des vertikalen Rohrs wohnten. Nach 1913 zeigten die Messungen deutlich, dass Absenkungen genauso wichtig waren wie Aufsteigungen. Sie wiesen nach, dass die festen Überlaufmassen und Rutschgesteinshänge an den Rändern der Lavaseen und -buchten messbar eine Paste waren. Diese Uferböschung hob und senkte sich mit einer anderen Geschwindigkeit als die gasförmige Flüssigkeit, die im Inneren strömte und sprudelte. Die gesammelten Ergebnisse zeigten, dass die Quelle der strömenden Flüssigkeit immer auf der Westseite des Grubenbodens lag und dass die Strömung in Richtung der sprudelnden Grotten im Osten gerichtet war. Die Flüssigkeit könnte jederzeit über die Ufer treten oder absinken und innere Klippen hinterlassen, wenn die Versorgung durch den Riss in der Westwand nicht mehr ausreicht.

All dies mag sehr technisch klingen; aber Notizen, Fotos, Seismogramme, Wetteraufzeichnungen und unaufhörliche Pressemitteilungen und Berichte an die Sponsoren, die sich zwar schwer literarisch beschreiben lassen, haben eine neue Technik geschaffen. Wenn man einen neuen Ansatz entwickelt, besteht die Wissenschaft zuerst aus Beobachtungen, dann aus Experimenten und schließlich aus Erklärungen oder Theorien. Etwas in dieser Art muss man im Lebenslauf eines Wissenschaftlers nachlesen.

Das überraschende Absinken des Kilauea nach dem Ende der Eruptionen des Mauna Loa war nur eine von zahlreichen Überraschungen während des ersten Jahrzehnts des Observatoriums. So wurden beispielsweise die Temperaturen heißer Risse wiederholt und systematisch gemessen, und es wurde nichts gefunden, was mit der Bewegung von Lava in Zusammenhang stünde. Dasselbe lässt sich über das Wetter sagen. Anfangs ging man davon aus, dass Niederschlag, Lufttemperatur, Luftdruck und möglicherweise Schwankungen des Passatwindes den Vulkan beeinflussen würden. Die einzige schnell erkennbare Auswirkung war jedoch die sichtbare Dampfbildung vieler Risse auf dem Boden des Kilauea, die bei Sonnenschein austrocknete und kleiner wurde, bei kaltem oder nassem Wetter jedoch dichter wurde und zunahm. Dies bedeutete offensichtlich, dass der Feuchtigkeitsgehalt der dampfenden Risse — etwas Dampf, aber hauptsächlich feuchte heiße Luft — von seichtem Regenwasser aus kurzer Entfernung unter der Erde stammte.

Ein Effekt, der eher vulkanischer Natur war, aber im Prinzip ähnlich war, war der sichtbare Dampf im Inneren von Halemaumau, nahe den Lavaseen, der immer dann zunahm, wenn die Lava absackte und das Grundwasser nach innen sickern ließ. Diese sichtbaren Dämpfe nahmen ab, wenn die heiße Schlacke brodelte und aufstieg und ein helleres Glühen annahm. Aus den glühenden Seen stieg kein Dampf auf. Das Grundwasser trocknete durch die zunehmende vulkanische Hitze aus, so wie die Feuchtigkeit in den Rissen des größeren Kraters durch die Einwirkung von Sonnenlicht getrocknet wurde.

Ich werde noch mehr zu den Jahreszeiten sagen, zu den kalendarischen Auswirkungen auf die Platte von aufsteigender und fallender Lava und insbesondere zu den Tagundnachtgleichen und Sonnenwenden. Es gab Hinweise auf ein tägliches, gezeitenähnliches Steigen und Fallen der Lava in der Grube.

Schließlich stellte sich die Frage, wie man Erdbeben zählen, ihre zeitlichen und räumlichen Abstände messen und herausfinden könnte, welche zu den Verwerfungen des Mauna Loa und welche zu den Verwerfungen des Kilauea gehörten. Wir mussten die Häufigkeit und Stärke von Erdbeben in Relation zur herabsinkenden Lava, zu Tag und Nacht oder zu den Jahreszeiten setzen. Das Studium des rhythmischen Anschwellens und Knarrens im Inneren der großen pastösen Berge wurde zu einem spannenden Unterfangen. Es versprach Zyklen von den Stunden des Tages bis zu den Jahrzehnten des Jahrhunderts.

Durch Messung der vertikalen Winkel entdeckten wir außerdem, dass die inneren Böden anders stiegen und fielen als die flüssigen Seen, weshalb man diese Böden als Bankmagma bezeichnen konnte, im Unterschied zum flüssigen Magma. Dies führte 1917 zu einem kühnen Experiment, als die flüssigen Lavaseen zugänglich wurden, nachdem ein zufälliger Besucher, Herr Walter Spalding aus Honolulu, einen bequemen Weg hinunter zu den Überlaufböden am Rand des Nordsees entdeckt hatte. Hier strömte die strömende Schlacke auf eine glühende Grotte zu, die durch Spritzer eines Randbrunnens zu einer riesigen Halbkuppel aufgeschüttet wurde, die eine glühende Höhle mit Stalaktiten am Ufer des Sees enthielt. Die Plattform außerhalb der Grotte war überflutet und wurde aufgeschüttet, als der flüssige See stieg, wobei die Überlaufplattformen in Richtung des Wandtals unter der Grubenklippe abfielen. So befand sich der See auf der Spitze einer 300 Meter breiten inneren Kuppel, genau wie der Grubenrand von Halemaumau auf der Spitze einer 5 Kilometer breiten inneren Kuppel des Kilauea-Bodens lag. Der äußere Rand des Kilauea-Kraters ist ein großes Oval auf der Spitze der nach außen geneigten größeren Kuppel des Kilauea-Bergs mit einem Durchmesser von sechzig bis achtzig Kilometern.

Wenn sich auf der nördlichen oder westlichen Bodenplattform im Inneren von Halemaumau ein kleiner Kegel bildete, bildete sein Hang um einen plätschernden und sprudelnden Riss eine vierte innerste Kuppel mit einem Durchmesser von einigen Fuß in der Reihe der zunehmend kleineren Kegel-in-Kegel-Strukturen vom äußeren Rand des großen Berges nach innen zu den Eruptionszentren von Halemaumau. Wir sahen eine solche Kegelhöhle genau dort, wo ich am Tag zuvor gestanden und eine Flamme getestet hatte. Leise stürzte der Kegel in einen sprudelnden Brunnen kochender Lava darunter. Das Ring-in-Ring-Konzept muss bei jedem Vulkan im Hinterkopf behalten werden, denn wir entdeckten, dass Kegel nicht nur aufgebaut und einstürzen, sondern auch durch inneres Durchsickern von Rissen und Ausdehnung des heißen Materials anschwellen. Dieses Anschwellen oder Anschwellen ist mit dem Experiment verbunden, das nun beschrieben wird.

Selbst nachdem Perret 1911 seine „schwimmende Insel" beschrieben hatte und ich 1916 und 1917 die dreieckigen Inseln sah, die wie Untiefen in einer

Wattfläche aussahen und sich allmählich zu Felsklippen erhoben, konnte ich immer noch nicht glauben, dass eine basaltische Insel schwimmen könnte. Als feste Lava in Stücken von den inneren Klippen rund um die Lavaseen abbrach, sanken die Fragmente sofort. Und als sich feste Krusten auf der schäumenden und strömenden Schlacke bildeten, brachen die Schalen, wenn sie dick genug waren, auf, kippten nach oben, rutschten hinab und versanken in der Schmelze darunter. Es war offensichtlich, dass Lavagestein schwerer ist als Lavaschaum. Da eine Insel also ein Gestein ist, würde sie nicht schwimmen. Dies warf mehrere Fragen auf. Wo war der Boden des Lavasees, auf dem sie ruhte? Hatte der Lavasee einen Boden, und wenn ja, wie tief war der Boden, als derselbe See zwischen Juni und Dezember 1916 in der Halemaumau-Grube 600 Fuß anstieg? Mit anderen Worten: War der See im Dezember 600 Fuß tief?

Was wäre die Antwort, wenn man ein steifes Eisenrohr als Lotstab senkrecht in den flüssigen See stoßen würde? Niemand hatte diese Frage jemals gestellt. Querschnittszeichnungen hatten die Flüssigkeit immer als in einem senkrechten Rohr endlos nach unten fließend dargestellt. Als der See 1917 zugänglich wurde, kam es mir so vor, als könnte man ein langes Stahlrohr mit dem Ende nach oben über den Grenzwall schieben und es biegen und sinken lassen oder auf den Boden treffen. Wenn man das Rohr zurückziehen und bergen könnte, könnten schmelzbare Proben mit bekanntem Schmelzpunkt die Temperatur in der Tiefe anzeigen.

Für das Experiment wurde ein 200 Fuß langes, ein Zoll dickes Eisenrohr, das zu einem einzigen langen Stück zusammengeschraubt war, über den Nordboden von Halemaumau gelegt. Zehn Assistenten wurden im Abstand von zwanzig Fuß entlang des Rohrs verteilt, und ich stand mit Alec auf dem Wall am Rand des zentralen Teils des Lavasees. Dies war ein hohes Ufer, das zehn Fuß oder mehr über der strömenden flüssigen Lava lag. Die Männer wurden angewiesen, das gesamte lange Rohr anzuheben und damit vorwärtszugehen, so dass es der Länge nach in die Flüssigkeit eintauchte und sich beim Vorbeigehen an mir in Richtung Seemitte wölbte. Alec half, das Rohr über das Ufer zu führen, und die Männer kamen mit gleichmäßigem Schritt vorwärts. Das mit einer Schraubkappe versehene Ende des Rohrs wurde in die flüssige Lava getaucht und bewegte sich mit guter Geschwindigkeit auf den Boden zu. Die starke Strömung nach links zog es etwas mit, aber nicht genug, um sein Sinken zu verhindern. Nachdem zweieinhalb 20-Fuß-Verbindungen des Rohrs mit einer Neigung von etwa fünfzig Grad in die Flüssigkeit eingetaucht waren, konnte ich spüren, wie das Rohr auf den zunehmenden Widerstand eines breiigen Bodens stieß. Durch das weitere Vorwärtsbewegen des Rohrs kam es zum Stillstand und wölbte sich nach oben, während die Oberflächenlava an ihm vorbeiströmte. Sein unteres Ende blieb definitiv im Boden des Sees stecken.

Dann gab ich den Trägern das Signal, zu Fuß zu ihrem Ausgangspunkt zurückzukehren, um das Rohr hochzuziehen und das letzte Stück zu bergen. Das Rohr ragte wie ein glühendes Seil aus dem Lavasee heraus, blieb dann stecken und wollte nicht mehr herauskommen. Es kam dicht ans Ufer, wo es in der steifen Pahoehoe-Kruste festgefroren war, die es wie heißes Eisen umklammerte.

Das Endstück war innen mit einer Spirale aus Federstahl ausgestattet, die Seger-Kegel enthielt, die in der Porzellanindustrie verwendet werden und Zahlen tragen, die angeben, dass sie bei abgestuften Temperaturen schmelzen. Dieses erste Schmelzthermometer wurde nie gefunden. Die freien Rohrstücke mussten in Ufernähe abgeschraubt werden, und vier zwanzig Fuß lange Rohrstücke gingen verloren. Bei späteren Tests lernten wir, das Rohr hin und her schwingen zu lassen, damit es nicht einfriert.

Die epochale Bedeutung dieses Experiments wurde erst später verstanden. Die Berechnung des Neigungswinkels des Rohrs, wo es in die Flüssigkeit hineinführte und auf den Boden traf, ergab, dass die Flüssigkeit vertikal etwa fünfzehn Meter tief war. Mit Hilfe von Soldaten des Kilauea-Militärlagers wurde dieses Experiment mehrere Male wiederholt; und jedes Mal stellte sich heraus, dass der See dieselbe Tiefe hatte.

Diese Schlussfolgerung wurde später durch plötzliches Absinken der flüssigen Lava bestätigt, bis die an die Flüssigkeit angrenzenden Klippen fünfzehn Meter hoch waren. Die östlichen Grotten verwandelten sich in Kaskaden, wobei die Flüssigkeit in einen Brunnen floss. Der flüssige See war zu einem Fluss geworden, der über einen Vorsprung seines eigenen Bodens floss, gegenüber den westlichen Quellbrunnen zu den östlichen Dolinen. Diese letzteren waren sprudelnde Grotten, wenn die Seen voll waren, aber sie zeigten innen rechteckige, aufrechte Dolinen, wenn der Seespiegel niedrig war. Dies wurde wiederholt bestätigt, und die Phänomene der Quellbrunnen im Westen und der kaskadenförmigen Dolinen im Osten wurden bestätigt und fotografiert. Damit wurde klar, dass die Lavaseen nichts anderes waren als konvektive Lavaströme über der breiigen, erstarrten Substanz ihres eigenen Bodensediments. Konvektion bedeutet aufsteigenden Schaum, Gasverlust und Absinken gasfreier, schwererer Flüssigkeit.

Mit anderen Worten, das Bankmagma, das auf den Randplattformen mit Überläufen bedeckt war, war eine Paste, die von oben, unten und an den Seiten abgekühlt wurde und die Untertasse aus strömender Flüssigkeit bildete. Es war diese Paste, die das anschwellende Herz des Bankmagmas bildete. Die aus der Lösung entweichenden Gasblasen entzogen der Lava Wärme und ließen sie teilweise erstarren, immer in einer Tiefe von etwa fünfzehn Metern. Es gab also notwendigerweise drei Substanzen: Die Tiefenlava, aus der selbsterhitzende Gase brodelten (wie sich später herausstellte, handelte es sich um entzündlichen Wasserstoff, Kohlenmonoxid, Schwefel und inerten Stickstoff und Argon), der strömende Schaum, zu dem sich die Tiefenlava ausdehnte, und der halb erstarrte Rückstand des Schaums, der am Boden und an den Ufern der flüssigen Lava entstand, als diese von hellgelber Hitze (etwa 1150° Celsius) auf dunkelrote Hitze (etwa 900° Celsius) abkühlte.

Das Strömen über den Boden von West nach Ost bedeutete, dass die Lavasäule während der sechs Monate des Aufstiegs der Lava, etwa 180 Meter in der zweiten Hälfte des Jahres 1916, ein Zylinder aus halb abgekühlter Lava war, der durch den Aufwärtsdruck der tiefen Lava, die im westlichen Riss zwischen dem Zylinder und der Halemaumau-Wand aufstieg, aufrechterhalten wurde. In der Zwischenzeit waren die Seen zu allen Zeiten nichts weiter als fünfzehn Meter tiefe Schaumströme mit einer Haut an der Oberfläche, die auf ihrem Boden und an den Ufern erstarrten und in Dolinen in den östlichen Wandrissen des Zylinders hinabstürzten. Eine konvektive Zirkulation war es, die das Aufsteigen, Schäumen, Erhitzen und Abkühlen sowie die Dichteänderungen der Flüssigkeit aufrechterhielt, als sie ihr Gas verlor. Somit war das gesamte Springbrunnenphänomen der Lavaseen auf die Selbsterhitzung einer sogenannten exothermen Reaktion von Gas zurückzuführen, das aus der Lösung in geschmolzenem Basalt entweicht. Ein Großteil davon ist tatsächlich das Verbrennen von Wasserstoff in der Luft, wodurch eine konvektive Zirkulation entsteht, wo immer die tiefe Lava einen Auslass finden kann.

Normalerweise befinden sich diese Auslässe entlang von Rissen oder Spalten im Berghang, wo sie in 150 Meter hohen Gasfontänen ausbrechen und oft entlang der Risse in eine Höhle fließen, wo sie, wenn sie weniger schaumig und schwerer sind, herabstürzen. Ein Lavastrom löst immer das Problem des Schäumens und Verflüssigens, genau wie Champagner oder Bier.

Es bleibt weiterhin die Frage, wie viel von der tiefen Lava aus Gas besteht und ob es bloßer Druck ist, der die Gase in Lösung hält, wie in Sodawasser. Die Alternative ist, dass das tiefere Magma vollständig aus Gas besteht, aus Rissen in der Erdkugel sickert und mit Sauerstoff aus der Luft und festem Gestein reagiert, aus dem Erdkern nach oben sickert und die Erdwände schmilzt.

In gewisser Weise war das gesamte Jahrzehnt bis 1920 ein Experiment. Die Ergebnisse dieses Jahrzehnts zeigten, dass der Berg mit den Gezeiten im Lauf von Sonne und Mond anschwillt und schrumpft, dass aber Kilauea Mountain und Mauna Loa alle Teile dessen sind, was man als Hawaii Island Mountain bezeichnen könnte. Die Insel Hawaii liegt über einem alten, 18.000 Fuß tiefen Meeresboden und ist nur das Ende eines 1.700 Meilen langen Gebirgskamms, der selbst an seinem niedrigsten Ende, den Midway und Ocean Islands, immer noch 12.000 Fuß über dem glatten Schlamm-über-Fels-Ball des Pazifikbodens liegt. Alle Beweise deuten darauf hin, dass der Gebirgskamm ein Haufen von Lavaströmen über einem Riss ist, mit einer Korallenschicht überzogen. Wenn also die relativ kleine Kuppel des Kilauea im Einklang mit der Sonne anschwillt und schrumpft, dann tut der lange hawaiianische Gebirgskamm dasselbe in viel stärkerem Maße.

Michelson hat gezeigt, dass das feste Gestein der Erde bei einer Flut etwa einen Fuß pro halben Tag steigt und fällt. Wie ich bereits sagte, zeigten unsere täglichen Messungen im Jahr 1912, dass die Lava in Halemaumau einer täglichen Flut ausgesetzt war und dass die größeren Bewegungen im Juni und Dezember ihre Höchstwerte und in den dazwischenliegenden Monaten ihre Tiefstwerte erreichten, was bewies, dass es sich um einen Sonneneffekt handeln musste. Dies waren sehr aufregende Informationen und legten eine lange Reihe von Experimenten nahe, die im nächsten Jahrzehnt erfolgreich sein sollten. Sie basierten auf der Idee, dass der ganze Berg anschwillt, wie die Einebnung zeigt. Dies erstreckt sich über einen Radius von dreißig Kilometern vom Kilauea-Krater und reicht wahrscheinlich bis zur Küste.

Die eigentliche Messung einer Lavaflut in Halemaumau wurde im Juli und August 1919 durchgeführt. RH Finch war gerade aus Washington gekommen, um mein Assistent zu werden. Oliver Emerson aus Honolulu war ein weiterer Assistent, und zwei junge Harvard-Studenten, Sumner Roberts und Charles Thorndike, die auf Kriegseinsätzen in U-Boot-Jägern gewesen waren, ließen durch ihre Eltern ausrichten, dass sie unbedingt etwas Gefährliches in der Nähe eines aktiven Vulkans unternehmen wollten. Ich ergriff sofort die Chance, sie einzustellen, damit sie mir bei der Messung der Lavaflut halfen.

Der Nordsee in Halemaumau war gut zugänglich, und wir organisierten Tag- und Nachtschichten für Vermessungsarbeiten von einem Zeltdach auf der eigentlichen Lavabank in der Nähe des Sees aus. In zwanzigminütigen Zeiträumen vermaß jeder Beobachter kritisch eine Reihe von Monumenten auf der Lavabank und glühenden Stellen am Seerand. Dann wurde eine neue Messung durch Nivellierung des Transits begonnen. Diese Abfolge wurde einen Mondmonat lang, also achtundzwanzig Tage lang, Tag und Nacht aufrechterhalten. Eines der Monumente war ein fester Halemaumau-Benchmark, der nachts mit einer Laterne ausgestattet war und als Bezugspunkt für die schwankenden Seepunkte diente.

Ein zweites Zelt hinter dem Halemaumau-Rand diente als Campingbasis. Vom Volcano House aus wurden Ford-Autos für den Mannschaftswechsel in Betrieb gehalten, Mrs. Jaggar kümmerte sich um das Essen und ich leitete wiederholte Inspektionen der Position von Denkmälern und des Beobachtungsunterstands.

In der Zwischenzeit stieg die Lava im Juli stetig an und spaltete einmal den Boden des Kilauea, wodurch ein Abfluss hinter dem Unterstand entstand. Die vertikalen Winkel verfolgten die Bewegungen der flüssigen und der halbfesten Lava. Das Instrument wurde auf der Lavasäule selbst platziert. Einmal fiel Mrs. Jaggars Handschuh in einen Bodenspalt im Unterstand und fing Feuer.

Insgesamt wurden mehr als 20.000 Beobachtungen aufgezeichnet. Diese wurden auf Koordinatenpapier aufgezeichnet und die Ergebnisse durch Überlappen der Mittelwerte zu einer glatten Kurve zusammengefasst. Die tatsächliche Messkurve wurde an der Yale University von Professor EW Brown, Mathematiker und Spezialist für die Bewegung des Mondes und die Mondgezeiten, einer harmonischen Analyse unterzogen. Die Ergebnisse zeigten eine deutliche tägliche Flut sowohl bei flüssiger als auch bei halbfester Lava; von einigen Zoll bei der Mondflut und von größeren Mengen beim Sonneneffekt. Die aufgezeichnete Kurve erreichte ihre größte Perfektion mit täglichen Auf- und Ab-Wellen im Juli zu Zeiten, in denen die Lava stabil war. Diese wurde unterbrochen und unregelmäßig, als Abflussunfälle auf dem Boden des Kilauea die flüssige Lava nach unten zogen.

14. Fluss Alika, Mauna Loa, 6. Oktober 1917

15. *Lava strömt in ein Dolinenloch im Lavasee Halemaumau, 7. Juli 1917*

16. *Vulkan Sakurajima, Japan, 1914*

17. Fontäne im Lavasee, 19. März 1921

HO Wood, Seismologe am Vulkanobservatorium, war erfahren darin, die historischen Höhen und Tiefen des Vulkans im 19. Jahrhundert zusammenzustellen und unsere Kurven aus Untersuchungen der flüssigen Lava zu zeichnen. Er veröffentlichte einen Kommentar zu solchen Diagrammen für 1912–1913 in Bezug auf Sonnenkurven von Sonnenwende und Tagundnachtgleiche sowie auf die Schwingungen der globalen Achse. Er wies eine eindeutige Korrelation zwischen den saisonalen Schwankungen von Sonne und Mond und dem saisonalen Steigen und Fallen der Lava nach und präsentierte eine umfassende Analyse der Felsflut auf der Erde und ihre Anwendung auf hawaiianische Vulkane über ein Jahrhundert. Perret hatte eine ähnliche Analyse für Erdbeben und Vulkane in Italien durchgeführt.

Diese Kurven, angewandt auf die Jahreszeiten, verglichen mit unserer Lavaflut, angewandt auf die Stunden des Tages, hinterließen in mir die Überzeugung, dass die zyklischen Schwankungen eine Tatsache sind. Sie zeigen eine Übereinstimmung zwischen dem Anschwellen und Schrumpfen der Erde und den Bewegungen der Lava, wenn diese Bewegungen frei sind und Vermessungsmessungen unterzogen werden können. Nur bei wenigen Vulkanen sind Vermessungen möglich, und unsere Messungen waren die ersten auf der Welt, die eine gewisse Kontinuität aufwiesen.

Auch Erdbeben wurden untersucht. Dr. Arnold Romberg von der University of Texas – der sich zu einem bedeutenden Erfinder auf dem Gebiet der Seismologie, des Magnetismus, der Schwerkraft und der Ölsuche entwickelt hat – war um 1918 Professor für Physik an der University of Hawaii und kam mehrere Sommer lang ans Hawaiianische Observatorium, um mir bei der experimentellen Seismologie zu helfen.

Von 1917 bis 1920 nahm ich die Aufzeichnungen von Erdbeben und anderen seismischen Bewegungen auf, die unsere Omori-Instrumente aufzeichneten, und Romberg baute diese Instrumente um. Mit seinem Wissen über die grundlegende Mathematik von Pendeln (in Harvard hatte er mit empfindlichen Galvanometern experimentiert) war seine Fähigkeit, Instrumente nur aus Draht, Lötzinn und alten Uhrwerken herzustellen, wunderbar und inspirierend.

Ich verbrachte viele Monate damit, unsere Seismogramme aus getöntem Papier von 1913 bis 1918 zu messen, mit Hilfe von Mrs. Jaggar, der ich diktierte. Ich maß die Arten lokaler Erdbeben, vulkanischer Erschütterungen (von denen einige definitiv mit Lavafontänen einhergehen) und der Neigung des Bodens und veröffentlichte die Ergebnisse 1920. Die Neigungsaufwärtsbewegung wird in Menge und Richtung durch allmähliche Veränderung der Schreibstifte des Seismographen angezeigt und korreliert mit dem aufgezeichneten Steigen und Fallen der Lava.

Im Laufe von drei Jahren haben wir mit Rombergs wertvollem Rat die Seismographen so umgestellt, dass sie mit kleinen Spiegeln auf Seidenfasern und mit auf Fotopapier projizierten Lichtstrahlen aufzeichnen. Und Romberg hat eine geniale Verbesserung mit einer Wetterfahne und einem Ölbad erfunden, wodurch ein neigungsfreier Seismograph nur für Erdbeben den Abstand seiner Linien gleichmäßig halten würde. Die Neigung des Bodens verdrängt die Linien.

Wir experimentierten auch mit einem schweren Zylinder, der wie ein normales Pendel hing und in jede Richtung schwingen konnte, so dass er einen Lichtstrahl senkrecht nach oben auf einen mit Brompapier bedeckten Chronographen warf. Der Chronograph konnte gedreht und angehalten werden, bis die Mikroseismen und Mikrotremoren für einen bestimmten Aufzeichnungszeitraum ihre maximale Amplitude erreichten.

Die permanente Welligkeit der Bodenbewegung, die Erschütterungen mit Perioden von etwa zwei Zehntelsekunden und die Mikrobeben mit Perioden von etwa fünf Sekunden zeigten ihre maximale Hin- und Herbewegung, wenn der Chronograph in eine Position gedreht wurde, in der das Pendel nach Nordosten und Südwesten schwang. Diese Tendenz nach Nordosten und Südwesten erwies sich bei vielen seismischen Messungen, einschließlich lokaler Erdbeben, als charakteristisch für den Seismographenkeller.

Dies war die Richtung im rechten Winkel zur Kante der Klippe, auf der das Observatorium stand. Wir kamen zu dem Schluss, dass diese Bewegung charakteristisch für die aufrecht stehenden, flachen Platten mit den dahinter liegenden Rissen war, die die Oberfläche der Kraterklippe bilden, und kamen zu dem Schluss, dass jede Bewegung, die auf diese Platten übertragen wird, eher in Richtung des Kraters tendieren würde als in Richtung der Steifheit parallel zur Kraterkante. Omori hat eine ähnliche permanente Tendenz für die Stadt Tokio festgestellt, wo die Richtungen Nordwesten und Südosten für die größte Amplitude sind. Dies bedeutet, dass jeder Punkt auf der Erde am leichtesten in eine Richtung schwingt.

Diese ersten zehn Jahre des Observatoriums beantworteten viele Fragen und zeigten den Weg für zukünftige Experimente und Studien. Es scheint nun, dass flüssige Lava ein Gasschaum ist, dass Kilauea und Mauna Loa ein einziges System sind, dass Wasserstoff das elementarste Gas bei Eruptionen ist, dass eine gasfreie Paste der Rückstand von fließendem Schaum sowohl in Gruben als auch in Lavaströmen ist, dass Erdbeben und Vibrationen eine Folge davon sind, dass diese Paste Risse verkeilt und wieder unter die Erde sinkt, und dass das Steigen und Fallen in Gezeiten und Zyklen erfolgt, kurz und lang. Dies sind keine Vermutungen, sondern Messungen.

Das Erdbebenproblem bei Vulkanen wird in der Geologie missverstanden. Der Aberglaube, dass vulkanische Beben klein sind, ist falsch. „Vulkanisch" ist in der Vulkanologie nicht auf Vulkane beschränkt. Los Angeles, Charleston, Lissabon und der tiefe Meeresboden sind alle vulkanisch, alle bebend; und alle haben „Lava" darunter. Kilauea und die Midwayinseln sind ein Vulkan, Rom und der Ätna sind ein Vulkan, Island und St. Helena sind ein Vulkan, Redlands und Mount Rainier sind ein Vulkan, und die Paste ist darunter. Diese Fakten betreffen den Globus, nicht ein kleines Bündel Falten wie die Alpen.

Wir wissen nicht, was ein Erdbeben oder Lava ist. Allerdings sind „Lava", die plötzlich fällt und langsam aufsteigt, mit großen und wenigen Erdbeben, die den Fall begleiten, und kleinen und vielen Erdbeben, die beim Aufsteigen auftreten, Tatsachen, die man am Kilauea beobachten konnte. In Tokio hatte das stärkste Beben der Geschichte 1923 sein Zentrum in abgesunkener Lava und auf dem abgesunkenen Meeresboden neben der Vulkaninsel Oshima. Das Beben von Messina 1908 machte ein zischendes Geräusch, und die Lava am nahegelegenen Ätna war niedrig. Irgendwo tief unten in der Erdkruste gibt es lange Risse, und wir wissen wenig über sie, außer dass Vulkane und Verwerfungen in Linien verlaufen. Solange drei Viertel der Erde unter den Ozeanen unerforscht sind, es keine Gesteinsproben oder auch nur anständige Karten gibt, und solange keine Instrumente auf dem Meeresboden platziert sind, können wir den Begriff „Vulkan" nicht sinnvoll verwenden. Die meisten Vulkane der Erde sind unentdeckt. Die Messungen am Kilauea wecken den Appetit auf ein neues wissenschaftliches Gebiet, die Suche nach Erzen, Vulkanen und Bergen unter dem Meer. Dass auf drei Vierteln der Erde weder Kernbohrungen durchgeführt noch Gesteinsproben entnommen werden, ist eine Schande für die Erdölbohrungs- und Steinbruchwissenschaften der Menschheit.

Das Gründungsjahrzehnt des Hawaii-Observatoriums brachte zwei erfolgreiche Expeditionen hervor, eine nach Japan und eine nach Neuseeland.

Die Forschungsvereinigung beschloss, mich nach Kagoshima auf Kyushu, der Südinsel Japans, zu schicken, wo der Vulkan Sakurajima im Januar 1914 Erdbeben, Explosionen und Lavaströme verursachte. Etwa zur selben Zeit wurde Perret von Friedlaender aus Neapel nach Sakurajima geschickt, und so trafen wir uns in Japan.

Sakurajima oder Kirschinsel ist ein 4.000 Fuß hoher Kegel im Kagoshima Sound, einer tiefen Bucht am südlichsten Ende von Kyushu. Der Vulkan bedrohte 22.000 Menschen in Dörfern auf der Insel Sakurajima selbst und 70.000 in Kagoshima. Es ist ein Land der Orangenhaine, Fischer, Satsuma-Porzellan und des Seehandels und liegt am nördlichen Ende der Okinawa-Ryukyu-Inseln, einer Vulkankette, die sich im Norden bis nach Nagasaki erstreckt.

Die Behörden in Kagoshima wussten alles über Pelée, und Armee, Marine und Gouverneur verschwendeten keine Zeit. Professor Omori, der an der Wetterstation von Kagoshima einen Seismographen hatte, begab sich sofort zum Vulkan, und nutzte die Lehren Pelées, um das Leben von 90.000 Menschen zu lenken.

Der Ausbruch des Sakurajima begann an einem Samstag und Sonntag mit Hunderten von Erdbeben, die vor Ort als vom Vulkan ausgehend identifiziert wurden. Öffentliche und private Schiffe wurden in Dienst gestellt, um alle Menschen der Insel nach Kagoshima und darüber hinaus zu bringen. Unter dem Kommando eines Generals der Armee wurde dies in zwei Tagen erreicht. Am Montag um zehn Uhr stieß der große, malerische Gipfel, der Pelée oder dem Vesuv sehr ähnlich war, plötzlich senkrecht und leise aus einem Riss in seiner Flanke eine 30.000 Fuß hohe „Rauchsäule" aus. Darauf antwortete eine weitere, ähnliche Säule auf der gegenüberliegenden Seite des Berges; und die beiden Säulen verbanden sich oben zu einem kolossalen Bogen aus Blumenkohlwolken aus Sand, Staub und Felsbrocken. Der Riss im Berg, der all dies freisetzte, öffnete sich mit leichtem Grollen und verhielt sich wie zwei radiale Brüche, die sich in Richtung Gipfel trafen und sich nach Südwesten und Südosten erstreckten. Der Sektor des Berges zwischen ihnen schien angehoben worden zu sein wie ein Stück Torte, das in der Mitte nach oben geschoben wurde. Aber die Gipfelkrater spielten bei dem Ausbruch keine nennenswerte Rolle, es sei denn, es handelte sich um einen Dampfstoß am Sonntagabend. In der Reihe der Krater entlang der Risse und nur auf halber Höhe des Berges bildeten sich rasch Lavaströme, und diese strömten hinab, der eine in Richtung der Kagoshima-Straße, der andere in Richtung der schmalen Osumi-Straße, die den Vulkan vom wilderen östlichen Festland trennte. Diese Straße wurde mit schweren Blocklava oder AA aufgefüllt, wodurch die Insel in eine Halbinsel verwandelt wurde. Ein ähnlicher AA-Lavastrom, fünfzehn Meter hoch vorn, strömte auf der Kagoshima-Seite bis zum Strand hinunter, wobei Felsbrocken so groß wie ein Haus über seine Andesitfront stürzten.

Die Flutwellen, die diese beiden Lavaströme ins Meer strömten, waren klein, aber spürbar. Die Hauptwirkung waren Tausende weißer Dampfstrahlen dort, wo die glühenden Blöcke ins Meer flossen. Der Höhepunkt der glühenden Hitze kam in der zweiten Nacht, am Dienstag. Die Ströme setzten sich monatelang fort, aber die größte seismische Wirkung war um 18 Uhr am ersten Tag, Montag, eingetreten.

Dies war ein wirklich großes Erdbeben, das Mauerwerk beschädigte und Erdrutsche von der Klippe neben der Stadt Kagoshima verursachte und mehrere Menschen tötete. Der Zustrom von Flüchtlingen aus den Vulkandörfern am Montag war ein dramatisches Ereignis. Als am Vormittag die Lava ausbrach, schickten die Schulen die Kinder nach Hause. Auf ihrem Weg starrten die Kinder gebannt auf den gewaltigen Wolkenbogen über dem Berg, der Steine in Schüben ausspuckte. Die Geschäfte schlossen und die Stadt war ruhig, während alle die Krise einschätzten. Wie ein Schüler im Englischunterricht schrieb: „Monsterfelsen bewegten sich horizontal von unten nach oben, mit Rauch hinter ihnen."

Nach dem Erdbeben am Abend jedoch, als viele Gebäude eingestürzt waren, wurde allen außer den Beamten befohlen, ins Hinterland zu gehen. Vereine junger Männer organisierten sich, um die Flüchtlinge entlang der Straßen aufzunehmen, die ins Landesinnere der Provinz Satsuma führten, während Tempel und Schulhäuser zur Unterbringung der Flüchtlinge herangezogen wurden. Die Migration von mehr als 50.000 Menschen mit Rucksäcken auf dem Rücken und Handkarren voller Haushaltswaren zeigte, wie leicht sich die Japaner an ein Nomadenleben gewöhnten. Diese Hedschra ging am Mittwoch zu Ende, als Dr. Omori aus Tokio eintraf, die seismischen Daten und die Feuerkrise vom Dienstagabend einschätzte und die schwere Verantwortung übernahm, bekannt zu geben, dass die Bevölkerung von Kagoshima sicher zurückkehren könne. Dies geschah, er hatte recht, und die Stadt wurde nicht weiter verwüstet.

Während des gesamten Ausbruchs, der sich in seiner administrativen Kontrolle so sehr von dem des Pelée-Ausbruchs unterschied, wurde niemand durch den Vulkan getötet, obwohl ein oder zwei alte Menschen an einem Schock starben. Eine alte Dame, die sich weigerte, ihr Haus auf der Insel zu verlassen, überlebte. Dorfdächer wurden heruntergebogen, zerdrückt und halb unter einem schweren Ascheschnee begraben. Es fiel auf, dass Hütten mit flachen Dächern zerdrückt wurden, während solche mit steileren Dächern weniger Schaden davontrugen. Orangenplantagen wurden hoffnungslos zerstört.

An der Westküste von Sakurajima, an einem Ort namens Hakamagoshi, schoss eine feurige Explosion aus dem Riss ins Meer. Bäume wurden von Ästen und Rinde befreit, junge Bäume wurden vom Vulkan weggebogen und Holzfasern auf Baumstümpfen wurden von herumfliegenden Steinen zerfetzt. Diese Explosion war sehr kurzlebig und erreichte die Stadt nie. Sie wies Anzeichen auf, die den Explosionen des Mount Pelée ähnelten. Die Lavaströme hielten ein Jahr lang an und bildeten neue Küsteninseln.

Ich hatte das bemerkenswerte Erlebnis, in einem Boot über die unter Wasser liegende Zunge eines östlichen Stroms gerudert zu werden und dabei ein Thermometer im immer kochender werdenden Wasser hinter mir herzuziehen. Als das dampfende Wasser um uns herum kochende Temperatur erreichte, hatten wir den unangenehmen Gedanken, dass wir gekocht würden, wenn wir kenterten. Wir fanden gekochte Pferde und Rinder an den Stränden und Tausende toter Fische. Ein Aufstieg in die Nähe des östlichen Flankenschlots zeigte einen Teil des fließenden Lavastroms, der den Hang hinunter in eine glühende Höhle unter einer Schale aus seiner eigenen steinigen Textur strömte.

Die Tausende von Dollar teuren Hilfsgelder, die aus Amerika und anderen Ländern nach Japan kamen, wurden mit peinlichster Ehrlichkeit verwendet und die Bewohner der Insel wurden auf Tanegashima, einer anderen Insel des Ryūkyū-Archipels, rehabilitiert.

Wissenschaftliche Untersuchungen zeigten durch Nivellierung, dass der Berg durch das Eindringen der Lava ins Innere um einige Fuß angehoben worden war, und eine erneute Untersuchung der Markierungen entlang der radial nach außen verlaufenden Straßen ergab, dass das nördliche Ende des Buchtbodens und des Ufers definitiv abgesunken war, als ob unterirdische Lava aus dieser Region abgezogen worden wäre, um den Berg nach oben zu drücken, anzuschwellen und überzuschwemmen. Dieser Effekt des Absenkens von außen wurde verfolgt und zeigte, dass er über einen Zeitraum von hundert Meilen um den Ort des größten Absenkens allmählich nachließ. Die von Omoris Geologenkollegen durchgeführten Untersuchungen gipfelten in einer monumentalen Veröffentlichung, die die Solidarität der japanischen Wissenschaftsmethoden demonstriert. Und sowohl Omori als auch Professor Koto veröffentlichten Bücher über Sakurajima in englischer Sprache, mit Karten, Fotografien, Kurven und Seismogrammen.

Omori hatte 1910 vorausgesehen, dass die Erdbewegung um ein Vulkanzentrum während des Ausbruchs an einer Stelle anschwillt und an einer anderen absinkt. Damals beschrieb er den Usu-Vulkan am anderen Ende Japans, wo Nivelliergeräte stufenweise Höhenveränderungen durch den Usu-Ausbruch zeigten. Ein bemerkenswertes physiografisches Merkmal des Usu-Bergs und des angrenzenden Beckens des Toya-Sees ist, dass Becken und Kuppel komplementär erscheinen, so wie die Kagoshima-Bucht durch Sakurajima ausgeglichen wurde. Dieselbe Kombination von See und Vulkan wurde auch in anderen Teilen Japans beobachtet, als ob die Schwellung durch Lavadurchdringung und Lavaausbruch die Untermauerung eines angrenzenden Stücks Boden zerstört hätte, das sich absenkte und durch Auffüllen mit Grundwasser zu einem See wurde.

Von Sakurajima aus fuhr ich nach Bandaisan oder Kobandai, einem berühmten Vulkan in Zentraljapan, nordwestlich von Tokio und am Ufer eines wunderschönen Sees. Er sieht aus wie ein gewöhnlicher Felsgipfel, aber berühmt wurde er durch eine Dampfexplosion an seiner Flanke, die die Seite des Berges wegsprengte und einen riesigen schwefelhaltigen Steinbruch mit zahlreichen Solfataren und heißen Quellen hinterließ. Bandai war Geologen als einer von mehreren Vulkanen bekannt, aber vor 1885 war seine Aktivität fraglich. Eines Morgens verdunkelte sich der Himmel durch die überwältigende Explosion, und gewaltige Gesteinsmengen des Ausbruchs stürzten als Erdrutsch herab und stauten ein Flusssystem vollständig auf. In dem neu aufgestauten See hinterließ er außergewöhnliche kleine Haufen. Dabei handelte es sich offenbar um einzelne Felsblöcke, gegen die Schutthaufen aufgehäuft waren, sodass pyramidenförmige Buckel über die Oberfläche des aufgestauten Wassers in der Nähe des Vulkans verstreut lagen. Damals wurde ein ausgezeichneter Bericht in englischer Sprache über diesen Ausbruch veröffentlicht. Der Ausbruch war eine Art von Explosion, die Geologen als phreatische Explosion bezeichnen, was so viel wie reinen Dampf bedeutet. Es bestanden Zweifel, ob irgendwelche Fragmente neuer Lava hochgeschleudert wurden.

Ich nahm einen Fotografen als Führer mit nach Bandaisan. Wir übernachteten in einem Berggasthof mit Strohdach, besuchten ein Thermalbad und wanderten zum Krater, wo wir Temperaturen maßen und Fotos machten. Es handelte sich um ein riesiges, aus der Seite des Berges gegrabenes Felsplateau mit Dampfstrahlen und Pfützen kochenden Wassers auf der Rückseite. Als wir auf das neue, mit Wasser gefüllte Tal mit seinen vielen Inseln am Fuße des Abhangs unter dem Krater blickten, konnten wir Uferbereiche sehen, die höher waren als der heutige Strand, wo durch die Stauung der höchste Wasserstand entstanden war. Der Ausbruch und der Erdrutsch überschwemmten Dörfer und töteten viele Menschen, obwohl er nur wenige Tage dauerte. Er befand sich auf der Seite des Berges, die vom älteren See entfernt war. Als ich über die zerbrochenen Trümmer kletterte, die eher wie Gletscherablagerungen als wie vulkanisches Agglomerat aussahen, hob ich einige Stücke blasigen Basalts auf, die eindeutig Lava waren. Wada, ein japanischer Geologe, hatte dasselbe gefunden, und wir kamen beide zu dem Schluss, dass es sich dabei um inneren aktiven Basalt handelte, der bei der Bandaisan-Eruption in Stücke gesprengt worden war, dass das meiste Material jedoch von dem zertrümmerten alten Berg stammte.

Ich interpretiere Bandaisan so, dass es sich um einen alten Vulkan in der Reihe des Asama und anderer Vulkane in Zentraljapan handelt und dass die Reihe ein tiefer Riss ist, der in der Tiefe immer voller Lava ist und dessen Austritt selektiv ist, je nachdem, welcher Teil des Risses sich als Weg des geringsten Widerstands öffnet. Ein Ausbruch kann durch Lava ausgelöst werden, die sich an einem Vulkan nach oben drängt, oder durch Lava, die an einem anderen Vulkan nach unten sinkt, je nachdem, wie der Mittelgraben des kontinentalen Honshu durch die Erdbebenkräfte verformt und beansprucht wird. Ein Teil einer Vulkankette sinkt immer ab, wobei Lava zurückfließt. Ein anderer Teil schwillt immer an, wobei Lava in die Risse unter aktiven Kratern wie dem des Asama eindringt.

Asama ist der Vesuv Zentraljapans in der Nähe des Dorfes Karuizawa, das als Ferienort amerikanischer Missionare bekannt ist. Bandaisan ist einer einer Reihe von Vulkangipfeln nördlich von Asama, die alle heiße Quellen und Solfataren haben. Die Explosion von Bandaisan, wo der große natürliche See den Grundwasserspiegel nach reichlich Regen darstellt, ereignete sich, als die unterirdische Lavasäule plötzlich schnell durch die klaffende Öffnung des tiefen Grabens absank. Das Wasser strömte in glühend heiße Hohlräume, während die Lava aufstieg und ausbrach, indem sie in den Tiefen eines der anderen Vulkane aufschäumte. Die Folgen der Explosion von Bandaisan waren zunächst ein Erdbebeneinsturz, der durch gewaltige Ausstöße kochenden Dampfes aus dem Grundwasser unterstützt wurde, und dann das Heraussprengen des Berghangs.

Von besonderem Interesse ist der Abstand von dreißig bis vierzig Kilometern zwischen den Vulkanen entlang eines Systems wie Asama-Bandai. Die darunterliegenden Risse müssen stufenförmig angeordnet sein, und der Abstand ist eine Funktion der Dicke der oberen Erdkruste und ihrer Fähigkeit, im Laufe der Zeit über der Schale, die die Lava umschließt, weit auseinander liegende Verbreiterungen oder Biegungen in den Rissen zu erzeugen. Derselbe Abstand zwischen den neuen und alten Vulkanen gilt in der Karibik und an der Grenze zwischen Costa Rica und Mexiko. Dort könnte ein alter Gipfel durch unvorhergesehene Brüche und Dampfentwicklung einen Bandaisan bilden.

Dies gilt auch für die Ryukyu-Sakurajima-Linie. Ich besuchte Kaimon am äußersten Südende von Kyushu, eine steile Kuppel, die oben von einem Lavapfropfen blockiert ist. Von hier aus, südlich der Insel Suwanose, einem aktiven Vulkan, ist der Abstand der Inseln ähnlich dem Abstand nach Norden von Sakurajima, Kirishima und Asosan und folgt demselben Gesetz ausgewählter Schlote und versetzter Risse. Kirishima, dreißig Meilen nördlich von Sakurajima, ist ein tückischer und gefährlicher Vulkan, der kurz vor dem Ausbruch von Sakurajima eine schlimme Explosion verursachte. Ich sah am Rand seiner Gipfelhöhle eine Brotkrustenbombe, einen dreieckigen Felsblock von acht Fuß Länge, dessen Oberfläche wunderschön mit klaffenden Rissen übersät war. Dieser Brotkrustenbruch weist darauf hin, dass das Fragment aus glühendem Andesit in breiiger Form hochgeschleudert wurde, dann auf seiner Oberfläche zu glattem Glas erstarrte und durch inneres Gas weiter gleichmäßig anschwoll, sodass die glasartige Oberfläche wie ein sich ausdehnender Teig zerplatzte.

Am weiter nördlich gelegenen Vulkan Aso betrat ich ein natürliches Tor in einen Kessel mit einem Durchmesser von neun Meilen, der von einer Mauer umgeben war und in dem sich ein hügeliges Land befand, aus dem ein Fluss durch das Tor floss. Der Gipfel in dieser Landschaft enthielt oben eine aktive Grube. Die Grube dampfte und die Quelle des Dampfes waren kochende Schlammpfützen am Boden. Dies war der „Halemaumau" von Asosan, der in der Nähe der Stadt Kumamoto viele Ausbrüche verzeichnete. Die Kette der Kyushu-Vulkane endet nach den üblichen Abständen mit einem Vulkan in Nagasaki.

Von der Shimonoseki-Straße in nordöstlicher Richtung haben neue Bänder vulkanischer Spalten die Berge Zentraljapans gebildet, die nordwestlich von Tokio von dem durchschnitten werden, was Naumann die Fossa magna oder den großen Graben nannte. Dieser Graben ist in der Geschichte der japanischen Geologie berühmt, für den dieser deutsche Geologe die Grundlagen legte. Die Fossa magna erstreckt sich von Nordwesten nach Südosten, durch die Vulkane Fujiyama und Oshima bis zu den Ogasawara-Inseln und den Bonin-Inseln, wo Vulkane aus Kratern unter dem Ozean entstehen und verschwinden.

Omori hatte historische Ähnlichkeiten zwischen den Ausbrüchen dieser Kette und denen der Ryukyu-Kette entdeckt. Das ist bedeutsam, denn wenn wir von den kleinen Abständen der einzelnen Vulkane ausgehen, gelangen wir zu tieferen und größeren Brüchen der gesamten Erdkruste, die einen Abstand von Hunderten von Meilen zwischen so großen Bruchbögen wie denen von Kyushu und den Bonin-Inseln bestimmen. Da alle Vulkane vulkanischen Ursprungs sind und dies seit der Entstehung der Erde waren, ist es für mich undenkbar, dass es sich um etwas anderes als tiefe Brüche handelt, die bis zum Erdkern reichen. Die Oberflächengeologie der Meeresschichten ist im Vergleich zu den tiefen und alten magmatischen Gesteinen nur eine Fassade.

Ich reiste 1920 nach Neuseeland und nahm die Ergebnisse des Hawaiianischen Observatoriums des letzten Jahrzehnts in Manuskriptform mit. Unter den Geologen war Dr. Allan Thomson, Direktor des Dominion Museums in Wellington, ein bemerkenswerter Vertreter. Dr. Thomson und sein angesehener Vater, der ehrenwerte William Thomson, begleiteten Mrs. Jaggar und mich den ganzen Weg von Auckland nach Dunedin. Meine Aufgabe war es, Vorträge über Vulkanforschung zu halten, Laternenbilder des Mount Pelée und des Kilauea zu zeigen, über Seismographen und Zyklen zu sprechen und die neuseeländische Wissenschaft auf die Bedeutung der Einrichtung eines Vulkanobservatoriumssystems im Taupo-Vulkangürtel aufmerksam zu machen.

Hier hatte 1886 der gewaltige Ausbruch des Tarawera stattgefunden. Hier gibt es weit auseinander liegende Vulkane, die sich nach Norden bis zu den Tonga-Inseln erstrecken. Hier, entlang des Cook-Kanals zwischen der Nord- und der Südinsel, gibt es möglicherweise einen Übergang von Vulkanen zu Erdbeben und möglicherweise eine weitere Fossa magna, die einen Vergleich mit Japan wert ist. Weiter östlich liegt das tiefe, lineare Tongatief, das den vulkanischen Auftrieb Neuseelands ausgleicht. Dies ist vergleichbar mit dem Tuscaroratief östlich von Japan.

Wir hatten das Glück, während des Besuchs des Prinzen von Wales, des späteren Königs Edward VIII., eine Unterkunft in Rotorua, dem Bezirk der kochenden Geysire, zu finden und die Hakas oder Tänze eines Lagers von 5.000 Maoris zu sehen, die sich zu Ehren des britischen Königshauses versammelt hatten.

Ich war an den Relikten aus flüssigem Basalt interessiert, die sich am Rand des großen Grabenbruchs durch den Tarawera-Berg angesammelt hatten. Der Bruch erstreckt sich über die gesamte Länge des Rotomahana-Sees, der 1886 als Grundwasserphänomen versank. Dies war, wie Bandaisan, einer der größten Dampfausbrüche der Geschichte. Er lag genau auf der Linie der Vulkane, die sich von White Island in der Bay of Plenty bis zu den Vulkanen Ngauruhoe und Ruapehu jenseits des Lake Taupo im Süden erstreckt. Hier gab es ein Land mit stufenförmigen tiefen Rissen, die sich über Dutzende von Meilen von Unterwasserausbrüchen wie Falcon Island in der Tonga-Gruppe aus bildeten. Weiter südlich liegt die gefährlich aussehende White Island nahe der Küste Neuseelands, die Bogoslof ähnelt, und so weiter bis zu den Lavavulkanen im Süden. Große Erdbeben waren zusammen mit Hebungen charakteristisch für beide Küstenlinien der Cookstraße.

Diese Art der Abstufung ähnelt sicherlich den Übergängen von unterseeischen Eruptionen zu kontinentalen Hebungen, die von Vulkanen gekrönt werden und so charakteristisch für Japan, die Aleuten, Kalifornien und Italien sind. Wenn wir Wassertiefen von 4.000 Faden und eine Stufe nach oben bis zu Höhen wie den neuseeländischen Alpen in Betracht ziehen, die alle über eine Entfernung von mehreren hundert Meilen linear verlaufen, ist das unmöglich, außer in Bezug auf die verwerfliche tiefe Erdkruste. Und Seismologen sagen uns, dass diese Kruste 1.800 Meilen dick ist.

Die auf dieser Reise geknüpften Verbindungen sollten bei späteren Treffen mit neuseeländischen Wissenschaftlern weitreichende Auswirkungen haben. Ich traf Professor Bartrum aus Auckland, die Beamten des New Zealand Geological Survey, Dr. Ernest Marsden, einen angesehenen Physiker, der in England mit Rutherford zusammengearbeitet hatte, und Dr. CA Cotton, physischen Geographen und Autor. Cotton zeigte uns die erhöhten Küstenlinien von Wellington, die mit den großen Erdbeben von 1851 in Verbindung stehen. Weitere Persönlichkeiten waren Professor Speight, Geologe am Christchurch College, und in Dunedin Professor RL Jack, Physiker an der Otago University und unser Gastgeber. Dr. CE Adams, Regierungsastronom von Wellington, sollten wir 1930 während der United States Eclipse Expedition auf Tin Can Island wiedersehen. Dr. J. MacMillan-Brown, Kanzler der University of New Zealand, und seine Tochter bewirteten uns in Christchurch, und er besuchte uns später im Laufe seiner ausgedehnten Reisen mehrere Male auf Hawaii.

Ich habe mich gefreut, die Vulkanologie in Neuseeland vorantreiben zu können, und war erfreut, als schließlich die großartige Arbeit von Dr. LI Grange über den „Rotorua District" mit einem Projekt für geophysikalische Untersuchungen erschien, die aufgrund der Erdbebenkatastrophe von Napier unumgänglich geworden waren.

Bevor dieses Kapitel abgeschlossen wird, sollten einige Persönlichkeiten des ersten Jahrzehnts des Observatoriums erwähnt werden. Allen voran LA Thurston, Gründer der Volcano Research Association und langjähriger deren Präsident. Sein Interesse und seine Begeisterung, gepaart mit denen der anderen Mitglieder der Association, machten das Observatorium möglich. Unter diesen Mitgliedern war LW de Vis-Norton ein herausragender Vertreter, der viele Jahre lang Sekretär der Association und ein hingebungsvoller Apostel der Vulkanologie war.

Mrs. Isabel Jaggar war mir seit 1917 nicht nur als Ehefrau und Sekretärin zur Seite, sondern auch als allgemeine Assistentin des Observatoriums. Sie konnte die Instrumente bedienen, in der Grube Notizen machen, die Aufzeichnungen führen und als Puffer gegen ein allzu neugieriges Publikum fungieren.

Da war Demosthenes Lykurg, der freundliche griechische Gastgeber des Vulkanhauses, der alles in seiner Macht Stehende tat, um uns zu helfen, indem er uns Land schenkte, Geld sammelte und die Wissenschaft mit all seiner wunderbaren Persönlichkeit förderte. Er ging nach Hause nach Griechenland, um zu heiraten, und starb leider während seiner Flitterwochen. Später kam mein guter Freund George Lykurg, der das Vulkanhaus immer noch leitet.

Zu den Kollegen des Gründungsjahrzehnts gehörte HO Wood, der 1912 aus Berkeley kam, als Seismologe und geologischer Assistent arbeitete und ein seismologisches Bulletin erstellte. Er ging 1917 zur Armee. In den darauffolgenden Jahren gründete Wood in Pasadena unter der Carnegie Institution eines der größten seismographischen Laboratorien der Welt, und sein Name wurde mit dem eines Physikers des California Institute of Technology verbunden, um den Wood-Anderson-Seismographen zu benennen. Später kam RH Finch, der mit Dr. Humphreys vom Wetteramt in Washington zusammengearbeitet hatte und während des Ersten Weltkriegs Flugmeteorologe in Irland gewesen war. Er wurde mir 1919 von Marvin als Assistent zugeteilt, als der Kongress unsere Arbeit für das US-Wetteramt übernahm.

Abschließend möchte ich die zahlreichen Mitarbeiter des US Geological Survey in den Bereichen Topographie und Geologie erwähnen, insbesondere Birdseye, Burkland, Stearns, Wilson, Clark, Meinzer und Macdonald. Diese Männer haben meine Schätzung des Geological Survey von 1899 verwirklicht, als ich Walcott eine Vermessung der Hawaii-Inseln empfahl.

Die geologische Untersuchung auf Hawaii umfasste Untersuchungen von Wasser, Straßen und Mineralien und sollte Lava, vulkanische Prozesse und Inselwachstum kartieren. Die jährlichen Kosten der Arbeiten wurden auf 22.000 US-Dollar geschätzt, darunter 6.300 US-Dollar für Gehälter in der Geologie und 10.000 US-Dollar für die Gesamtkosten der topografischen Untersuchung, also 90.000 US-Dollar für fünf Jahre. Das Projekt wurde 1909 in Zusammenarbeit mit dem Territorium Hawaii begonnen. 1951 war die Kartierung abgeschlossen und die Kosten waren um ein Vielfaches höher als ursprünglich geschätzt.

Zu den Besuchern, die zur Arbeit des Observatoriums beitrugen, gehörte Sidney Powers, ein freiwilliger Beobachter, der einer meiner Studenten in Boston gewesen war. Er erforschte und veröffentlichte viele Vulkane auf der ganzen Welt und folgte mir nach Sakurajima und auf die Aleuten. Später wurde er ein hervorragender Erdölgeologe der Amerada Company in Tulsa. Arthur Hannon, ein Architekt aus Cleveland, fungierte als freiwilliger Kartograf und half monatelang mit Skizzen der Veränderungen in Halemaumau. William Twigg-Smith, ein Künstler aus Neuseeland, beteiligte sich an unserem Lava-Sondierungsexperiment und fertigte zahlreiche Skizzen und Gemälde an. Später wurde er Illustrator und Fotograf für die

Hawaiian Sugar Planters' Association. Dr. AL Day vom Geophysical Laboratory besuchte uns wiederholt, zusammen mit dem Gaschemiker ES Shepherd. Er schrieb zusammen mit EH Allen, dem Chemiker der Carnegie Institution, wichtige Monographien über die Nationalparks Yellowstone und Lassen sowie über Geyserville. Allen kam zum Observatorium, um den Dampf der Sulphur Bank kritisch zu analysieren.

Zu den weiteren Besuchern zählten Geologen, Geodäten und Biologen des Pacific Science Congress, der im Frühjahr 1920 stattfand. Dazu gehörten HE Gregory, Griffith Taylor, Frederick Wood-Jones, William Bowie, TW Vaughan, EO Hovey, EC Andrews, F. Omori, HS Washington und Dr. Chilton aus Christchurch, der uns auf unserer Neuseelandreise inspiriert hatte. Bei diesem Weltkongress in Honolulu wurde ein Treffen dem Vulkan Kilauea gewidmet, was mir die Möglichkeit gab, die Ergebnisse vor einer kosmopolitischen Gruppe von Wissenschaftlern zusammenzufassen.

Die Washingtoner Führungskräfte, die zu dieser Zeit das Observatorium förderten, waren Landwirtschaftsminister David F. Houston, Direktor George Otis Smith vom Geological Survey, Chef Charles Marvin vom Wetteramt und Charles D. Walcott, Sekretär des Smithsonian. Später kam WC Mendenhall, ein treuer Freund des Observatoriums und Direktor des Surveys.

Ich hatte Glück, dass zwischen 1914 und 1919 auf Mauna Loa und Kilauea Lava floss, die zu einer Feuerkrise führte, und dass zur gleichen Zeit der Zuckerhandel auf Hawaii boomte. Als der Wissenschaftskongress 1920 zusammentrat, gab es viel frische Lava zu sehen, und unsere Forschungsvereinigung war so erfolgreich, dass das MIT in Boston seine finanziellen Interessen aufrechterhielt. Das *American Journal of Science* unter Edward Dana von Yale veröffentlichte unsere Ergebnisse. Das war passend, da Danas Vater, JD Dana, viel über hawaiianische Vulkane veröffentlicht hatte. Folglich erleichterte das Ende des Gründungsjahrzehnts die Finanzierung der nächsten fünf Jahre. Genau zu dieser Zeit machte die Geologische Untersuchung große Fortschritte, der Nationalpark wurde eröffnet, die Armee baute ein Erholungslager und einen Pfad auf den Mauna Loa, die Inter-island Steamship Company übernahm das Vulkanhaus und ein Werbekomitee brachte viele Touristen.

Schwankungen der Halemaumau-Lava von 1790 bis 1952. Die Vertikalen zeigen die maximale Absenkung vor Ruheperioden an. Kleinere Schwankungen werden nicht gezeigt.

Kapitel V
Expansionsjahrzehnt

„ Es wird Hungersnöte und Erdbeben an verschiedenen Orten geben. "

Das Jahrzehnt von 1921 bis 1930 war eine Zeit gewaltiger Ereignisse und Experimente auf Kilauea und Mauna Loa. Es war auch ein Jahrzehnt der Expansion für das Observatorium und für mich. Zusätzliche Mittel ermöglichten den Bau neuer Gebäude und Ausrüstung auf Hawaii; die Observatoriumstätigkeit wurde am Lassen-Vulkan in Kalifornien aufgenommen; und die Expeditionsarbeit umfasste eine Untersuchung der Erdbeben von Tokio 1923, Erkundungen der Vulkane in Alaska im Jahr 1927 und einen Besuch auf Niuafoou in Tonga, einem Teil der großen Vulkankette Neuseeland-Tonga.

Die verstärkte staatliche Unterstützung war größtenteils der Hilfe des ehrenwerten Louis C. Cramton aus Michigan zu verdanken, dem republikanischen Fraktionsführer im Kongress, der großes Interesse an der Ausweitung der Aktivitäten in den Nationalparks hatte. Nachdem wir 1924 von der Kontrolle des Wetteramts zur Geologischen Untersuchung übergegangen waren, besuchte Cramton unser Observatorium, kam zu dem Schluss, dass es ein Waisenkind der Regierung war, und fragte mich, was ich wollte. Ich sagte ihm, dass ich Männer und Maschinen brauchte, und schlug vor, unsere Studien auf Kalifornien und die Aleuten auszudehnen.

Inzwischen war die Forschungsvereinigung davon überzeugt, dass wir ein feuerfestes Eisengebäude brauchten, um die Bibliothekssammlung, die Archivbücher und die Fotonegative sowie Seismogramme und Lavaproben unterzubringen. Diese waren wertvolle Relikte der sehr aktiven Überläufe und Experimente der Jahre 1912–1921. Unter der Beratung von Walter F. Dillingham und dem Ingenieur John Mason Young von der Universität von Hawaii baute ich ein Haus aus Blech mit Betonboden und Oberlichtern aus Drahtglas und baute Stahlmöbel ein. Dies wurde zu einem unschätzbar wertvollen Büro, Zeichen- und Arbeitszimmer sowie einem Ort für Akten.

Die Volcano Research Association baute in Zusammenarbeit mit dem Hawaii National Park auf der hohen westlichen Klippe des Kilauea-Kraters ein Museum und einen Vortragssaal am Wegesrand. Später, als die Straße vollständig um den größeren Krater herumgeführt wurde, befand sich das Museum an der Straße nach Halemaumau. Dieses Museum hatte eine Glasfront, einen Betonboden, Oberlichtbeleuchtung und eine Esplanade mit Blick auf die Caldera und über das weite Panorama von Mauna Loa, Mauna Kea und der Kau-Wüste. Das Gebäude schützte die Aussichtsplattform vor den Passatwinden.

Wir haben im Museum einen glänzenden, vernickelten Seismographen aus Japan, passende Fotografien und die besten unserer Exemplare untergebracht, damit die Besucher sie sehen konnten. Zusammen mit der herrlichen Aussicht hat dies der Öffentlichkeit Vulkanologie nähergebracht wie nichts anderes. Gleichzeitig habe ich Maschinenwerkstätten eingerichtet und das Personal um einen erstklassigen Mechaniker erweitert.

In diesem Jahrzehnt und nach meiner Neuseelandreise begannen sich Personen wie Omori und Nakamura in Japan sowie Geologen in Seattle, Berkeley und Pasadena für das Vulkanproblem zu interessieren, das in der Erdbebenforschung eine zentrale Rolle spielt.

Es gab widersprüchliche Theorien über die Erdkruste. Früher, auf Hawaii, war Wood ein Anhänger der tektonischen oder kontraktierenden Theorien der Erde, während ich zunehmend davon überzeugt war, dass der Vulkanismus tiefgreifend, krustenartig, ozeanischer Natur und uralt ist. Er ist grundlegender als die Gebirgsschichten und -falten der Kontinente.

Dieser Konflikt erstreckte sich auch auf die Wasserfrage in der Vulkanologie. Ich neigte dazu, zu glauben, dass das Eruptionswasser aus oxidiertem Wasserstoff besteht, während Physikochemiker wie Day, Shepherd und Allen davon ausgingen, dass Wasserdampf, wie Kohlendioxid, eine grundlegende Rolle in Magma spielt.

Die ganze Frage nach dem Ursprung von Sauerstoff – dem am häufigsten vorkommenden Element in Gestein, Luft und Wasser – ist in der Geologie Gegenstand erschreckender Zweifel. Wo bekannt ist, dass Oxide in Lava vorkommen, erzeugen Oxidationsflammen die gasförmigen Feuer; und sauerstoffreiches Grundwasser spielt bei Dampfexplosionen eine Rolle. Alle Gewässer von Gletschern und Ozeanen sind Oxide und beweisen, dass die vulkanische Oxidation von Wasserstoff der primitivste der vulkanischen Prozesse war. Dr. EH Allen fand heraus, dass Wasserdampf im Sulphur Bank-Gas am Kilauea vorherrschend war, während Day und Shepherd, die Brun widersprachen, dachten, dass Wasser in den Gasen von glühender Lava vorherrschend sei. Sein großes Übergewicht in der geologischen Theorie bei Ausbrüchen wie dem Vesuv veranlasste Allen dazu, Theorien zu überprüfen und eine lange Abhandlung zu veröffentlichen, die meine Vorstellung widerlegen sollte, dass oxidierender Wasserstoff der primäre vulkanische Bestandteil sei.

Was Erdbeben und sogenannte tektonische Verwerfungen betrifft, so ist das Denken der gesamten Geologie durch die Kontinente, den Lebensraum der Menschheit, derart verzerrt und von den großen linearen Gräben und den parallel zu den Tiefen verlaufenden, von Vulkanen gekrönten Rücken der Ozeane so weit abgelenkt, dass ich ebenso wie Willis und Oldham die Lehrbuchursache von Erdbeben kaum noch glauben konnte.

Die Faszination, die Fossilien, die Alter der Schalentiere und Reptilien und die Berge aus gefalteten Schichten wie die Alpen und der Himalaya ausüben, lässt die Anhänger der Evolutionstheorie die schlammbedeckten Felsen und ozeanischen Gebirgsketten von fast drei Vierteln der Erdoberfläche vernachlässigen. Diese 72 Prozent haben sie nie gesehen, noch haben sie harte Gesteinsproben davon gesammelt, noch nicht einmal topographisch kartiert. Sie kennen sie nicht aus eigener Erforschung und ihre Theorien darüber sind hohl, außer dass Schwerkraftpendel darauf hinweisen, dass es sich um Basalt handelt.

Die sogenannte Geosynklinale, das kontinentale Sedimentbecken, das wie das Mittelmeer mit Schalen und Schichten gefüllt ist, steht im Mittelpunkt aller Theorien über Kontinente und Gebirge; und die Geologie schließt die Geosynklinale und ihre Schichten ausdrücklich von den Wahrscheinlichkeiten tiefer Ozeantäler aus. Die interessantesten Themen der kontinentalen Geologie werden einfach aus den Vermutungen verbannt. Das Interesse an der Tiefseegeologie ist gering, weil die Wissenschaft keine Feldversuche unternommen hat, um dort zu bohren oder Sprengungen durchzuführen und so die Ingenieurwissenschaften auf den Tiefseeboden auszudehnen.

Erdbeben waren ein Thema, bei dem ich dem Wort „tektonisch" instinktiv misstraute. Generationen lang glaubte das geologische Denken, dass die Erde Wärme verliert, sich innerlich zusammenzieht und eine Kruste in Beulen bildet, mit gewaltigen Überschiebungen gebrochener Schichten, die die Appalachen und die Anden auffalten. Alle möglichen Anpassungen an eine dünne, fünfzig Kilometer dicke Kruste wurden erfunden; von Dana und Geikie, von Suess und Wiechert und schließlich von einem, der der führende Experte für Blockverwerfungen hätte sein sollen, Dutton. Hawaii überzeugte ihn, dass Vulkane nur oberflächlich sind und dass die dünne Kruste so empfindlich ist, dass eine Gewichtsverlagerung von Flussschlamm und Sand ausreicht, um das große Tal Kaliforniens nach unten zu drücken, während ein Unterlauf die Sierra Nevada nach oben drückt. Dies ist die Doktrin der „Isostasie". Sie stimmt mit der Idee von Stübel überein, dass flache Restreservoirs für die Lava von Vulkanen vorhanden sind.

Dutton hatte die Isostasie erfunden und die Mathematiker stürzten sich darauf, bis sie die Schwerkraft als Beweis dafür hatten, dass die ganze Welt von einer dünnen Kruste über einer Unterschicht aus plastischer Lava bedeckt war. Die Seismologen auf den Kontinenten stimmten zu und fanden eine Dichteänderung, aber keine Anzeichen von Fluidität. Die Welt wurde, mathematisch und petrologisch, zu einer Kugel, die aus Schichten bis hinunter zum schweren, flüssigen, heißen Kern aufgebaut war, den man sich bequemerweise aus Eisen und Nickel bestehend vorstellte, da einige Boliden des Sonnensystems, die aus diesen Metallen bestehen, gelegentlich auf die Erde fallen.

Meine gesamte Erfahrung mit Vulkanen und tiefen Ozeanen sprach gegen eine dünne Kruste, eine flache Basaltschicht zur Versorgung der Vulkane und einen Kern aus Nickeleisen. Der Kern ist schwer, und 62 Elemente sind schwerer als Eisen. Alle Vernunft schien gegen die Vorstellung zu sprechen, dass die riesigen vulkanischen Meeresböden eine dünne Kruste sind, die sich bei Kontraktion faltet. Die Vernunft fand auf der Erde und auf dem Mond alle Beweise für eine dicke Peridotit- oder Olivinkruste, die in alte Blöcke zerbrochen und durch lange Bruchlinien begrenzt ist, wobei sich die Blöcke seit jeher unterschiedlich absetzen und aneinander reiben, angetrieben durch vulkanische Kräfte aus dem Kern. Die gesamte Vulkanologie weist auf sinkende und abstürzende Ozeanbecken hin, neben den Überresten aufrecht stehender Kontinente, die das Nebenmerkmal der primitiven Erdoberfläche sind. Wasser kondensierte und füllte Hohlräume. Die Prozesse des Kerns, die all dies hervorbrachten, waren Vulkanismus – Mutter von Luft, Ozean, Meeresboden, Land und Leben. Die Kruste war dick genug, um auf einem Globus mit einem Durchmesser von 8.000 Meilen Risse von 2.000 Meilen Länge zu erzeugen. Wenn es ein Gleichgewicht der Gewichte wie bei der „Isostase" gab, dann war es das zwischen dem hohen Kieselsäuregehalt in kontinentaler Lava und dem niedrigen Kieselsäuregehalt in Basalt, der sich unter den Ozeanen ausbreitete. Dies ist nicht statisch, sondern ein fortlaufender Prozess einer kinetischen oder sich verändernden Erde.

Dieser Ausflug in die Theorie ist beabsichtigt, damit der geologisch geschulte Leser in der Mitte dieses Buches versteht, dass mich meine Erfahrungen mit Vulkanen auf Hawaii, in der Karibik, in Neuseeland, Alaska, Italien und Japan zu einem Rebellen gegen die konventionelle Geologie gemacht haben. Der Grund dafür ist, dass sich die große unter Wasser liegende Bergkette des langen Hawaii-Archipels von den Gebirgsketten Europas und Asiens unterscheidet und in der globalen Geschichte berücksichtigt werden muss. Wie würden die drei Jahrzehnte von 1921 bis 1950 die Erwartung bestätigen, dass der tiefe Meeresboden das Wichtigste und Vulkanischste in der Geologie ist, ebenso wie er das Größte ist?

Die routinemäßige Beobachtung und Fotografie der Halemaumau-Grube erreichte im März 1921 mit der Aufzeichnung brillanter Feuerereignisse ihren Höhepunkt und wechselte im Mai 1924 zur Aufzeichnung explosiven Dampfes. Das erste dieser Feuerwerke, nachdem Lava aus einem Riss in der Kau-Wüste strömte, die Grube entwässerte und mit dem Auf und Ab der Grubenlava schwankte, ereignete sich 1919–1920. Dies war eine Rückkehr des Aufschäumens in schaumigen Mengen nach Halemaumau, so dass die Grube auf fünf Seiten überlief. Am 20. März 1921 ereignete sich die intensivste Demonstration brillanter Ereignisse, die den allmählichen Anstieg der Lavasäule bis zum Ausfluss nach 1918 erreichte.

Dann kam es in den letzten Monaten des Jahres 1921 zu einem Absinken und einer Bergung der Lava. 1922 kam es erneut zu einem Absinken, wobei die Lava in der Kraterkette des östlichen Grabens ausbrach, als ob sie durch das Gefrieren im südwestlichen Graben blockiert worden wäre und gezwungen worden wäre, die alten Risse des Berges im Osten aufzubrechen. Dies wurde 1923 durch einen weiteren Ausbruch im Wald neben dem sechsten Krater, Makaopuhi, bestätigt, der mit der Napau-Grube dahinter Schauplatz der Ausflüsse von 1922 gewesen war.

Diese Aktion wurde im April 1924 bis zum Küstenende des östlichen Grabens ausgedehnt, fünfzig Kilometer von Halemaumau entfernt, als das Kapoho-Gebiet durch zahlreiche Erdbeben aufbrach und ein Teil des Berges unter den Meeresspiegel sank. Kokospalmen am Strand blieben in einer acht Fuß tiefen Lagune mit Meerwasser zurück. 75 Erdbeben an einem Tag verjagten philippinische Plantagenarbeiter; Eisenbahnlinien und Straßen wurden zerstört, und neue, neun Fuß hohe Klippen bildeten sich; und all dies folgte auf ein gewaltiges Absinken des Bodens von Halemaumau, der innerhalb von zwei Monaten von einem riesigen Lavameer zu einem Schuttberg wurde.

Es war offensichtlich, dass zwischen 1920 und 1924 der Bruch des langen, gekrümmten Grabens quer durch den Kilauea-Kessel von der Kau-Wüste bis zur Ostspitze der Insel die Lava unter dem Ozean nach Osten abfließen ließ. Sechzig Kilometer von der Küste entfernt ist der unterseeische Hang von 5.500 Metern Wasser bedeckt.

Was ist das Ergebnis? Der gesamte Kilauea-Berg ist mit Grundwasser gefüllt, das warm durch den Strand von Pohoiki sickert und zum Teil Teiche in der Nähe von Kapoho erwärmt. Offensichtlich umgibt dieses Grundwasser des südöstlichen Lappens des Inselbergs den Schacht von Halemaumau in einer unbestimmten Tiefe, und die auf- und absteigende glasige Lava im Schacht überzieht sich normalerweise mit einer wasserdichten Haut und kann als verkrustete Röhre betrachtet werden. Um diese Röhre herum ist das Grundwasser nur als träger Dampf der kleinen Öffnungen an den Grubenrändern zu sehen. Am 10. Mai 1924 stürzten die Wände der Halemaumau-Grube ein und lösten einen explosiven Dampfausbruch aus, wie ihn fünf Generationen von Hawaiianern noch nie erlebt hatten.

Die Abenteuer dieser Zeit waren für die Wissenschaftler ruhmreich. Zunächst sollte das erstaunliche Absinken erwähnt werden, das sich am 28. November 1919 um 2 UHR MORGENS PLÖTZLICH ereignete, gerade als Mrs. Jaggar über den Kilauea-Krater auf die Umrisse von Felsklippen und Lavaseen blickte, die dort, wo eigentlich die Halemaumau-Grube hätte sein sollen, eine glühende Kuppel bildeten. Wir spürten viele kleine Erdbeben und sahen, wie die Kuppel aus Lavahaufen mit den glühenden Seen darauf langsam und majestätisch absackte und die altbekannte glühende Grube hinterließ. Fast das ganze Jahr 1919 war dies eine Kuppel gewesen, mit Überläufen, mal hier, mal dort. Erst am Abend zuvor um zehn Uhr hatte der alte Alec Touristen auf die Spitze der Kuppel geführt, von wo aus sie auf die kleeblattartigen Seen hinunterblickten. Wenn der Abstieg begonnen hätte, während sie dort waren – und jeder von uns hätte dort sein können –, ist es furchterregend, an die unvermeidliche feurige Verschlingung zu denken.

Nachdem wir das Absinken beobachtet hatten, dem Staub- und Rauchwolken und Lawinenlärm folgten, fuhren wir sofort mit dem Auto zu der Grube. Und als wir in den frühen Morgenstunden dort ankamen, stellten wir fest, dass die Grube sich auf 2.000 Fuß Durchmesser vergrößert hatte, wobei das Muster der Lavaseen am Boden noch deutlich zu erkennen war, was darauf hindeutete, dass der gesamte Zylinder als Ganzes auf eine Tiefe von etwa 700 Fuß abgesunken war. Rotglühende Lawinen stürzten mit Getöse aus der Lavaschicht, die die Wand bedeckte, nach innen. Am Vormittag dieses Tages begann die flüssige Lava in Form eines Rings sprudelnder Fontänen an den Rändern nach oben und nach innen zu strömen. Dieser Ring stellte den Wandriss zwischen dem abgesunkenen Zylinder aus halbfester Lava dar, der sich nun nach oben drängte, und dem Trichter aus Felswand außen. Diese V-förmige Füllung wurde mit fortschreitendem Auftrieb breiter, und so wurde auch der Ringsee breiter, während die Oberseite der härteren Säule zu einem Ring aus Felsklippen wurde und der Raum im Inneren zu einer ruhigen Lavapfütze wurde, die durch den Zufluss aus dem Ringsee gespeist wurde. Die gesamte Säule ringförmiger Felsen mit der Lagune im Inneren und dem herrlich plätschernden See außerhalb erhob sich im Lauf der nächsten drei Wochen mit beispielloser Geschwindigkeit.

Mitte Dezember nahm ich Mrs. Jaggar und eine Freundin mit nach unten, um diese erstaunliche Blumenkrone oder Lilie aus harten Felsen zu inspizieren, die in weniger als einem Monat so groß geworden war, dass der äußere Ring aus kochender Flüssigkeit weniger als dreißig Meter unter uns lag. Wir standen an dem Riss im Boden des Kilauea, der in Richtung der südwestlichen Klippe führt, und plötzlich spürten wir leichte Erdbeben und sahen, wie die Oberfläche dieser Klippe in einem sichtbaren Gesteinssturz zerbröckelte. Der Berg brach leise quer über den Boden der Kilauea-Caldera auf, und während wir zusahen, sahen wir vierzig oder fünfzig niedrige Lavafontänen in einer geraden Linie entlang eines Bodenrisses zwischen uns und der Klippe aufbrechen.

Denken Sie daran, dass dieser Riss den Abhang zwischen Halemaumau-Rand und Kilauea-Wand durchquerte. Als wir auf den Ringsee zurückblickten, sahen wir, wie er sich abzusenken begann und eine Uferlinie aus schwarzen Gipsspritzern hinterließ. Als wir in den Riss zu unseren Füßen schauten, der nur einen oder zwei Fuß weit offen stand, zeigte sich die flüssige Lava etwa zwanzig Fuß tief. Wir standen auf der Seite des Risses, die von der Autohaltestelle abgewandt war, und Lavafluten auf dem Boden des Kilauea breiteten sich rechts und links aus der geraden Linie der Öffnungen zwischen uns und der Kilauea-Wand aus. Wir mussten sofort von dort weg, da niemand sagen konnte, welcher Boden zwischen uns und unserem Auto ausbrechen könnte.

Ich wies unsere Freundin vorsichtig an, vorsichtig zu sein und den Spalt zu überqueren; das Mädchen war jedoch überzeugt, dass man einen Sprung machen müsse, um einen glühend heißen Spalt zu überqueren. Sie trat auf eine lose Platte am Rand des schmalen Abgrunds und rutschte in den Spalt, wo sie feststeckte, bis wir sie herauszogen. Dann überquerten wir den Spalt, denn die glühende Lava war weit unter uns, und fanden ohne weitere Schwierigkeiten den Weg zurück zum Auto.

Der See sank nur proportional zum langsamer werdenden schwarzen Ausfluss auf dem südlichen Boden, was jedoch nur von kurzer Dauer war. Dies war der Beginn einer Aufspaltung der Hauptflanke des Kilauea-Bergs südwestlich und außerhalb des Kraters, die Monate andauerte.

Ein weiteres und wichtiges Abenteuer geschah mit dem Lavaaustritt in der Kau-Wüste, wo sich Terrasse um Terrasse Pahoehoe-Lava aufbaute. Dies wurde schließlich zu einem Hügel über dem Riss, drei Kilometer lang und 60 Meter hoch, den wir Mauna Iki oder den kleinen Mauna Loa nannten. Die tägliche Erforschung der sich ausbreitenden ruhigen Lava, die entlang dieses Risses austrat, machte es notwendig, neue Wege von der Pahala-Straße durch die Wüste zu dem länger werdenden Hügel zu finden.

Als Mr. Finch dem neuen Mauna-Iki-Pfad folgte, bemerkte er, dass die alten, zwei bis drei Fuß dicken Aschebetten Oberflächen hatten, die so hart waren wie Portlandzement. Und auf einer dieser Stellen fand er, wie Robinson Crusoe, den Abdruck eines nackten Fußes, der entstand, als die alte Asche noch Schlamm war. Auf dem Pfad über diese alten Oberflächen wurden viele weitere verhärtete, uralte Fußabdrücke von Männern, Frauen, Kindern und Schweinen gefunden, die den Berg hinauf und hinunter liefen.

18. Isabel und Tom Jaggar in Wäldern am Vulkan Kilauea auf ihrer Rückkehr von der Beobachtung des Ausbruchs des Napau-Kraters im Jahr 1923

19. Lavasee, Fontänen und Klippen, 20. März 1921

20. Fußabdrücke in der Asche westlich des Mauna Iki, die angeblich von Keouas Armee während des Halemaumau-Ausbruchs im Jahr 1790 hinterlassen wurden.

Diese Abdrücke erinnerten an die Geschichte von Keouas Armee, als es 1790 zu einem großen explosiven Ausbruch des Halemaumau kam und die Schlammregen jener Zeit aus Asche bestanden, die durch die vulkanischen Feuer gebrannt worden war. Gerösteter und angefeuchteter Basalt hat die chemische Zusammensetzung von schwachem Zement, und diese Oberflächen befanden sich in Vertiefungen, die 130 Jahre lang der Erosion widerstanden hatten. Teile der Hänge näher am Halemaumau waren kahl erodiert, aber auch dort waren Fußabdrücke zu sehen. Später folgte man der Spur den Berg hinauf in der Nähe des Kilauea-Kraters und hinunter nach Pahala, und die Asche von 1790 bestand an vielen Stellen aus Pisolithen oder fossilen Regentropfen. Offenbar war der Ausbruch von heftigen Gewittern begleitet worden, und die Eingeborenen waren durch die Schlammablagerungen gelaufen, die in einem Jahrhundert von der Sonne zu einer widerstandsfähigen Oberfläche getrocknet worden waren. Diese fossilen Fußabdrücke sollten zu einer der Attraktionen eines Touristenpfads im Nationalpark werden.

Eines Nachts im Jahr 1922, nach einigen Erdbeben am Abend, wurden wir von Freunden geweckt, die uns erzählten, dass man von den hohen Klippen des Kilauea in östlicher Richtung von Makaopuhi aus ein Glühen wie bei einem Waldbrand sehen könne. Dieser große Krater hatte an einem Ende eine Plattform und am anderen eine Grube. Wir weckten Mr. Finch, fuhren dann mit dem Auto so weit wir auf dem Truck Trail fahren konnten, verirrten uns und machten uns mit Taschenlampen zu Fuß auf den Weg zu dem Glühen und Rauch in einer rauen Wildnis, über rissigen Boden und alte Aa-Lava und behindernde Vegetation. Ein kalter Nieselregen fröstelte uns und wir waren uns überhaupt nicht sicher, wo wir auftauchen würden.

Glücklicherweise ist das Land ausreichend offen, so dass wir die „Feuersäule bei Nacht" sehen konnten. Es stellte sich heraus, dass das neue Feuer im tiefen Ende von Makaopuhi selbst war. Vom westlichen Rand der Makaopuhi-Grube aus blickten wir auf zehn oder fünfzehn Lavastreifen hinab, die von einer Reihe sprudelnder Fontänen auf der Spitze des Schutthaufens gebildet wurden und von der Spitze des großen Felshangs herabströmten. Wir verbrachten die Nacht unter großen Unbequemlichkeiten am Rand und beobachteten die angesammelte Pfütze am Boden des Trichters und die glühenden Streifen, die sie speisten. Es war offensichtlich, dass sich der östliche Riss des Kilauea-Berges geöffnet hatte, und der Lavaausfluss erstreckte sich bis zum Napau-Krater, einer flachen, untertassenförmigen Grube weiter östlich. Gleichzeitig floss die Lava in Halemaumau nach unten und vergrößerte die Grube, und durch viele interne Lawinen entstanden Blumenkohlstaubwolken. Dies nahm die Lawinendampfstöße von 1924 vorweg und ähnelte ihnen.

Die Ereignisse des explosiven Ausbruchs von 1924 waren zu zahlreich und kompliziert, um sie hier zu beschreiben. Es war jedoch ein gewaltiges Ereignis in der Geschichte Hawaiis und auf Grundlage früherer Erfahrungen völlig unvorhersehbar. Mrs. Jaggar und ich waren in New York, wo wir Zeitschriftenartikel schrieben und ich Vorträge hielt, als von Finch und den

Zeitungen die Nachricht kam, dass Halemaumau einstürzte und Felsbrocken hochschleuderte. Wir reisten in aller Eile nach Honolulu, wo die Marine sich bereit erklärte, mich mit dem Flugzeug nach Hilo zu schicken, obwohl sie sich weigerten, Mrs. Jaggar mitzunehmen.

Der Wagen des Admirals brachte uns nach Pearl Harbor, wo ein Wasserflugzeug bereitstand und Mr. Thurston in Begleitung eines Filmkameramanns auf mich wartete, um mich zu verabschieden. Dann nahm mich Pilot Chourré mit auf meinen ersten Flug in den Himmel über Diamond Head. Ein Begleitflugzeug wurde von Leutnant Sinton geflogen, der Funkverbindung mit Pearl Harbor hatte. Als ich hoch über dem Molokai-Kanal flog, blickte ich auf das wunderschöne Muster der vom Passatwind geformten Schaumkronen hinab und war nach einer halben Stunde überrascht, festzustellen, dass die Wellenkämme weiter auseinander lagen. Noch überraschter war ich, Sintons Flugzeug hoch über uns zu sehen. Der Mechaniker im vorderen Cockpit hatte während unseres Fluges wiederholt seine Finger in die Höhe gestreckt, um, wie ich später erfuhr, anzuzeigen, wie viele Zylinder in dem über uns angebrachten Liberty-Motor fehlten. Unser Flugzeug kam den Wellen immer näher und fliegende Fische rasten neben uns her. Schließlich spürten wir den Stoß einer Welle nach der anderen auf den Boden der Pontons, und der Pilot brachte das Wasserflugzeug mit quietschenden Geräuschen nahe der Brandung des Molokai-Riffs zum Stehen.

Wir befanden uns in fünf Meter tiefem Wasser, das Korallenriff war unter uns sichtbar. Ich wurde beauftragt, einen Anker auszuwerfen und die Leine an einer Klampe festzumachen, während Pilot und Mechaniker zum Motor kletterten, der an Kompression verloren hatte und die erforderliche Geschwindigkeit nicht halten konnte. Lieutenant Sintons Pilotflugzeug kam herunter und kreiste über uns, bis er sah, dass wir in Sicherheit waren, und flog dann weiter nach Maui. In der Zwischenzeit beobachtete ich mit großem Interesse das Wasser, ob Haie da waren. Als unsere Jungs den Motor mit lautem Gebrüll zum Laufen brachten, zog ich den Anker hoch und wir hoben gegen Wind und Wellen ab, während die Pontons knallend gegen die Wellenkämme knallten. Aber schließlich waren wir in der Luft und über dem blauen Wasser.

Dann versagte der Motor erneut und wir kamen runter. Diesmal bauten die Männer einen Treibanker aus Eimern mit einer Leine am Bug, um die Nase des Schiffes gegen den Wind zu halten, und verbarrikadierten die Luken mit Segeltuchabdeckungen. Wir kletterten auf die obere Tragfläche, um auf Rettung zu warten. Der Wind war stürmisch, die Schaumkronen zischten an uns vorbei und wir lagen auf dem Bauch. Die Piloten erzählten mir, dass dies ihre erste Notlandung gewesen sei. Das Wort Landung schien mir unpassend.

Wir trieben fünf Stunden lang langsam gegen den Wind, bevor ein weißes Motorboot aus Molokai auftauchte. Gleichzeitig stieg Rauch von zwei Rettungsschiffen in Richtung Pearl Harbor bzw. Maui auf. Sinton, der per Funk um Hilfe gebeten hatte, flog zurück und kreiste über uns, was mich an die Goonies erinnerte, die über einem verletzten Vogel an einer Angelschnur schwebten, die ich in den Gewässern Alaskas gesehen hatte. Das Molokai-Boot erreichte uns zuerst, nahm unseren Treibanker auf und schleppte uns nach Kaunakakai. Wir schwankten so und wurden von den riesigen Passatwellen so hart getroffen, dass es unmöglich schien, dass der Mahagonirumpf und die beiden seitlichen Pontons zusammenhalten konnten. Wir erreichten jedoch den Hafen und machten an der Boje fest.

Ich hoffte und betete, dass mich das kommerzielle Paketschiff *Mauna Kea* nach Hilo bringen würde. Aber nein, der Marineschlepper *Navaho* kam aus Lahaina, und Kapitän Green spannte sein Megafon auf und verkündete, dass die Anweisungen des Admirals lauteten, er solle Dr. Jaggar nach Hawaii bringen. Mir sank das Herz, weil ich wusste, was für ein Seeweg das kleine Schiff erwischen würde. Das zweite Rettungsschiff war die *Pelican* , die mit einem Kran ausgestattet war, um das Flugzeug an Bord zu heben und es nach Pearl Harbor zurückzubringen.

An Bord der *Navaho* wurde mir ein Zeltbett im unteren, runden Steuerhaus am Bug zugewiesen. Die ganze Nacht über brachen sich Wellen am Bug und ein halber Meter Wasser schwappte unter meinem Bett hin und her. Das Stampfen war so heftig und unsere Geschwindigkeit so sehr reduziert, dass wir die ganze Nacht brauchten, um den Hawaii-Kanal zu überqueren, und wir erreichten Hilo erst am zweiten Tag um 14 UHR . Nach dieser nassen und seekrank machenden Nacht fand ich bei unserem Empfang am Hilo Wharf, wo wir von Frank Cody mit seiner Filmkamera und einem Haufen Hula-Mädchen und Blumenketten empfangen wurden, ironischen Humor. Statt fünf Stunden dauerte die Fahrt dreißig und machte mich überhaupt nicht flugsüchtig. Außerdem kam ich gerade rechtzeitig zum letzten Stadium des explosiven Ausbruchs am Vulkan Kilauea an.

Finch hatte Freiwillige organisiert, darunter Oliver Emerson als Fotograf und sogar unseren Collie Teddy, der eine Explosion hören und fühlen konnte, bevor es eine andere Warnung gab. Alle Beobachter machten sich Notizen und streichelten die Seismographen während der drei Wochen der Dampfstöße und Einstürze der Grube, die sich durch Einstürze radial nach außen in alle Richtungen um 700 Fuß vergrößert hatte. Als ich dort ankam, hatte sie einen Durchmesser von 3.500 mal 3.000 Fuß und war 1.300 Fuß tief. Der Boden war ein Trichter aus zusammenlaufenden Schutthalden, die durch Lawinen von den Grubenwänden entstanden waren. Die Schutthalden waren nass und dampften heftig in vertikalen Linien und zeigten nachts glühend heiße Lawinen von den Nord- und Westwänden, wo zwei intrusive

Körper aus hartem Gestein innen glühend heiß waren. Die Schutthalden darunter blieben heiß und es kam nur wenige Sekunden lang zu Erdrutschen. Bei der glühenden Masse handelte es sich in keiner Weise um ein Fließen, sondern vielmehr um das Abblättern eines rötlich gefärbten Felsvorsprungs im Westen und eines kanuförmigen Felsvorsprungs im Norden, etwa 600 Fuß unterhalb des Randes.

Dies zeigte den Querschnitt der darüber freigelegten alten Geröllhalden und die darüber liegenden horizontalen Basaltströme. Es war ein wunderschöner Abschnitt einer alten Grube, von der gleichen Qualität wie Halemaumau selbst, und die glühende Kanuschwelle am Boden schien ein Eindringen von feinkörnigem Gabbro zu sein, das sich unter einen älteren Schutttrichter geschoben hatte, ähnlich der heutigen Schuttmulde von Halemaumau, deren Boden 700 Fuß tiefer lag.

An der gegenüberliegenden Wand der Grube war der Kau-Wüsten-Rift als vertikale Höhle oder Arkade zu erkennen, die weiter oben in eine Gruppe von Deichen überging und sich nach oben hin verjüngte, bis sie gar nicht mehr so dünn war. Dieselben Deiche, weniger auffällig, durchschnitten die Kanuschwelle an der nordöstlichen Wand, was darauf hindeutet, dass der Ring der Grube vertikal von unten gebrochen war. Dieser Riss ist der wichtigste tiefe Riss des Berges, der unter Kilauea hindurchgeht und sich in Richtung Kilauea Iki biegt, und dieser war es, der sich als gekrümmter Abgrund geöffnet hatte, um die Lava abfließen zu lassen. Lava war in einer Abfolge von Flankenausflüssen mit dazwischenliegenden Anstiegen von der Kau-Wüste im Jahr 1920 bis zur endgültigen Entwässerung unter dem Meer im Osten abwärts geflossen. Diese Entwässerung hatte das Grundwasser eindringen lassen, einen Dampfkessel gebildet und so den explosiven Ausbruch und die Verschlingung der Halemaumau-Wände verursacht, als der Berg aufklaffte.

AL Day machte zu dieser Zeit einen seiner Rückflüge zum Kilauea und sah das außergewöhnliche Phänomen, dass harte basaltische Intrusivkörper auf halber Höhe der Wände zu einem glühend heißen Schutt abstürzten. Die Explosionen, die in zweistündigen Abständen begannen, nahmen allmählich ab und kamen nach vier und acht Stunden; und am 18. Mai erreichten sie ihren Höhepunkt, als sie blumenkohlartige Wolken mit Sturzbächen aus zerbrochenem Gestein bildeten, von denen einige eine geringe glühende Hitze aufwiesen. Die Antriebskraft bestand zu jeder Zeit aus Dampfstrahlen von 10.000 bis 15.500 Fuß Höhe, die das Pahoehoe am Rand der Grube mit zerbrochenen Felsfragmenten jeder Größe bedeckten.

Im Auswurfmaterial waren keine Anzeichen von pastöser Lava oder glasigen Bomben zu finden, und das rote Glühen, das man nachts bei einigen

Explosionen sah, war das Lawinenmaterial des westlichen Hügels und der Kanuschwelle.

Es dauerte weniger als zwei Monate, bis Mitte Juli, bis die flüssige Lava aus der Grube wieder freigesetzt wurde. Die Lava floss durch den Schutt und bildete Aa-Pfützen, wodurch ein neues Muster aus Kegelquellen und kurzlebigen Strömen entstand. Dann kam alles zur Ruhe, und die Lavaaktivität wurde dort erst im Sommer 1927 wieder aufgenommen. 1926 jedoch trat Mauna Loa an seinem südwestlichen Graben in Aktion und schickte einen Aa-Strom ins Meer bei South Kona, der das Dorf Hoopuloa zerstörte.

Hier ist die Geschichte der Lavasäule der Insel, die seit 1914 einen majestätischen Niedergang und eine Erholung erlebte. Der Ausfluss im Mauna-Loa-Krater in 13.000 Fuß Höhe im Jahr 1914 weitete sich auf den Ausfluss aus dem südwestlichen Graben in 1916 und 1919 in 8.000 Fuß Höhe aus. Als nächstes kam es 1920 zu einem Ausfluss aus dem Kilauea in der Kau-Wüste in 3.000 Fuß Höhe. Es gab abwechselnde Aufwärtsschübe innerhalb der Halemaumau-Grube, die als Krater ähnlich dem des Mauna Loa auf der niedrigeren Kilauea-Ebene von 3.700 Fuß Höhe fungierte.

Dann verlagerte sich dieser ganze Abwärtsprozess auf die 2.500 Fuß hohe Kraterkette und schließlich auf den gebrochenen Erdbebengraben von Kapoho an der Ostspitze Hawaiis und auf Strandhöhe. Einige Meilen weiter östlich, auf demselben Graben unter dem Meer, spülte der gigantische Unterwasserberg von Hawaii die letzte Lava aus der Halemaumau-Grube ab und ließ Grundwasser eindringen, das Dampfexplosionen verursachte.

Im Juli 1924 erholte sich die tiefe Lava in dem Riss und schloss das Wasser ein, so dass sie im Schutt am Boden von Halemaumau aufblubberte und sich ihren Weg nach oben in die Spalten der Insel bahnte. Sie erreichte 1926 den Gipfel von Mauna Loa und setzte den Ausfluss im Zentrum der Insel wieder ein. Diese Wanderung der Schlote von oben nach unten und wieder zurück dauerte zwölf Jahre und löste dieses große Stück des Hawaii-Rückens von Lava aus. Indem sie die Grundwasser- und Dampfstoßphase erreichte, vollbrachte sie etwas, was seit 1790 nicht mehr geschehen war, und machte einen Superzyklus von 134 Jahren.

Das Jahrzehnt nach der Explosion in Halemaumau war geprägt von kleinen Lavaströmen am Boden der Grube, die die Tiefe von 1.300 Fuß im Jahr 1924 auf 750 Fuß im Jahr 1934 erhöhten. Die Schichten waren jeweils etwas weniger als 100 Fuß dick und wurden von Pahoehoe-Kegeln am Rand des Erdrutschgesteins gespeist. Wie üblich strömte die Lava den Riss in der westlichen Wand entlang des Randes des unteren Magmazylinders hinauf. Es gab keine Spur von erneuten Dampfstößen.

Trotz der Aufregung der tatsächlichen Ereignisse wurden die Experimente fortgesetzt, und ich arbeitete weiter an Erfindungen für die Experimente. Zwei Ansätze für unsere Probleme betrafen seismische Aufzeichnungsgeräte, die Amateuren in die Hand gegeben werden konnten, und Entfernungsmesser zur Verbesserung der Grubenvermessung. Ich war viele Jahre lang davon überzeugt, dass der Dreikomponenten-Seismograph zu kompliziert war, um von freiwilligen Schullehrern oder Telefonisten bedient zu werden, die andere Dinge zu tun haben. Ein solcher Seismograph zeichnet mit Fotopapier die Nord-Süd-, Ost-West- und Auf-Ab-Bewegung des Bodens auf einem Chronographen auf, der die Zeit genau angibt und jede Sekunde eine Wellenlinie registriert, so dass das Aufzeichnungspapier jeden Tag gewechselt und entwickelt werden muss. Darüber hinaus dienen diese Instrumente dazu, die Entfernung zum Erdbebenursprung mithilfe der Physik der Wellenbewegung zu messen, und sie sind hoffnungslos mathematisch geworden. Eine solche Mathematik führt zu Annahmen der Gleichmäßigkeit einer Gesteinskruste, die nicht gleichförmig ist. Die qualitative Wissenschaft möchte wissen, was an einer bestimmten Felsstelle geschieht, und möchte die Bewegung mit einem möglichst einfachen mechanischen Gerät aufzeichnen. Sie möchte auch an jeder Stelle einen Zahlenwert für Größe und Richtung der ersten Bewegung. Dies gilt für ein Erdbeben, das als ein Ereignis auf einer Insel wie Hawaii identifiziert wird, wo es viele und unterschiedliche Gesteinseinheiten gibt. Dies gilt insbesondere für lange Zeiträume, in denen möglicherweise keine Erdbeben aufgezeichnet werden.

Ich entwickelte einen einfachen Schockrekorder, der aus einem horizontalen Ausleger aus sehr leichtem Holz bestand, der an einem schwenkbaren Gewicht befestigt war, das wie eine Tür schwang, so dass der Ausleger eine Linie auf eine runde Karte kratzte, die von einem gewöhnlichen Wecker gedreht und bewegt wurde. Das Ergebnis war eine spiralförmige Markierung auf der Karte, so dass ein dazwischenliegendes Erdbeben einen Zickzack gegenüber einer der Tageszeit entsprechenden Stelle auf dem Zifferblatt hinterlassen würde. Alles, was man tun musste, war, die Karte zu entfernen und zu datieren, die Uhr einmal am Tag aufzuziehen und den Zickzack zu messen.

Mr. Ingalls vom *Scientific American* las einen Artikel von mir, in dem ich meinen Schockrekorder beschrieb, und dachte, er würde Hobby-Maschinisten dazu bringen, ihre eigenen Maschinen zu konstruieren und die Vibrationen um sie herum aufzuzeichnen. Zahlreiche Amateure schickten tatsächlich Entwürfe für Instrumente ein, und Ingalls glaubte, dass das Hobby des Seismographen ebenso populär werden würde wie das Hobby des Amateur-Astronomenteleskops. Aber es schlug fehl, weil die Amateure auf Erdbeben warteten, die nicht eintraten. Sie waren nicht zufrieden mit

Vibrationen von Lastwagen, Eisenbahnzügen, Wasserfällen, Brandung auf Felsen, Artillerieübungen oder Windstürmen.

Mein verbesserter Schockrekorder wurde später in Neuseeland und Montserrat verwendet, nachdem große Erdbeben in diesen Gegenden die Behörden dazu veranlasst hatten, einfache Instrumente zu bauen. Allerdings gibt es einfach kein gängiges Seismoskop.

An dem Entfernungsmesser hatte ich seit meiner Zeit als Dozent an der Massachusetts Tech gearbeitet, wo ich ein optisches Gerät mit einem beweglichen Indexspiegel, der sich entlang einer aufrechten Zentimeterskala bewegte, und einem Sextantenteleskop gebaut hatte. Die Idee war ein Transit mit einer in sich geschlossenen Basislinie in der Nähe des Bedieners. Meine Theorie war, dass wir bei den Entfernungsmessungen, die wir vornehmen mussten – bis zu etwa 300 Metern oder weniger, zu den Lavafontänen am Boden der Halemaumau-Grube – die vertikale Entfernung von einer einzigen Station ablesen konnten, während alle anderen Stationen in Rauch gehüllt waren.

Auf den Aleuten und anderswo experimentierte ich mit einem stereoskopischen Entfernungsmesser von Zeiss, der für Artilleriereichweiten entwickelt wurde, aber für kurze Distanzen war er nicht genau genug. Alles an meinem Instrument hing davon ab, ein Teleskop mit höchster Präzision parallel zu sich selbst zu bewegen, auf einer Skala innerhalb des Instruments. Schließlich kam ich auf die Idee, eine gespannte Klaviersaite zu verwenden, die wahrscheinlich die geradeste Linie in der gesamten Mechanik ist.

Wenn man zuerst auf ein Objekt in zwanzig Meilen Entfernung (unendliche Entfernung) blickte, konnte man das Teleskop nach rechts und links bewegen, und das Bild blieb auf einem vertikalen Haar unbeweglich. Wenn man es nun auf ein Objekt in 1.000 Fuß Entfernung fokussierte, konnte man die Entfernung mit der Verschiebung des Teleskops auf der Zentimeterskala mit hoher Genauigkeit messen. Dies war das umgekehrte Stadienprinzip, um den Stab an der Beobachtungsposition zu halten.

Ich habe auch mehrere grafische Hilfsmittel erstellt, um Halemaumau täglich von den Randmarkierungen aus zu vermessen. Als jedoch Lava über den Rand lief und die Markierungspfeiler zerstörte, wurde die Kartierung schwierig.

Das Bohren von Temperaturbrunnen in den Boden und Rand des Kilauea-Kraters war ein Projekt, das ich erwartet hatte, als Mr. John Brooks Henderson aus Washington nach Hawaii kam und anbot, bei der Finanzierung mitzuhelfen. Wir hatten die Temperatur heißer Risse an vielen Stellen gemessen und fanden heraus, dass sie von 320° Celsius beim Postal Card Crack in der Nähe von Halemaumau bis hinunter zu 96° Celsius bei

Sulphur Bank reichte und dann an vielen Rissen noch niedrigere Temperaturen aufwies, die bei feuchtem Wetter sichtbaren Dampf, bei Sonnenschein jedoch überhaupt keinen Dampf ergaben. Ein Spektakel für Touristen war ein Riss auf der Sulphur Bank-Ebene, wo eine Zigarre in Windrichtung oder die Abgase eines Autos den unsichtbaren Dampf nukleieren und eine große weiße „Dampfwolke" entstehen lassen würden. Dieses Phänomen, bei dem Rauchpartikel unsichtbaren Wasserdampf kondensieren, ist in Solfatara bei Naples wohlbekannt.

Der experimentelle Ansatz, um die tatsächliche Temperatur des Bodens herauszufinden, besteht darin, ein Loch zu bohren und die Temperatur wiederholt mit einem Thermometer zu messen und die Änderung des thermischen Gradienten möglichst vertikal zu ermitteln. Dies bedeutet, zu messen, wie stark sich die Temperatur mit der Tiefe ändert. Das ganze Problem dreht sich darum, wie viel ungewöhnliche Wärmeenergie an einem Ort wie dem Kilauea-Krater freigesetzt wird.

Mit Hilfe von Hobart, einem Bohringenieur, begann ich in Sulphur Bank mit einem Rührwerksbohrer. Wir stellten schnell fest, dass wir uns durch extrem harten Basalt bohrten, der metallisches Sulfid enthielt, das wie Pyrit aussah, sich aber als Markasit herausstellte. Nachdem wir mehrere Jahre gebohrt hatten – mit vier Löchern in Sulphur Bank, einem 60-Fuß-Loch unter der Werkstatt des Observatoriums und etwa 25 Löchern im östlichen Teil des Kilauea-Bodens über einem vermessenen Kartenmuster – wechselten wir zu einem rotierenden Kernbohrer mit Stahlschrot und dann wieder zu einem Schlagbohrer mit Druckluftantrieb für flache Löcher, um die Temperaturen im ganzen Land zu messen. Leider erfordert das Kernbohren große Mengen Wasser, die wir nicht hatten, denn der Hawaii-Nationalpark ist auf Regenwasser angewiesen, das in Redwood-Tanks von Dächern gesammelt wird. Ohne Wasserkühlung erhitzen sich rotierende Bohrer und dehnen sich in heißem Gestein aus, bleiben stecken und gehen oft verloren.

Zwei siebzig Fuß tiefe Löcher, eines bei Sulphur Bank und das andere in der Mitte des Kilauea-Bodens, zeigten keinen eindeutigen Temperaturgradienten. Generell stellte sich heraus, dass die Temperatur der Bohrlöcher vom Dampf in den Rissen abhängig war.

Die Hitze wurde durch Dampf erzeugt, und in einer Reihe von 3 m tiefen Löchern, die über den Boden des Kilauea verstreut sind, befanden sich die heißesten am Rand des Bodens. Der Postal Card Crack, nahe dem Rand von Halemaumau und 180 m über glühenden Intrusivgesteinen, war außergewöhnlich heiß, und es ist überhaupt nicht klar, wie das Wasser mit dem heißen Intrusivgestein darunter in Kontakt kam. Dieser Ort stürzte vollständig ein und ging für immer in der vergrößerten Grube von 1924 verloren. Sulphur Bank selbst liegt am Rand eines alten Kilauea-Bodens auf einem hoch gelegenen Felsvorsprung. Die zusätzliche Hitze an den Bodenrändern bedeutet einen Wandriss zwischen der Kraterfüllung und dem begrenzenden Trichter, sodass heißes Gas aus der Intrusivlava irgendwo tief unten in Richtung Zentrum aufsteigt.

Wenn man also ein Quecksilberthermometer hinabsenkte, zeigten 3 m tiefe Löcher in der Mitte eine heiße Stelle und am Boden kaltes Gestein. Einige Löcher hatten überhaupt keine Hitze, was bedeutete, dass das Loch einen schrägen Dampfriss durchschnitt oder dass kein Dampfriss vorhanden war. Die Wärmeversorgung war von Dampfkanälen aus erhitztem Regenwasser abhängig, aber aus Geldmangel waren wir nie in der Lage, ein Loch zu bohren, das tief genug war, um die Wasserquelle zu finden, die den Dampf erzeugte. Es ist eine bemerkenswerte Tatsache, dass die Verrohrungen von drei Brunnen in Sulphur Bank kontinuierlich eine Dampfsäule ausstoßen, die genau dem theoretischen Siedepunkt für diese Höhe entspricht, als ob das Grundwasser nur eine kurze Strecke darunter siedete. Dr. Allen bewies durch seine Analysen, dass der Dampf von Sulphur Bank zu 99 % aus Dampf bestand und der Rest Bruchteile eines Prozents Schwefel und Kohlendioxid enthielt, aber dieser Schwefel reichte im Laufe von Monaten aus, um das Innere unserer Verrohrungen mit gelben Kristallen über schwarzem Eisensulfid zu überziehen. Es überzog Sulphur Bank mit gelben Schwefelkristallen und durchtränkte das Gestein darunter, wodurch messingfarbenes Eisensulfid entstand.

Das Ergebnis dieser Experimente war, die Komplexität jeder Solfatare in ihrer Beziehung zur unterirdischen Lava und zur Durchnässung eines vulkanischen Landes durch Regenfälle aufzuzeigen. Dies ist besonders wichtig für Martinique und Montserrat.

Ein weiteres Experiment wurde von Emerson durchgeführt, der vom Observatorium mit chemischen Geräten ausgestattet wurde, um qualitative Analysen zahlreicher Kilauea-Produkte durchzuführen. Außerdem leistete er wichtige fotografische Arbeit, darunter einige Aufnahmen im Infrarotbereich. In einem wertvollen Experiment schmolz er Kilauea-Lava in einem feuerfesten Tiegel bei einer Temperatur von etwa 1200 °C, bis sie so flüssig wie Honig war. Wenn man sie natürlich abkühlen und aushärten ließ, war sie glänzendes Glas wie Pahoehoe-Lava. Wenn man sie mit einem Eisenstab umrührte, sprossen schwarze Nadeln, die ganz durchkristallisiert waren, wie Aa-Lava. Damit bewies er, dass hawaiianische Lava durch Umrühren kristallisiert und sprießt wie Fudge oder wie die Verfestigung von Metallen wie Silber und Wismut. Plötzlicher Ausbruch und Umrühren an irgendeiner Stelle wandelt Pahoehoe in Aa um; aber Aa wird niemals physisch in Pahoehoe umgewandelt, es sei denn, es wird durch Flammen geschmolzen. Die stehenden Spitzen inmitten eines Aa-Stroms, der in Felsbrocken zerfällt, zeugen vom Umrühren.

Wenn Emersons Entdeckung auf basaltische Lavaströme angewendet wird, scheint es, dass die glasige Lava einer Quelle, wenn sie durch Gasfontänen oder Fließen bewegt wird, ihren glasigen Zustand in einen sprießenden und kristallisierenden Zustand ändert. Alle Ströme sind glasige Pahoehoe-Bimssteinfontänen an den Quellenöffnungen, und eine Viertelmeile entfernt werden sie zu aa. Später bewahrt sich das Quell-Pahoehoe in einer glasigen Haut und ergießt sich unter glasigen Schalen und Vorderzehen nach vorne.

Die Arbeit von RM Wilson lieferte den Beweis für einen anschwellenden Berg. Wilson war eines der drei führenden Mitglieder der topographischen Gruppe des Geological Survey. Die anderen beiden waren C. Birdseye und A. Burkland. Wilson, den ich als Student am MIT kennengelernt hatte, war ein Produkt von Spoffords Abteilung für Bauingenieurwesen und sollte der Chefcomputer des Survey in Washington werden. Als Nivellierer in Birdseyes Organisation wurde er topographischer Ingenieur des Observatoriums und führte durch präzise Nivellierung und Triangulation das brillante Experiment durch, das das Anschwellen und Schrumpfen des Berges während fünfzehn Jahren zeigte.

In enger Zusammenarbeit mit der US Coast and Geodetic Survey haben wir in Hilo einen Gezeitenmesser aufgestellt, der sowohl als Basis für den Meeresspiegel diente als auch zur Aufzeichnung von Flutwellen. Wilson verlegte 1921 außerdem eine Pegellinie von Hilo zum Volcano House-Benchmark, wo die Geological Survey 1911 Pegelmessungen vorgenommen hatte. Die Landstraße wurde mit Bronzeplatten markiert, auf denen Höhenangaben eingraviert waren, und Wilsons Ergebnisse zeigten, dass der Rand des Kilauea-Kraters 1921 drei Fuß höher lag als 1911.

Wilsons Höhenbestimmung über dem Meeresspiegel bestätigte, dass der ganze Berg in den zehn Jahren vor 1921 angeschwollen war. Um 1918 hatten Lava und Seismographen einen steigenden Überlauf im Zentrum nachgewiesen, während der Rand des Kilauea-Kraters sich vom Zentrum weg neigte. Dies geschah während des massiven Aufsteigens der inneren Lava von Halemaumau zu einer Kuppel, wo sich die Grube befunden hatte, und es bewies, dass der Kilauea-Berg entlang von Rissen injiziert wurde, nicht nur unter der Grube, sondern entlang der Spalten, wie die Abflüsse im Südwesten und Osten in den Jahren 1920 und 1924 zeigten.

Doch das war nicht Wilsons ganze Arbeit. Er besuchte alle Vermessungsstationen nach dem großen Zusammenbruch des Halemaumau, der den explosiven Ausbruch im Mai 1924 begleitete, erneut und stellte fest, dass der Volcano House-Benchmark im Mai 1924 um etwas mehr als drei Fuß abgesunken war und dass Orte in der Nähe des Halemaumau fast fünfzehn Fuß absackten. Diese Absenkung des Berges wurde an trigonometrischen Stationen oder Betonpfosten in der Kau-Wüste und an

Stationen entlang der Straße nach Hilo zwanzig Meilen vom Zentrum nach außen abgestuft. Diese Stationen änderten ihre Höhe, um zu zeigen, dass der große Berg während des großen Eindringens von Rissen zur Zeit der Überschwemmung bis zu dieser Entfernung von zwanzig Meilen anschwoll oder anschwoll, als wäre die Bergkuppe ein Tumor mit einem Durchmesser von vierzig Meilen, in dessen Mitte sich der Halemaumau befand. Natürlich gibt es keine Gewissheit, dass die Küstenlinie in Puna oder sogar der Gezeitenpegel von Hilo selbst nicht mit dem Absacken des Berges abgesunken sind, denn der sogenannte Meeresspiegel ist nichts anderes als ein Durchschnitt der Gezeitenpegelwerte an einem festen Kai. Bedenken Sie, dass die Ostspitze Hawaiis während der April-Krise auf dem Kilauea-Rift um 2,44 Meter absackte.

Wilson führte 1921 auch eine horizontale Triangulation durch und stellte fest, dass sich die Stationen um Halemaumau nach innen in Richtung Zentrum verschoben hatten, und zwar um eine bestimmte Anzahl von Fuß, die an jeder Station unterschiedlich war, und dass andere Stationen außerhalb des Kilauea-Kraters ihre Position horizontal auf der Karte verändert hatten, als ob der Berg schrumpfen würde. Diese gesamte Reihe von Messungen der Veränderung zwischen 1911 und 1926 stimmte mit den Messungen des Seismographen über die Neigung des Bodens überein. Der Seismograph wählte 1918, als das Jahr der Schwellung, als Halemaumau überlief. 1924 kehrte sich die Neigung um und drehte sich nach innen in Richtung Halemaumau, und wurde enorm, als die Grube einstürzte und explodierte.

Man kann die Bedeutung der Entdeckung einer gemessenen Schwellung und Absackung eines Vulkans während einer 15 Jahre dauernden Lavakrise nicht genug betonen. Sie war so gewaltig, dass kritische Ingenieure in Washington Wilsons Ergebnisse nicht glauben wollten. Seine Ergebnisse wurden jedoch durch die gleichzeitigen Ergebnisse von Lavamessungen, Erdbebenzählungen und Neigungsmessermessungen bestätigt. Diese zeigten, dass die Erdbebenhäufigkeit zunahm, als Kilauea absackte, und dass ein Lavaberg innerhalb von zehn Jahren anschwoll, bis er an der Spitze drei Fuß höher war, und in den Jahren einer explosiven Eruption unmittelbar danach noch stärker schrumpfte. Dies alles steht im Einklang mit den hervorragenden Ergebnissen bei den vulkanischen und seismischen Ereignissen am Omori, die von japanischen Armee- und Marineingenieuren bei mehreren Vulkanen und Erdbeben erzielt wurden. Es stimmt auch mit den positiven Fakten über den Vesuv und die Kanarischen Inseln überein, angefangen mit der Kontroverse über „Erhebungskrater", die Leopold von Buch in der ersten Hälfte des 19. Jahrhunderts ins Leben rief und die Mercalli 1894 am Vesuv fortführte, als er sah, wie ein Lavahügel anschwoll. Auch dort wollten andere es nicht glauben. Die Gegenseite bestand immer darauf, dass ein Vulkan aus aufgeschüttetem Material gebaut wurde und unmöglich anschwellen könne.

Wilsons Ergebnisse sind weitreichend, denn die gesamte Geologie hängt von der Hebung der Kontinente und der Absenkung von Sedimentbecken ab. Die meisten Geologen erklären dies mit der Theorie der Gewichts- und Unterströmung an einer dünnen Kruste (Isostasie) und weigern sich zuzugeben, dass vulkanische Hitze und Schwellung überall durch Risse in der tieferen Kruste eindringende Kraft erzeugen.

Ich wünschte, ich könnte die großen Abenteuer dieser fruchtbaren Zeit angemessen beschreiben. Wir bauten ein Fahrzeug aus einem Ford Modell T mit einer Ruckstell-Achse, entfernten die Kotflügel und rüsteten es mit Ballonreifen aus, die hinten doppelt befestigt waren, um über das glatte Pahoehoe des Kilauea-Bodens zu fahren und Lasten zu transportieren. Wir fanden heraus, dass ein leistungsstarkes leichtes Gefährt dieser Art mit einem extrem niedrigen Gang Lavalappen von einem bis zwei Fuß Höhe erklimmen konnte. Dies erforderte jedoch erfahrenes Fahren und spezielle Methoden. Wenn wir einen Mann zu Fuß vorausschickten, um einen Weg freizumachen und eine Brechstange zu ziehen, die eine Spur kratzte, konnten wir überall auf der Lava fahren. Und wir benutzten dieses Gefährt, um Wasserfässer und Bohrgeräte zu transportieren. Ich fuhr einmal Artillerieoffiziere über den rauen Boden des Kraters und sah später ähnliche Autos, die von der Armee im Ersten Weltkrieg als Überlandtransport für Ärzte und Verwundete im Niemandsland eingesetzt wurden.

Bevor eine Straße den Kilauea-Krater umrundete, umrundeten Mr. Finch und ich den Krater mit zwei Zoll dicken Brettern zum Überbrücken der Risse in unserem Spezialfahrzeug, das inzwischen durch den Jeep ersetzt wurde, das universellste Fahrzeug des Zweiten Weltkriegs, durch die zerklüftete Kau-Wüste. Die Vulkanologie war in vielerlei Hinsicht ein Kriegsschauplatz, daher nannte ich mein populäres Buch „Vulkane erklären den Krieg".

Erfindungen führten in den zwanziger Jahren zu Expeditionen nach Hawaii und in ferne Länder, manche auf Einladung, manche um Hilfe bei Katastrophen anzubieten und manche als natürliche Erweiterung meiner eigenen Arbeit. Am 1. September 1923 kam es in Tokio zu einem großen Erdbeben. Mit Mrs. Jaggar durfte ich in Japan landen und die Auswirkungen der Katastrophe untersuchen. Die Zerstörung Tokios und Yokohamas war eine letzte, traurige Tragödie für Omori, der jahrelang daran gearbeitet hatte, den Kaiser und Japan zu schützen, indem er Erdbebenvorhersagen für Tokio studierte und Forschungen im Bereich erdbebensicherer Bautechnik durchführte. Es war ein grausamer Kommentar, dass sich die Katastrophe ereignete, während er an einem Wissenschaftskongress in Australien teilnahm, insbesondere da die große Zerstörung von Leben durch Feuer und

Taifunwinde verursacht wurde. Aber Omoris Organisation bewältigte das seismische Ereignis bewundernswert. Omori kehrte sofort zurück, starb jedoch fast sofort.

Wir fuhren in den Hafen von Yokohama ein und wurden von Captain Gatesford Lincoln USN und seiner Zerstörerflottille begrüßt. Wir gingen an Bord seines Flaggschiffs und wurden in seinem Boot zu den kaputten Anlegestellen von Yokohama gebracht, wo wir weder Zoll noch Polizei vorfanden. Wir gingen zum Lager der US-Marines inmitten der Trümmer des US-Konsulats, wo der Konsul getötet worden war.

Yokohama, das ich 1909 und 1914 gut gekannt hatte, war ein einziges Trümmerfeld; und der lange Bund mit seinen prächtigen Ufergebäuden, darunter das Grand Hotel, war ein Trümmerhaufen. Mein Klassenkamerad Purington, ein Bergbaugeologe, der mit seiner Familie im Grand übernachtet hatte, konnte mit einem Kind entkommen und kehrte zurück, um seine Frau zu retten. Ein zweites Erdbeben riss weiteres Mauerwerk herunter und zerquetschte ihn.

Man gab uns ein Zelt und erlaubte uns, mit den Marines zu spielen. Am nächsten Tag zwängten wir uns in einen Zug nach Tokio. Er war bis an die Türen voll und die Leute saßen auf dem Dach. Die Amerikaner warnten uns, uns so ungepflegt wie möglich zu kleiden, da die Bevölkerung nervös sei und Ausländer nicht wie Touristen aussehen dürften. Durch großes Glück gelangten wir in das Imperial Hotel, das dem Beben und dem Feuer standgehalten hatte, obwohl es erheblich beschädigt war.

Wir besuchten den Bezirk Honjo am Flussufer, wo die Zerstörung am größten war, und sahen die Überreste eines Haufens Leichen, Kleidung und Haushaltsgegenstände in einem kleinen Hof, in dem 30.000 Menschen verbrannt waren. Das Feuer war von allen Seiten herangekommen, und die schreiende Menge aus Männern, Frauen und Kindern drängte sich zwischen Handkarren und Kleiderbündeln übereinander – Brennholz, das den Schrecken noch verstärkte.

Der Bürgermeister von Tokio schickte uns mit einem kleinen Dampfer zur Insel Oshima, auf der sich der Vulkan Mihara in der Nähe des Erdbebenzentrums befindet. Wir stiegen hinauf und schauten in eine glühende Grube hinab, aus der zu diesem Zeitpunkt kein Lavastrom austrat, obwohl Mihara für seine Basaltströme berühmt ist.

Wassermessungen zeigten eine Senkung von 900 Fuß in der Sagami-Bucht gegenüber von Oshima, und auch anderswo gab es Veränderungen in der Tiefe, einige wurden durch Unterwasser-Erdrutsche flacher. Wir fuhren zur Halbinsel Boshu östlich von Tokio, wo der Strand seit vielen Jahren angestiegen war und wo das Erdbeben die Kais auf dem Trockenen liegen ließ. Die Hauptwirkung des Erdbebens, das sich mittags ereignete, gerade als in den dürftigen japanischen Häusern aus Holz und Papier alle Holzkohlepfannen zum Mittagessen angezündet wurden, bestand darin, dass es in einem Gebiet von Hunderten von Quadratmeilen und in zwanzig Städten Brände gab. Wasserreservoirs wurden zerstört, es gab keine ausreichende Feuerwehr, um einen Brand zu bekämpfen, und ein starker Wind wehte im hellen Sonnenschein. Ein Merkmal japanischer Städte war das Fehlen offener Alleen für Flüchtlinge, weshalb Hunderttausende von Menschen zerquetscht, verbrannt, ertränkt, erstickt und vernichtet wurden und Fabriken, Eisenbahnzüge, Wasserversorgungen, Kraftwerke und alle wichtigen Versorgungseinrichtungen in einem großen Ballungsraum mit einer Bevölkerung von vielen Millionen zerstört wurden. Die horizontale Bewegung des Bodens betrug während des Erdbebens etwa 20 Zentimeter, und die Nachbeben dauerten noch viele Monate an.

Wir erkundeten Yokohama und kletterten auf die Klippe, wo alles zerstört war und Erdrutsche den Abgrund hinuntergestürzt waren. Wir besuchten die Überreste einer wunderschönen Villa im englischen Stil mit Schieferdach, die von zwei Missionarinnen und ihren zahlreichen Papageien bewohnt worden war. Diese Menschen hatten zusammen mit ihren Papageien in einer Hütte gelagert, die ihr Gärtner gebaut hatte, denn das Haus war wie ein Kartenhaus eingestürzt. Eine Frau war zwischen ihrem Bett und der Wand eingeklemmt und war völlig unverletzt, als der Gärtner sie durch die Risse im Dach ausgrub.

Wissenschaftlich gesehen kann man die Folgen dieses Erdbebens nicht durch eine einzelne Verwerfung erklären. Was auch immer mit dem Boden der Sagami-Bucht geschah, wurde nicht durch eine große Spalte über den Strand bis zur Küste übertragen. An mehreren Stellen wurden kleine Verwerfungen festgestellt, die Küstenlinie hob sich an einer Stelle um einige Fuß und senkte sich an einer anderen Stelle; aber keine Bewegung wie die große Senkung des Bodens der Bucht überquerte die Kontaktstelle zwischen Meer und Land. Es schien, als ob der Rand der Bucht selbst einen Bereich plötzlichen Abrutschens umriss, der irgendwie mit dem Mihara-Vulkan auf Oshima zusammenhing; aber die Küstenlinie dieser Insel war nicht ernsthaft betroffen. Die großen Berge am Fuße des Fujiyama und der Hakone-Bezirk wurden durch zerbrochene Eisenbahntunnel und Erdrutsche zu einem Haufen zusammengeschüttelt, aber die Topographie wurde nicht verändert.

Eine erneute Untersuchung trigonometrischer Stationen westlich von Tokio ergab Bewegungen, die darauf hindeuteten, dass das Land spiralförmig verdreht worden war. Es war mir jedoch immer ein Rätsel, warum die Bewegungen an Land so gering waren, während die Veränderungen am Boden der Bucht so groß waren.

Es gab eine lokale Flutwelle an der Bucht von Kamakura, aber keine große Flutwelle aus der Tiefsee erreichte Tokio. Ein vulkanischer Ausbruch aus tiefer Lava hatte den Meeresboden aufgerissen und erschüttert, aber wie er reagierte, ist völlig unklar. Es war ganz anders als das Erdbeben von San Francisco mit seiner seitlichen Verschiebung von 21 Fuß und einem 400 Meilen langen Riss.

Als wir 1926 mit dem Pacific Science Congress nach Japan zurückkehrten, war die Restaurierung Tokios praktisch abgeschlossen und eine prächtige Großstadt mit breiten und großen Parkanlagen war entstanden. Die Regierung unterhielt die am Kongress teilnehmenden Wissenschaftler großzügig. Dr. Lacroix und ich wurden nach Osaka geschickt, um Vorträge zu halten und Dias des Mount Pelée zu zeigen. Außerdem wurden für die Besucher Expeditionen durch ganz Japan organisiert. Ich hatte zum ersten Mal Gelegenheit, die großen basaltischen Lavafelder des Seengebiets am Fuße des Fujiyama zu sehen, und ich war erstaunt über die Ähnlichkeit des basaltischen Pahoehoe mit unseren hawaiianischen Ausflüssen und über die Frische der Laven und Lavahöhlen. Ich hatte nie gedacht, dass der Fujiyama ein Vulkan mit „Lavastrom" wäre.

Meine nächste Expedition fand im Herbst 1924 statt, als ich von HE Gregory, dem Direktor des Bishop Museums, eingeladen wurde, an einer Expedition auf der USS *Whippoorwill* unter Commander Samuel King zu den Howland- und Bakerinseln teilzunehmen. Weitere Teilnehmer der Expedition waren C. Montague Cooke (Malakologe), George Munro (Ornithologe), Erling Christophersen (Botaniker), Ted Dranga (Muschelsammler), George Collins (Museumsverwalter) und Bruce Cartwright (Naturforscher). Diese Männer wurden eingeladen, eine von mehreren Gruppen des Bishop Museums zu bilden, die zu den Südseeinseln geschickt wurden, um dort zu sammeln und zu berichten.

Als Geologe bestand meine Aufgabe darin, einen tragbaren Seismographen mitzuführen und Erdbeben oder Mikrobeben aufzuzeichnen sowie Fotos zu machen. Wir hatten im Observatorium ein einteiliges Horizontalpendel gebaut, dessen Chronographentrommel aus Räucherpapier bestand. Im Lager ließ ich die Kiste mit dem Seismographen in ein Loch im Sand unter meiner Pritsche hinab, um herauszufinden, welche Erschütterungen auf diesen flachen Koralleninseln auftraten. Während unseres gesamten Aufenthalts wurden jedoch innerhalb der Empfindlichkeitsgrenze des kleinen Seismographen keine Bewegungen festgestellt.

Howland und Baker sind kleine Koralleninseln (keine Atolle) nahe dem Äquator, ohne Lagunen und umgeben von tiefem Wasser. Howland wurde später durch die Tragödie um Amelia Earhart berühmt, für die die Küstenwache auf der Insel einen Flugplatz vorbereitete. 50 Jahre zuvor war auf diesen Inseln Guano-Grabungen für Truppen aus Honolulu stattgefunden hatten, und wir fanden alte Zisternen und Spuren. Die Inseln waren von Tausenden von Goonies (Tölpeln), Portugiesischen Galeeren und Seeschwalben bewohnt. An manchen Stellen bedeckten sie den Boden mit ihren Nestern, Eiern und Jungen und erhoben sich geräuschvoll in furchterregenden Schwärmen, als wir zwischen ihnen hindurchgingen. Das Land bestand aus vollkommen flachem braunem Guano und rotem Unkraut, mit Stränden aus Korallenblöcken und *Tridacna* oder Riesenmuscheln, den höchsten Bergrücken auf der dem Wind zugewandten Seite. Die Passatwinde aus Ost waren die meiste Zeit ein kräftiger Sturm, und unser Schiff musste uns an den windabgewandten Stränden an Land bringen, wo wir unser Lager in einer Reihe von Zelten aufschlugen. Das Personal wurde für jedes Zelt in Paare aufgeteilt, und philippinische Küchenjungen kümmerten sich um das Kochen.

Die Landung war mühsam, da selbst auf der Leeseite starker Wellengang herrschte und ein Mann mit einer Leine zwischen den Zähnen heranschwimmen musste. Der Schwimmer, Ted Dranga, machte die Leine zwischen einer Boje und dem Ufer fest und entzündete dann ein Signalfeuer, während das Schiff abseits stand. Männer und Gepäck wurden in ein Boot geladen und von dem Matrosen im Bug an Land gezogen, der bei günstigem Wellengang Hand über Hand an dem Seil von der Boje zog. Das Schiff musste jede Nacht abtreiben und wieder zurückkommen, da es keinen Ankerplatz gab. Ein paar verkrüppelte Kou-Bäume waren noch aus der Zeit des Guano-Grabens erhalten, und zahlreiche Gräser und fleischblättrige Salzpflanzen wuchsen. Die Strände waren voller Ratten, Einsiedlerkrebse und einiger weißer Geisterkrabben. Die Geisterkrabben sah man nachts ins Wasser flattern, wenn man eine Taschenlampe auf die Wellen richtete.

Die Einsiedlerkrebse kamen nachts mit geliehenen Schalen klirrend über den Zeltboden unter unseren Feldbetten; und wenn man mit einer Taschenlampe am Strand entlangging, tapsten in alle Richtungen polynesische Ratten davon. Sie waren mit den Guano-Schonern gebracht worden und ernährten sich zweifellos von Schalentieren, Vögeln, Eiern und Jungvögeln.

Die wichtigsten Produkte dieser Expedition waren Notizen, Bilder, Karten und Sammlungen.

In den nächsten Jahren sollten wir Expeditionen mit Experimenten zur Organisation neuer Observatorien in Kalifornien und Alaska kombinieren.

Als Richter Cramton vorschlug, die Vulkane Kaliforniens als Forschungsgebiet zu betrachten, waren sie eine naheliegende Wahl, als er vorschlug, die Vulkanforschung zu erweitern. Es gelang ihm, mir eine

Abteilung für Vulkanologie im Geological Survey zu verschaffen, und ich schickte RH Finch in den Lassen Volcanic National Park, wo er sein Hauptquartier in Mineral einrichtete. Lassen hatte von 1912 bis 1914 Dampfexplosionen durchgeführt, die in den Wald hineingerast waren und eine ebenso horizontale Zerstörung angerichtet hatten wie am Mount Pelée. Man war sich nicht bewusst, wie schrecklich diese Explosion war, denn sie ereignete sich in den Wäldern auf dem Gipfel der Sierra Nevada und war kaum bekannt. Der Nationalpark dort wurde erst später gegründet. Es ist ein Gebiet mit einem jüngeren (1871?) Schlackenkegel und felsigem Lavastrom, kochenden Seen und Schlammtöpfen, zahlreichen Solfataren und heißen Quellen und einer Lavahöhle, die denen auf Hawaii sehr ähnlich ist.

21. Die Honukai *am Strand von Alaska, 1928. Jaggar rechts*

22. Der Ohiki, *der erste Amphibienlastwagen, mit den Passagieren Isabel Jaggar, Tahara, LA Thurston, Jaggar und Ted Dranga, 1928*

23. *Lavastrom erreicht das Dorf Hoopuloa, 1926*

Lassen Peak ist der südlichste Vulkan an der Grenze zwischen der
Kaskadenkette und der Sierra Nevada. Die Vulkankette erstreckt sich über
Mount Baker hinaus bis nach Kanada. Nördlich von Lassen liegt die Region
Glass Mountain, wo es obsidianhaltige Lavaströme gibt. Wie Mount Shasta
ist Lassen ein Vulkan mit sehr wenigen Ausbrüchen in jüngerer Zeit, aber im
19. Jahrhundert gab es mindestens zwei Ausbrüche. Diese beiden Vulkane
ähneln Pelée und Soufrière. Ihre lineare Beschaffenheit deutet auf einen
langen, zerklüfteten Riss in der Erdkruste hin, und südlich von Lassen deutet
ein versetzter Riss am Mount St. Helena nahe dem berühmten überhitzten
Dampf von Geyserville hin. Dies liegt in der Nähe des nördlichen Endes des
großen San-Andreas-Rifts, der sich viele hundert Meilen südöstlich von San
Francisco erstreckt. Der Graben verlagerte sich während des Erdbebens von
1906 in Nord-Süd-Richtung und ist einer der vielen Beweise dafür, dass die
von Nord nach Süd verlaufenden Verwerfungen Kaliforniens alle Teil der
Verwerfungen über der Lava der Kordillere im Verhältnis zu den
abgesunkenen Platten des Pazifischen Ozeans sind.

Ich beauftragte Finch mit der Leitung der Seismographen der Aleuten-Inseln
sowie des Seismographen, den er in Mineral aufbauen sollte. Mit Wilson als
Seismologe und Instrumentenkonstrukteur in Hawaii begannen wir mit der
Konstruktion horizontaler Pendel, wie sie in Hawaii verwendet werden,
wobei wir die Gewichte aus großen Eisenrohren herstellten, die am
Einsatzort mit Sand gefüllt wurden. Dies waren Zweikomponenten-
Seismographen, die auf einer einzigen Chronographentrommel

aufzeichneten. Wir schickten einen an die Küstenvermessungsstation in Sitka und bauten zwei weitere für Kodiak und Unalaska. Finch baute und installierte seinen eigenen Seismographen in Mineral. Er begann mit systematischen Untersuchungen der Temperaturen heißer Quellen und Dampfstrahlen in verschiedenen Teilen des Lassen Parks und hielt engen Kontakt mit der Geologischen Fakultät der University of California in Berkeley. Lassen war Gegenstand geologischer Untersuchungen von Anderson und Finch, und später wurde das Parkgebiet von Howel Williams untersucht.

Ich ging nach Washington, um Regierungsvertreter zu treffen, insbesondere Professor Charles F. Marvin, den Chef des Wetteramtes, und Dr. GO Smith, den Direktor des Geologischen Dienstes. Ich kann Marvin, einem guten Konstrukteur, der in Washington einen umgekehrten Pendelseismographen konstruierte, gar nicht genug danken. Finch hatte mit Marvin zusammengearbeitet, als er während des Ersten Weltkriegs Wetterbeobachter in Flugzeugen war, die in Irland stationiert waren. Daher wurden die Methoden der Regierungskontakte und -berichte in den frühen Tagen unseres Observatoriums freundlicherweise von Marvin geleitet. Das Wetteramt war ein Ort der selbstaufzeichnenden Instrumente, etwas Neues für die Geologie und dringend erforderlich für die Vulkanbeobachtung. Denn das Wetter ist eine Angelegenheit gegenwärtiger Veränderungen, während sich die Geologie lange Zeit mit alten Proben beschäftigt hatte.

Direktor Smith war maßgeblich an der Einberufung eines Treffens von Wissenschaftlern aller Ämter beteiligt, die sich für die Aleuten-Inseln interessieren. Ich wurde ausgewählt, das Symposium zu leiten, an dem Vertreter der Klimatologie, Biologie und Fischerei, Geologie und Geochemie, Ozeanographie und Geodäsie, hydrografischen Kartierung, Schwerkraft und Magnetismus teilnahmen. Es zeigte sich, dass großes Interesse an der Alaska-Halbinsel und den Inseln bestand, und die Survey veröffentlichte ein Sonderbulletin zum Symposium.

WC Mendenhall, der eine Monographie über den Vulkan Mount Wrangell in der großen Biegung des Kontinents rund um den Golf von Alaska geschrieben hatte, wurde Direktor des Geological Survey und einer meiner besten Freunde.

1927 war ich mit Geländewagen und einem Seismographen bereit, um die Vulkane Alaskas noch einmal zu erkunden. Eine teure Expedition zu organisieren, für die ein Spezialschiff erforderlich gewesen wäre, kam offensichtlich nicht in Frage, aber in den Jahren nach der Technologieexpedition von 1907 hatte ich viele Sparmöglichkeiten kennengelernt, die ich ausprobieren wollte. Außerdem musste ich zwei experimentelle und mechanische Tests durchführen. Der erste war, in Alaska einen Seismographen aufzustellen, der zweite, die Strände Alaskas mit einem Geländewagen zu testen, um ein Amphibienboot zu bauen. Ich hatte in mehreren Sprachen über das Thema Kraftfahrzeuge mit Bootskörpern gelesen, und meine Erfahrung von 1907, als ich auf Umnak Island keinen Ankerplatz fand, hatte mich davon überzeugt, dass ich ein Schiff auf Rädern brauchte, das einen Strand Alaskas hinauffahren und in ein Lager umgebaut werden konnte. Also startete ich von Seattle aus mit einem Ford-Runabout mit niedrigem Gang. Ich lud es zuerst im Dorf Kodiak aus, wo es nur ein oder zwei Autos gab, und machte Tests, indem ich es an Stränden entlang fuhr.

In Kodiak erlaubte mir die Agricultural Experiment Station, den Seismographen in einem leeren Keller aufzustellen, und ich vereinbarte mit einer Hausfrau aus der Gegend, das Instrument zu bedienen. Mithilfe einer Anleitung führte sie Tests durch, wechselte das geräucherte Papier, lackierte es, schickte es per Post nach Hawaii und machte sich Notizen über die Erdbeben, die man spürte.

Der Roadster und ich fuhren dann mit dem örtlichen Postdampfer *Starr* , Kapitän Johanssen, entlang der Südküste der Halbinsel Alaska nach King Cove und machten unterwegs einen Zwischenstopp in Bradford. Als ich in King Cove von Bord ging, fuhr ich mit dem Auto den Strand entlang. Mit Hilfe des Konservenfabrikmechanikers versuchte ich, Windenspulen an den Antriebsrädern anzubringen, um das Auto auf das Grasland hinter dem Strand zu ziehen. Noch nie war ein Auto an der Konservenfabrik gelandet, es gab keine Straßen, und das Problem, vom Kai zur Tundra und von der Tundra zum Strand und wieder zurück zu gelangen, warf praktische mechanische Probleme auf, deren Lösung sich später als nützlich erweisen sollte. Wir fuhren den Strand entlang bis zu einer felsigen Landzunge, bis wir ein Amphibienboot brauchten, um die Landzunge zu umrunden und irgendwo dahinter wieder auf den steinigen Strand zu treffen. Wie das Bootsgehäuse konstruiert werden sollte, wurde auf Grundlage dieser Erfahrung geplant.

Der Leiter, der Arzt und die Bootsbauer der großen Konservenfabrik in King Cove planten für mich eine Erkundungstour mit John Gardner als Bootsführer und Peter Yatchmeneff als seinem Maat. Die beiden waren auf dem Weg, Bären für ein orientalisches Museum zu jagen und wollten den Vulkan Pavlof besuchen, den Vesuv der Halbinsel Alaska. Ich lud mein Gepäck auf ihre Motorschaluppe Plug *Ugly um* , und wir machten uns auf den Weg nach Pavlof Bay.

In Volcano Bay landeten wir für eine Bärenjagd, was für mich sehr aufregend war. Als wir in einem Amphitheater unter großen Bergen Bärenspuren fanden, kletterten wir in Richtung der Wasserscheide am oberen Ende, konnten aber keinen Weg finden, der darüber führte. Von der Anhöhe aus blickten wir über den Fluss auf Erlengruppen. John lieh sich mein Fernglas, gab es zurück und zeigte auf einen schwarzen Fleck weit weg unter den Büschen. „Ich habe ihn gerade bewegen sehen", sagte er, „der Fleck ist ein großer Braunbär, der sich dort versteckt hat."

Ich beobachtete weiter, wie John und Pete mit ihren Savage-Karabinern im Kaliber 25 durch das Tal krochen und sich im Schutz der Büsche vor dem Wind schützten. Ich sah, dass sie sich dem Wild sehr nahe näherten, verlor sie für ein paar Minuten aus den Augen, hörte dann zwei scharfe Knalle und sah, wie sich der Bär heftig bewegte, um sich schlug und den Boden aufwühlte, dann aber schnell nachließ. Ich bahnte mir meinen Weg durch das Tal und stellte fest, dass sie einen einjährigen Braunbären aus Alaska geschossen hatten. Den Rest des Tages widmeten wir uns dem Häuten, und wir versenkten den Schädel, der an einer Angelschnur von der Schaluppe befestigt war, auf dem Grund der Bucht, wo Meeresorganismen das restliche Fleisch wegfraßen und den Knochen sauber zurückließen.

Als nächstes segelten wir bis zur Spitze der Pavlof Bay und schlugen unser Lager in einer Barabara oder Grashütte auf, um uns auf eine Wanderung zu einem kleinen Vulkan vorzubereiten, der in der Nähe eines seichten Sees an der Nordseite des prächtigen Paares schneebedeckter Vulkankegel liegt, die als Pavlof und Pavlof Sister bekannt sind. Wir waren noch früh in der Saison und konnten einen Gletscher sehen, der sich vom Pavlof-Krater aus erstreckte, der eine Schale mit einem Kegel an der Seite des Gipfels ist. Der Krater ist wie ein Kragen, der Kegel wie der Knoten einer Krawatte, während der Gletscher das Band der Krawatte selbst ist und sich bis zu einem Wirrwarr schneebedeckter Hügel mit felsigen Moränen am Rande des Sees erstreckt. Wir schlugen unser Lager auf und gerieten in schlechtes Wetter und auch in eine Gruppe von Jägern vom Festland. Wir gaben die weitere Jagd auf und kehrten nach King Cove zurück, denn John hatte seinen Bären und das war genug. Die geschwungene Schönheit der Pavlof-Kegel mit den westlich davon verlaufenden Lavaströmen, die dick mit Schnee bedeckt sind, war außergewöhnlich und die Kenntnis dieser Kegel erwies sich bei der Planung einer späteren Expedition als nützlich.

Mrs. Jaggar wartete nach einer Reise über den Yukon ins Landesinnere Alaskas in Kodiak auf mich, während ich Kapitän Johanssens SS *Starr* nach Unalaska nahm, wo ich meine Freunde von der Küstenwache traf und eine Einladung erhielt, später auf der *Unalga* nach Attu zu fahren. Ich blieb auf der *Starr* bis zur Bristol Bay auf der Seite des Beringmeers, um die Halbinsel Alaska von Norden aus zu sehen.

Eine lohnende Aussicht bot sich mir auf den fast unzugänglichen Aghileen Pinnacles, einem wunderbaren Berg westlich von Pavlof, der aus Dutzenden aufrechter Spitzen besteht, die alle mit Eis bedeckt sind und wie eine Ansammlung von Kathedralen in einem Schneesturm aussehen. Am Ende der Bristol Bay sah ich eine der staatlichen Indianerschulen, traf einige der Lehrer und traf Trapper, die mit interessanten Sammlungen von Fuchspelzen an Bord kamen. Sie erzählten mir vom Naknek Lake, der im Winter von dieser Seite aus mit Hundeschlitten Zugang zum Katmai bietet. Die notwendigen Huskys waren auf den Feldern rund um eine Missionsstation angebunden.

Zwischen einem Ladenbesitzer des Bezirks und dem US-Marshall kam es zu einem Tumult wegen einer Fehde zwischen zwei Dörfern, die sich um den Standort eines US-Postamts stritten. Es wurde nicht geschossen, obwohl es einige Minuten lang schlimm aussah, und mir wurde klar, dass der hohe Norden eine Kopie des hohen Westens war.

Nach meiner Rückkehr nach Unalaska wurden Küstenwacheoffiziere und ich zu einem Abendessen an Bord des deutschen Kreuzers und Schulschiffs *Emden eingeladen. Ich hatte nichts als einen Jagdmantel an, während die anderen Ausgehuniformen trugen, aber die Deutschen störten sich nicht daran. Die Offiziere der Emden* , von denen ich später noch hörte, darunter Kapitän Foerster, ein Bekannter meines Sohnes in Seattle, gefielen mir sehr gut .

An Bord der *Unalga* bekam ich die Kapitänskajüte, da er krankgeschrieben war. Erster Offizier Perkins, der als Kapitän fungierte, zog es vor, in seinem eigenen Quartier zu leben. Ein weiterer Gast auf der Reise nach Attu war Jack McCord, dessen Interessen Schafzucht und Walfang waren, zwei Industriezweige, die auf den Inseln experimentelle Fortschritte machten. Wir sahen eine Schaffarm im westlichen Teil der Insel Unalaska und erfuhren, dass bei einer kürzlichen Landung auf Bogoslof Bedingungen vorgefunden worden waren, die denen ähnelten, die ich 1907 gesehen hatte, als ich den rauchenden Kegel, die Millionen von Trottellummen, die drei Inseln, die verbindenden Strände, die warme Lagune und die Dutzenden von Seelöwen bemerkte.

In Nikolski am Westende der Insel Umnak, einem flachen Land, in dem Sedimentgestein zutage trat, mussten wir einen vor kurzem im Hafen gesunkenen Schoner bergen und sprengen. Auf dem Weg nach Westen passierten wir Kegel in Gruppen oder auf einzelnen Inseln und begegneten den üblichen Nebel- und Sturmböen. Die Offiziere waren an Adak Harbor interessiert, aber unser Plan, dort einzulaufen, wurde durch Stürme vereitelt.

Wir ankerten vor Chugul, wo zwei Aleuten und ein Junge monatelang gestrandet waren, weil der gesunkene Schoner nicht zurückgekehrt war. Ein Händler hatte die Insel gepachtet und sie zurückgelassen, um für ihn Blaufüchse zu sammeln. Als ihre Vorräte aufgebraucht waren, lebten sie von Fisch, Pflanzen, Eiern und Seevögeln. Sie hatten noch Streichhölzer, aber keine Munition, also luden sie Patronen, indem sie Streichholzenden zusammenbastelten. Sie waren jedoch in einer Grashütte an einer Seite des grasbewachsenen Vulkans untergebracht und waren der lebende Beweis dafür, dass ein Aleuten nicht verhungern kann. Sie waren fett und gesund und hatten eine gute Ladung Pelze. Als wir sie in das Dorf auf Attu brachten, war das Erste, was einer dieser Männer tat, mit Hilfe des örtlichen Priesters ein Attu-Mädchen zu heiraten.

Chugul war der letzte der formschönen Vulkankegel. Die Geologie von Attu war anders, mit alten metamorphen und sedimentären Gesteinen und uralten Laven, aber ohne Anzeichen von frischen Vulkanen. Es ist eine bergige Insel mit tiefen Fjorden, und wir überquerten eine Wasserscheide, um auf die Sarana Bay hinabzublicken, die durch den Zweiten Weltkrieg berühmt wurde. McCord und ich gingen auf die Halbinsel westlich des Dorfes Chernofski hinaus und sahen hinter der nächsten Bucht im Westen schneebedeckte Bergketten. Das Aleuten-Hochland ist mit üppigen Gräsern, vielen Blumen und viel moosigem Sumpf bedeckt; und an manchen Stellen gibt es Anzeichen von Terrassenbildung, als ob sie von alten erhöhten Stränden entstanden wären. Das Land ist zu nass und stürmisch, um für die Viehzucht attraktiv zu sein. Als wir jedoch auf der Insel Amchitka auf der Südseite der Kette landeten, fanden wir es trockener mit schönen grasbewachsenen Hochebenen. Wir fanden auch die üblichen Küstenklippen und Füchse.

Wir kehrten nach Unalaska zurück, wo mich das leere Hotelgebäude und die Kais in Dutch Harbor anzogen, die die Alaska Commercial Company nach dem florierenden Seehandel der Goldgewinnungszeit von Cape Nome aufgegeben hatte. Ich sprach mit den Offizieren der Firma über die Nutzung der Gebäude als wissenschaftliche Station. Ein altes Pulverhaus wäre als Seismographenkeller geeignet; die Funkstation war in der Nähe; und es gab Wasser, Holz und Unterkünfte für jeden möglichen Zweck. Es war ideal für eine geophysikalische Station auf den Aleuten, wenn Finanzierung und Zusammenarbeit möglich wären. Später, in Seattle, hielt ich eine Rede vor der Handelskammer und veröffentlichte in unserem Bulletin einen Vorschlag für ein Aleuten-Geografisches Observatorium, aber damals kam nichts dabei heraus. Die Aleuten wurden während des Zweiten Weltkriegs zu einem Zentrum für Landungsboote, Flugplätze und Verteidigungskräfte, und schließlich wurden unsere Männer Howard Powers und Austin Jones dort eingesetzt.

Im Jahr 1928 rüstete mich Gilbert Grosvenor von der National Geographic Society in Zusammenarbeit mit dem Geological Survey für eine Expedition aus, um 2.500 Quadratmeilen in der Umgebung des Vulkans Pavlof zu kartieren, zu fotografieren und zu vermessen. Wiederum hatte ich John Gardner und Pete als Lagermänner. McKinley, unser Topograph, brachte

Lasttiere mit und Alex Bradford brachte uns zu unserem Basislager in Canoe Bay. Ich schlief im Sommer in der *Honukai*, einem Amphibienboot aus Stahl mit zwei Schrauben, das in Chicago hergestellt wurde, nachdem in unserer Werkstatt am Hawaiian Observatory ein vorläufiges Schiff aus Holz mit Schaufelrädern gebaut und auf einer 400 Meilen langen Strecke entlang der Küste von Hawaii erprobt worden war.

Die Erprobung des ersten Schiffes, das wir *Ohiki nannten*, was auf Hawaii Geisterkrabbe bedeutet, fand im Frühjahr 1928 statt. Das gesamte Personal unseres Observatoriums war daran beteiligt, wobei Mrs. Jaggar wie üblich als Stewardess fungierte. Mr. Thurston begleitete mich als Passagier und Werbefachmann auf der Reise entlang der Westküste Hawaiis, wo ich die Strände von Kona erprobte und die Seetauglichkeit des Schiffes überprüfte.

Wir hatten am Anfang ein Missgeschick, da die Antriebsräder dazu neigten, sich in weiche Strände einzugraben. Wir mussten Waschbretter bauen, um die Bordkante mittschiffs anzuheben und so bei rauer See das Eindringen von Wasser zu vermeiden. Auf der Überlandfahrt von Kilauea, bei der wir das Boot als Lastwagen nutzten, war Mr. Thurston überwältigt von der Bewunderung für das 21 Fuß lange Arbeitsboot, das auf Rädern, gesteuert von den niedrigen Gängen eines Ford, die steilen Hügel von Kona hinunterdonnerte. Sein Bootskörper brachte alle Kinder am Straßenrand zu wilden Possen der Freude. Mein ausgezeichneter Lastwagenbauer Boyrie verwendete denselben Ford, der an den Stränden Alaskas entlanggefahren war, und baute ihn in der Maschinenwerkstatt des Observatoriums nach.

Wilsons Foto der *Ohiki* mit Mr. Thurston an Bord wurde zum Titelbild einer streng geheimen Veröffentlichung über Amphibienfahrzeuge des Vereinigten Armeestabs des Zweiten Weltkriegs in London. Der Amphibienkrieg im Pazifik und in der Normandie sollte Dutzende verschiedener Landungsboottypen hervorbringen, aber zum Zeitpunkt unserer Experimente hatte ich noch nicht damit gerechnet, dass sie im Krieg eingesetzt werden könnten.

Mit einer vierköpfigen Crew fuhren wir von Kailua nach Kawaihae entlang der Westküste von Hawaii, landeten an Stränden und Lavaströmen und schlugen in Makalawena, Kiholo und Puako ihr Lager auf. In Kawaihae stießen wir an der Vorderseite einer weichen, unter Wasser liegenden Böschung in seichtem Wasser auf echte Schwierigkeiten, da die Vorderräder zu viel Widerstand leisteten und sich die Hinterräder in den Schlammboden gruben. Wir brauchten die Zugkraft der Vorderräder, aber schließlich konnten wir das Boot mit Kraftzug, Seil und einem Baum den Strand hinaufziehen. Noch größere Schwierigkeiten ergaben sich auf unserem Weg nach Waimea, als wir hölzerne Hinterachsbefestigungen brachen. Dankbar gingen wir für einige Tage in die Werkstatt der Parker Ranch, bis wir nach Hilo und zum Vulkan zurückkehren und die Insel umrunden konnten.

Das Schiff von National Geographic wurde von George Powell gebaut, der ein „Mobilboot" von Ford anpries, das für Fischer konzipiert war, die die Seen des mittleren Kontinents befahren wollten. Er hatte mit einem größeren Modell begonnen, das Grosvenor für die National Geographic Expedition akzeptierte. Powell und ich probierten es auf den Straßen und Seen von Bellingham und an den Stränden des Puget Sound aus. Wir stellten alles extra zur Verfügung, denn in Alaska gab es keine Tankstellen am Straßenrand. Ein Fahrzeug mit Rädern war auf der Halbinsel unbekannt. Wir hatten lange Stahlmatten, die uns Halt auf dem oberen Sand eines Strandes gaben, und diese zusammen mit einer Bugwinde, Hebeln und Arbeitskräften ermöglichten es uns, die Strände zu verlassen und in die Tundra vorzudringen. Unsere Planung zahlte sich aus, denn auf den 400 Meilen entlang der Küste Alaskas von den Shumagin Islands nach King Cove über Wasser, Strände und Tundra mussten wir nicht einmal die Reifen aufpumpen. Die zahlreichen extrem niedrigen Gänge *des Honukai* ermöglichten es uns sogar, bis zur Schneegrenze zu fahren und das dicke Fell und die Knochen eines Bären hervorzuholen, den ich auf einem schneebedeckten Vulkan, dem Mount Dana, geschossen hatte.

Die Expedition war sehr produktiv. McKinley fertigte eine ausgezeichnete topografische Karte an; wir korrigierten Fehler in alten Karten; wir erhielten viele Fotos von Richard Stewart, der Foto-, Farb- und Filmkameras mit sich führte; und wir erhielten Mineralien, Fossilien, geologische Notizen und viele Pflanzen, die ich sammelte. McKinley verwendete für seine topografische Arbeit eine Panoramakamera und seine Weitwinkelfotos waren als Dokumentation des Landes von unschätzbarem Wert.

In der Zwischenzeit hielt ich Kontakt zur Seismographenstation in Kodiak. Die Dampfer der Pacific Commercial Company, die mehrere Konservenfabriken besaß und ihren Hauptsitz in Bellingham hatte, transportierten uns von Puget Sound nach King Cove, und die vielen Schlepper für die Lachsreusen der Konservenfabriken ermöglichten mir lokale Erkundungen entlang der Südküste. In einer Reuse hielten die Fischer ein zahmes Robbenbaby, das nichts anderes fraß als kleine Forellen, die es im Bach gefangen hatte. Es lebte in einer Kiste und ging nachts allein aufs Meer hinaus; am nächsten Morgen kam es aber immer wieder nach Hause.

1929 schickte Finch den Seismologen Austin Jones zur Radiostation Dutch Harbor, um dort eine Hütte für einen zweiten Seismographen in Alaska zu bauen, der nach dem hawaiianischen Vorbild von RM Wilson gebaut wurde. Jones brachte der Frau eines Funkers bei, wie man die Station bedient und die Seismogramme überträgt. Die Frauen, die die beiden Stationen in Kodiak und Dutch Harbor leiteten, setzten ihre Arbeit mehrere Jahre lang fort und blieben in ständigem Briefwechsel mit mir. Obwohl sie im Winter die Stationen aus Schneewehen ausgraben und mit allen möglichen Schäden durch Regen und Sturm fertig werden mussten, besuchten sie die Instrumente mutig und gewissenhaft. Das Wetter in diesem Land ist höllisch.

Obwohl beide Stationen weniger als 80 Kilometer von aktiven Vulkanen entfernt waren, gab es nicht viele Erdbeben und die Ergebnisse waren ganz anders als die, die wir am Rand der Kilauea-Caldera, nur drei Kilometer von einem aktiven Lavazentrum entfernt, aufgezeichnet haben. Damit haben wir gezeigt, dass man einen aktiven Vulkan nur studieren kann, wenn man in der Nähe des Kraters selbst lebt, selbst wenn man dafür einen unterirdischen Unterschlupf bauen muss.

Zum Abschluss dieser Geschichte unserer Alaska-Expeditionen der zwanziger Jahre muss ich im Gegensatz zu meiner Windjamming-Erfahrung von 1907 die Bedeutung des Wassertransports unterstreichen und denen Anerkennung zollen, die ihn ermöglicht haben. Tatsächlich erfolgte der gesamte Transport über das Wasser, bis Flugzeuge als Ergänzung eingesetzt wurden. Ich glaube, dass die US-Küstenwache, die sich um die Robben auf Pribilof Island kümmert, die größte Errungenschaft unserer Regierung bei der Überwachung dieser stürmischen Gewässer ist. Ihr 60 Fuß langer, mit Segeln ausgestatteter Motorkreuzer ist für Regierungsbehörden wie die Biological Survey zum Standard geworden und hat bei den Handelsschiffen den früheren, 80 Fuß langen Robbenschoner ersetzt.

Die Konservenfabriken unterhalten große Bootswerften und betreiben große und leistungsstarke Schlepper, die die Lachsfallen ansteuern. Die Fallen sind schwere Wehre aus nordwestlichen Kiefernstämmen, die von den Winterstürmen in Stücke geschlagen werden und jedes Frühjahr mit Rammen wieder aufgebaut werden müssen. Ein Nebenprodukt der Konservenfabriken und ein Geschenk des Himmels für Fallensteller, Fischer, Aleuten und Camper ist das Kiefernholz, das aus den jährlichen Trümmern der Lachsfallen an den Stränden verteilt wird . Es ist das einzige Brennholz und Baumaterial des Landes, das westlich von Kodiak zu finden ist, denn das Land hat keine Wälder.

Unser Beitrag zum Bootsproblem bestand in der Vorführung der Funktion eines Amphibien-Landefahrzeugs an den Stränden Alaskas und seiner Nützlichkeit an diesen Stränden, an denen ein Boot durch stürmisches Wetter in Schwierigkeiten geraten könnte.

Im Herbst 1928 kehrte ich in mein Hauptquartier auf Hawaii zurück. Das Jahr 1929 war von einer Erdbebenkrise geprägt, die Mitte September mit einer ungewöhnlichen Anzahl von Erschütterungen in der Nähe des Vulkans Hualalai begann, einem Ort, der bis dahin bemerkenswert erdbebenfrei war.

Dies war deshalb von Interesse, weil Ereignisse auf Mauna Loa gezeigt hatten, dass die Lavaquellen und Erdbebenzentren des südlichen Grabens immer höher lagen. Der Ausfluss von 1926 hatte begonnen, sich nordwärts über den Gipfelkrater zu spalten und dort eine beträchtliche Strömung ostwärts in Richtung Wood Valley zu erzeugen, während Wingate und seine topografische Gruppe in einem Lager in der Nähe des Gipfels lagerten. Als die Erdbeben von 1929 in der Nähe von Puuwaawaa begannen, sah es daher so aus, als ob die Ausbrüche des Mauna Loa im Nordwesten erneut beginnen könnten.

Ein sehr starkes Erdbeben vom 25. September war auf der ganzen Insel zu spüren, und in unserem Seismographenkeller gab es eine eigenartige Schwankung, die alle Instrumente zum Wackeln brachte, Aufzeichnungsstifte zerlegte und ein seltsames Gefühl erzeugte, als würde das Gebäude wie ein Boot in einem Strudel schwimmen. Sofort kam die Nachricht, dass Nord-Kona schwer betroffen war, insbesondere auf der Puuwaawaa Ranch in der Nähe des gleichnamigen Kegels, wo der Mauna-Loa-Strom von 1859 vorbeigeflogen war.

Ich fuhr sofort mit Mrs. Jaggar nach Puuwaawaa, wo wir von der Familie von Mrs. Robert Hind gastfreundlich aufgenommen wurden. Die Zerstörung war überall furchtbar: Häuser waren auseinandergerissen, Steinmauern in Richtung Meer geworfen, Wassertanks aus Redwood zerstört und Geschäfte auf der unteren Seite der Autobahn in Richtung Meer verschoben worden, wodurch eine Kluft zwischen ihnen und der Straße entstand. Als wir uns in unserem Schlafzimmer ausruhten, konnten wir lange Zeit die Fensterrahmen wie Uhren ticken hören, bis sie plötzlich erzitterten, als ob eine Welle den Berg unter uns durchbrochen hätte.

Ich kehrte zum Observatorium zurück, um einen Erschütterungsrekorder zu holen, den ich auf der Veranda der Ranch einsetzen und mit dem ich diese starken Bewegungserschütterungen zählen konnte. In der Zwischenzeit notierten die Bewohner von Kona die Uhrzeiten der Erschütterungen, die zu Hunderten kamen. Als ich am 5. Oktober gegen 18 UHR mit dem Auto durch Nord-Kona zurückfuhr, bemerkte ich eine unerklärliche Aufregung unter den Leuten am Straßenrand. Ich hielt am Haus von Frank Greenwell, dessen Frau eine zuverlässige Erdbebenzählerin war, und fand Mrs. Greenwell und ihre Tochter weinend auf der Veranda. Sie hatten gerade furchtbare Erdbeben erlebt, die ich in einem fahrenden Auto nicht gespürt hatte. Blumenvasen waren umgestürzt, Möbel durcheinandergeraten, Geschirr war vom Esstisch geschleudert worden und Küchenutensilien und Milch lagen durcheinander. Es war kaum zu glauben, dass etwas so Furchtbares passieren konnte, ohne dass ich es gespürt hatte.

In Puuwaawaa fand ich eine noch schlimmere Katastrophe vor. Der Steinkamin war umgestürzt, in der Vorratskammer im Keller war viel Porzellan und Glas zerbrochen, eine Steinbank war umgeworfen und auf dem Rasen zerbrochen, und eine Seite des Kellers war eingestürzt. Wir mussten in Autos leben, denn es hatte Erdrutsche auf dem Berg gegeben. Dieses Erdbeben war schlimmer als das vom 25. September. Sogar Hütten am Hang waren auseinandergerissen worden.

Ich stellte den Schockrekorder auf, der in den nächsten drei Monaten bis Mitte Dezember etwa 3.000 Erdbeben registrierte. Die Intensität und Häufigkeit dieser Beben nahm ab, wie es bei Nachbeben eines großen Erdbebens üblich ist, und erinnerte an 1868 und das südliche Ende der Insel. Zu dieser Zeit hatten sowohl Mauna Loa als auch Kilauea Riftausflüsse, und da das seismografische Zentrum der neuen Erdbeben in der Nähe der Ströme von 1800 und 1859 von Hualalai und Mauna Loa lag, erwarteten alle einen Lavastrom; aber es kam keiner. Armine von Tempski, die in dieser Zeit zu Besuch war, wurde inspiriert, „Lava" zu schreiben. Sie fügte einen Hualalai-Lavastrom hinzu und verwendete Material, das ich ihr zur Beschreibung gab. Ihre Beschreibung ist großartig, obwohl sie selbst noch nie einen Lavastrom gesehen hatte.

Das Erdbeben vom 5. Oktober traf die Westflanke des Mauna Kea heftig, wo Wassertanks umgeworfen und die hochgelegene Funkstation beschädigt wurde, und in Kamuela brachen Wasserleitungen. Parker Ranch wurde beschädigt, und die ständigen Erschütterungen entlang der gesamten Kona-Siedlung führten vielerorts zu Erdrutschen und Mauerwerksbrüchen, wobei die von Nord nach Süd verlaufenden Steinzäune immer stärker beschädigt wurden als die im rechten Winkel zur Küste stehenden.

Diese drei Monate der Erdbeben im Nordwesten, ein Zustand, der seit 1801, dem Jahr, in dem Hualalai-Lava ins Meer floss, unbekannt war, deuteten darauf hin, dass Lava nördlich von Mauna Loa kam. Dies war seit 1899 nicht mehr geschehen, denn die Ströme auf dem südwestlichen Graben, die immer in der Nähe des Gipfelkraters begannen, hatten in den Jahren 1903, 1907, 1914, 1916, 1919 und 1926 stattgefunden.

Man ging davon aus, dass sich der südwestliche Graben des Berges immer höher mit verfestigtem, glühendem Zement füllte, der nicht spröde genug war, um leicht aufzubrechen, während die nördlichen Graben – wie die Quellen von 1859, 1881 und 1899 – jetzt hart und spröde waren und leicht brechen konnten. Die Brüche nahmen die Form von Rissen im Nordwesten an, und dies waren Lavakeile, was durch die Ausflüsse am Gipfel und im Norden, die 1933 und 1935 folgten, bestätigt wurde.

Im Juli 1929 kam es zu einem erneuten Lavastrom nach Halemaumau, neunzehn Grad nördlich des Äquators. Und fast am selben Tag ereignete sich 2.000 Meilen entfernt auf Tin Can Island (Niuafoou) in Tonga ein seltsam zeitgleiches Ereignis, wo der Lavastrom fünfzehn Grad südlich des Äquators in einen basaltischen Ausbruch ausbrach . Offenbar hatte eine Spannung, die über die Zeit der Sonnenwende hinausging, auf den Äquatorvorsprung eingewirkt und die Verkeilen von Lavabrüchen auf beiden Seiten des Äquators ausgelöst.

Ich war erfreut, als mich das US Naval Observatory 1930 einlud, als Geologe an einer Expedition zur Erforschung der totalen Sonnenfinsternis nach Niuafoou zu gehen. Die Expedition unter Kapitän CHC Keppler nutzte die Marinestation in Samoa als Basis. Mrs. Jaggar begleitete mich bis nach Pago Pago und unternahm Ausflüge nach Westsamoa, Fidschi und zu den Tongainseln. Zusammen mit anderen Frauen von Expeditionsmitgliedern durfte sie zur Zeit der Sonnenfinsternis im Oktober einen kurzen Besuch auf Tin Can Island machen. Während sie einige Zeit in Samoa verbrachte, hörte sie sich die Anhörungen des Kongresses unter Senator Hiram Bingham an, bei denen es um die Frage der Zivil- und Marineregierung ging. Wir freuten uns, unseren alten Freund Captain Lincoln von der Erdbebenhilfe in Tokio als Marinekommandanten in Samoa anzutreffen, und ich erneuerte auch die Bekanntschaft mit dem Piloten meines Begleitflugzeugs bei der Notlandung auf Molokai 1924, Lieutenant Bill Sinton, und seiner Familie, die wir in Honolulu wiedersehen sollten. Ein prominenter Vertreter von Kapitän Kepplers Stab war Lieutenant Commander Kellers, ein Arzt und Naturforscher, dessen Unternehmungen auf der Niuafoou-Expedition sich, wie auch meine, mit anderen Wissenschaften als der Astronomie befassten.

Vom Meer aus hat Niuafoou die Form eines Hutes. Er hat einen Durchmesser von etwa acht Kilometern und elf Dörfer, die meisten davon an der Ostküste, und hatte damals eine Bevölkerung von etwa tausend Menschen. In der Mitte befindet sich ein kreisförmiger See, der von Klippen begrenzt wird und dem Crater Lake in Oregon sehr ähnlich ist. Er liegt etwa 21 Meter über dem Meeresspiegel, ist 76 Meter tief und hat leicht brackiges Wasser. Das Marinelager wurde in Angaha auf der Nordseite der Insel errichtet, und hier beherbergte ein neues Dorf die Flüchtlinge aus Futu im Nordwesten, das 1929 von einem AA-Lavastrom zerstört wurde. Dieser Strom stammte aus ausbrechenden Rissen, die sich nach Norden und Süden entlang der Westseite des Ringkamms um den Kratersee erstreckten. Diese Lavaströme waren an der Quelle flüssiges Pahoehoe, waren an vielen Stellen ins Meer geflossen und hatten markante Baumformen um Kokospalmen herum gebildet, die als Steinbäume übrig blieben, als das Holz brannte und die flüssige Lava absank. Der westliche Quellspalt erstreckt sich bis zum südlichen Ende der Insel und war für die meisten der früheren Ausbrüche verantwortlich, die der Geschichte bekannt sind. Futu war die einzige westliche Siedlung, die übrig blieb.

Angaha kam einem Hafen am nächsten, lag aber tatsächlich auf einer offenen Reede mit einem felsigen Bootsanleger und einer Kopra-Rutsche unterhalb des Dorfes, das wiederum auf einer Klippe darüber lag.

Kopra, das einzige handelsübliche Produkt, wird von zwei australischen Firmen gekauft und gelagert. Die beiden erwachsenen Söhne des Geschäftsführers einer dieser Firmen halfen mir beim Wandern und Fotografieren auf der ganzen Insel. Die Landung in Angaha brachte den Namen Tin Can Island ein, denn die ankommenden Dampfschiffe hielten eine Meile vor der Küste an und die eingehende Post, die vom Dampfschiffingenieur in große Keksdosen gelötet und zusammengebunden ins Meer gelassen wurde. Die Dosen wurden vom Dorfpolizisten hereingeschleppt. Die ausgehende Post wurde in Papierpaketen transportiert, die auf Stöcke gebunden und von mutigen Schwimmern mit Hau-Holzstangen hochgehalten wurden, die sie als Schwimmkörper unter den Armen hielten. Kurz nach unserer Reise bekam ein Hai einen Schwimmer und Kanus wurden adoptiert.

Dank der seltenen Schiffsbesuche waren die Eingeborenen unberührte, prächtige Exemplare der polynesischen Rasse. Die Gesetze Tongas verlangten von jedem Jugendlichen, einen Bereich mit Kokospalmen und Gemüse anzubauen, und die Insel war von schönen Wanderwegen durchzogen. Die Häuser und Kirchen waren exquisite gewölbte Bauten mit Strohdächern, deren Balken mit Schnüren aus Kokosfasern zusammengebunden waren. Es gab einheimische Pfarrer, und die Chöre waren hervorragend. Die Gottesdienste begannen oft um 4 UHR MORGENS.

Meine Aufgabe bestand darin, mit drei Kameras Fotos zu machen und eine geologische Karte anzufertigen. Nordöstlich des Kratersees befindet sich eine Ansammlung von Sandhügeln, Relikte eines ungewöhnlichen explosiven Ausbruchs im Jahr 1878, einem weiteren hawaiianischen Ausbruchsdatum. Dieser Ausbruch war auf eine Seite des Kraters beschränkt und kam durch den Wandspalt zwischen der umgebenden Klippe und der Spitze des Lavapfropfens unter dem See. Seine Beschreibung erinnert sehr an die Kilauea-Dampfexplosionen von 1924.

Wir fanden einen bemerkenswerten Bewohner des Sandes, den Malau-Vogel, ein kleines Rebhuhn mit großen Füßen, mit denen es ein tiefes Loch in den Sand grub, um sein großes Ei darin zu vergraben, das es dann zudeckte. Die Hitze der Sonne erledigte den Rest, wobei der warme Sand als Brutkasten diente. Der junge Vogel kratzte sich ohne Hilfe seiner Mutter seinen Weg in die Freiheit und konnte fliegen. Ein weiteres Objekt aus Dr. Kellers Naturgeschichte war der Flughund, eine riesige Fledermaus mit einem hohen Gesangston und duftenden Brutstätten in den Baumkronen. Er hatte einen schweren Flug wie ein Adler. Ein drittes Objekt war die winzige schwarze

Krabbe, so groß wie ein Zehncentstück, die inmitten von Kalkebenen an einer Seite des Sees lebte, wo es Krusten gab, die an Kalkalgen erinnerten. Die kleinen schwarzen Krabben, die zu Tausenden inmitten der Kruste lebten, ähnelten kompakten Spinnen.

Ein künstliches Element, das sehr praktisch war, war ein Pfad, der der Spitze des Ringkamms um den Krater herum folgte. Die Quensell-Jungs hatten ein Ruderboot auf dem See, und Dr. Kellers und ich wurden von ihnen in alle Teile der Insel geführt, wobei wir die Leute in den Dörfern entlang der östlichen Passatküste kennenlernten. Genau wie auf Hawaii ist der Passat ein bestimmendes Element; und die Brandung erodiert Klippen im Osten, während Strände entlang der Lavaströme der westlichen Strandlinie häufiger sind. Diese sind windgeschützt, aber weit von Siedlungen entfernt. Die gesamte Insel besteht aus Lava- und Ascheablagerungen und ist offensichtlich die Spitze eines Vulkankegels, der weit unter den Meeresspiegel reicht. Die Lavaaktivität, wie die Anordnung der alten und neuen Quellrisse zeigt, hängt von konzentrischen Rissen um die Caldera ab, die konzentrische Spalten bilden, und nicht die langen radialen, die man auf Hawaii findet. Der Riss entlang der Westseite – der die aufeinanderfolgenden Ströme von Süden nach Norden entlüftet hatte und mit dem Futu-Strom von 1929 endete – deutete darauf hin, dass der nächste Strom Angaha bedrohen könnte. Genau das geschah im nächsten Jahrzehnt und zwang die Inselbevölkerung zur Evakuierung.

Meine Geologiefotos und Bilder von Menschen, Schiffen und Wohnhäusern wurden in einem Dunkelkammerzelt entwickelt, das ich in einem Kopraschuppen aufstellte, damit die Entwicklung der Negative parallel zu den Belichtungen ablief. Koprawanzen, die im Dunkeln über mich krabbelten und in den Entwickler gelangten, sorgten für zusätzliche Aufregung, und der ewige Geruch von Kopra begann, meine Träume zu färben.

Unsere Routinearbeit wurde durch zwei gute Kämpfe unterbrochen, eine Schlägerei zwischen einem philippinischen Steward und einem Matrosen und eine Schlägerei zwischen zwei einheimischen Frauen aus Angaha. Der wirkliche Spaß war der Streit zwischen den beiden Frauen. Eine jüngere Frau, ein lockerer, schriller Charakter, der bei den Dorfbewohnern und den Matrosen unbeliebt war, versuchte eine ältere Frau anzugreifen, eine große, kräftige Dame. Es gab Geschrei, Haareziehen und Faustkämpfe, während die Marinemänner um sie herumstanden und sie anfeuerten. Die jüngere Frau machte den meisten Lärm, während die ältere Frau lachte und der anderen die Kleider vom Leib riss. Schließlich zog sich die junge Frau in Tränen und mit zerfetzter Kleidung zurück und verschwand.

Aber um auf die Sonnenfinsternis zurückzukommen: Teleskoplinsen wurden auf hohen Gerüsten montiert, die Damen kamen im Oktober an und die totale Sonnenfinsternis ereignete sich und wurde zum erwarteten Zeitpunkt fotografiert.

Als für uns die Zeit kam, nach Samoa zurückzukehren, hatten einige von uns das Glück, einen Platz auf dem Kopraschiff *Carisso der Flood Brothers* aus San Francisco zu bekommen. Zusammen mit der Familie eines Marineoffiziers gingen wir in Niuatoputapu (Keppel Island) an Land, nachdem wir über eine Strickleiter zu einem schaukelnden Walfangboot hinabgeklettert waren. Wir fanden wunderschöne Matten, den Reichtum der Menschen in ganz Tonga. Die Männer und Frauen des Dorfes, die Matten zu verkaufen hatten, waren nicht so sehr an Münzen, Schmuck und Waren interessiert als an unserer Kleidung. Ich tauschte buchstäblich Hemd und Anzug gegen eine wunderschöne, mit Muschelhaufen verzierte Matte aus, die als Geschenk für Königin Charlotte bei ihrem nächsten Besuch gedacht war. Wir hatten das Glück, Samoa bei gutem Wetter zu erreichen, doch nach unserer Ankunft richtete ein schwerer Sturm verheerende Schäden an der *Tanager* an, die astronomische Fotoplatten und Bündel polynesischer Matten transportierte und vom Meerwasser stark beschädigt war.

Kapitel VI
Prophezeiung und Hoffnung

„ Denn unser Wissen ist stückweise, und auch unsere Prophetie ist stückweise. "

Das fünfte Jahrzehnt meiner sechzigjährigen Tätigkeit als Geologe, von 1931 bis 1940, war eine Zeit der Kulmination auf dem Kilauea; das Ende eines Elfjahreszyklus auf dem Mauna Loa und die Einleitung eines neuen Mauna-Loa-Zyklus im Jahr 1940. Dieser neue Zyklus ähnelte auffallend dem, der auf 1843 folgte, aufgrund der Ähnlichkeit der Orte – insbesondere der Nordseite des Mauna Loa in Richtung Humuula, gefolgt von der Nordostseite in Richtung Hilo – und der Eruptionsintervalle. Der Kilauea verhielt sich im 19. Jahrhundert anders, denn 1840 riss er die Ostflanke auf und ließ eine Lavaflut ins Meer strömen, obwohl er seine Lava später wieder nach Halemaumau zurückgab.

Im Jahr 1934 hingegen ging Halemaumau in den Ruhezustand, nachdem im September eine weitere extra dicke Füllung auf den Boden der Halemaumau-Grube gegeben worden war, als diese hinter 300 Fuß hohen Wandplatten hervorquoll und in 25 Lavastreifen den Schutt hinabstürzte. Dies bewies, dass die Sprudelung in einem kleinen Riss weit über den Pegel des Lavasees in der Grube hinausgehen kann. Es bot ein wunderbares Schauspiel in der Dunkelheit des frühen Morgens, und der neue Lavasee stieg schnell innerhalb des flach trichterförmigen Schutts auf. Dieser lag in einem Winkel von dreißig Grad, so dass die Ausbreitung nach außen den See vergrößerte und über den Fuß des Schutts hinausreichte.

Der auffällige Hang aus Erdrutschgestein war von Lawinen gespeist worden und lag an dem Halbkreis der Wandplatte, hinter dem die Kaskaden aufgestiegen waren. Diese Quelle wanderte um die Platte herum nach Norden und entwickelte dort die größten Fontänenstrahlen. Durch die Ausbreitung des neuen Sees nach außen und oben wurden diese Strahlen zu Seefontänen, während die kaskadenartigen Bänder am Hang aufhörten. Der See stieg an und verkrustete. Die nördlichen Fontänen wurden zu einem kleinen ovalen Teich und einem Zentrum der Ansammlung und Aufwölbung, während Pahoehoe-Lava einen Hang hinunter zu den Rändern des Bodenhaufens im Süden und Osten strahlte. Untersuchungen zu dieser Zeit platzierten den nördlichen Lavateich definitiv an der Spitze eines inneren Haufens. Die Fontänen im Teich verwandelten sich in kleine Kegel mit eigenen Kratern. Diese entwickelten nach einem Monat Gasexplosionen, die Lavafetzen bis zu 240 Meter hoch und manchmal höher als den Rand der Grube schleuderten.

Dies führte zu einem Absacken der explodierenden Kegel. Die Explosionen waren ein Symptom der zunehmenden Viskosität der Lava unter dem

Bodenhaufen, und die Viskosität zeigte sich in steifer Lava, die an den Rändern des Bodens aufquoll. Diese füllte das Wandtal auf und kompensierte so das Absacken, sodass der Boden eben wurde. Dann hörte die Aktivität auf. Dies alles zeigte, wie eine innere Kuppel in Halemaumau mit einer Intrusionslinse gefüllt werden konnte, die durch Aufquellen an den Rändern die Kuppel wieder horizontal ausrichten konnte. Es war wie bei den „Laccolithen" der Black Hills. Nach dem Ausbruch von 1934 war Kilauea für 18 Jahre einfach nicht mehr aktiv. Die Lava von Halemaumau kehrte 1952 zurück.

Inzwischen war die Aktivität auf Mauna Loa wiederaufgenommen worden, mit Zuflüssen in die Gipfelkrater im Jahr 1933 und mit intensiver seismischer Aktivität unter dem nordöstlichen Graben. Die Tiefe der seismischen Zentren betrug zunächst 22 Kilometer, später 8 Kilometer, wie der Seismologe Hugh Waesche berichtete. Er arbeitete mit den von Austin Jones aufgestellten Formeln für Entfernung, Richtung und Tiefe und verwendete vorläufige Erdbeben, vergleichende Linienauslenkungen und ein Modell der Insel. Diese waren durch mathematische Triangulation der Insel Hawaii mit seismischen Aufzeichnungen der Stationen Kilauea, Hilo und Kona präzisiert worden. Die Entfernung von jeder Station wurde anhand der Dauer des vorläufigen Erdbebens interpretiert; und der Schnittpunkt der verschiedenen Entfernungen innerhalb des Inselmodells lokalisierte den seismischen Fokus im Inneren des Mauna Loa Mountain, wo die Lava ihn aufspaltete. Das Epizentrum oder der Punkt über dem Brennpunkt, als die Lava im Gipfelkrater des Mauna Loa erstarrte, lag 1933 auf dem nordöstlichen Graben. Deshalb erwartete man den Ausbruch an einem alten Kegel, von dem der erste Ausbruch im Jahr 1843 ausgegangen war. Dies geschah dann im Jahr 1935.

EG Wingate, der inzwischen Leiter des Hawaii-Nationalparks geworden war, stimmte meiner auf Seismogrammen und der Geschichte beruhenden Vermutung zu, dass der nächste Lavastrom innerhalb von zwei Jahren im Norden eintreten und Hilo gefährden würde. Dies besprach ich auf einer öffentlichen Versammlung der Handelskammer von Hilo im Januar 1934, und der Bericht wurde unter dem Titel „Der kommende Lavastrom" veröffentlicht. Die Vorhersage erfüllte sich im Dezember 1935, als der Lavastrom wie schon 1843 eintrat. Der Ausbruch brach oben aus und wanderte hinunter nach Humuula, dem Sattel zwischen Mauna Loa und Mauna Kea, wo er sich dann im Sattel sammelte und in Richtung Hilo abbog.

25. Jaggar im Büro des Observatoriums in „Tin House", 1937

26. Bombe explodiert auf Lavastrom, 27. Dezember 1935. Foto von Eleventh Photo Section, AC, Wheeler Field, TH

Der Lavastrom von 1843 hatte den Sattel erreicht und wandte sich in Richtung Kona, und der feste Rest dieser Lavabank lenkte die Pfütze von 1935 nach Osten ab. Er bewegte sich mit einer Geschwindigkeit von einer Meile pro Tag auf Hilo zu. Dies war das Signal, ihn durch Bombenangriffe aus Flugzeugen aufzuhalten, ein Verfahren, das aufgrund von Erfahrungen mit Strömen in Tunneln ihrer eigenen Kruste vorgeschlagen worden war, wo eine Person auf dem Boden des Kilauea durch ein eingestürztes Loch in der Decke den glühenden Fluss darin sehen konnte. Thurston und ich hatten darüber diskutiert, ein solches Dach zu sprengen, um die Lava abzukühlen und aufzutürmen, wodurch sie zu einem neuen Auslass gezwungen und der Frontstrom gestoppt würde. Es war Guido Giacometti von Olaa, der Bombenangriffe statt Dynamit vorschlug. Ich rief die Army Air Force an, und in Hilo wurde eine Konferenz abgehalten. Mit Colonel Delos C. Emmons, Wing Commander, flog ich über den Quelltunnel. Dies geschah auf 9.000 Fuß Höhe auf der Nordseite des Mauna Loa, wo ein glänzendes silbernes Band aus Pahoehoe aus einem Loch im Nordhang hervortrat. Dies war ein verkrusteter Lavafluss, und die Flieger wurden angewiesen, ihn mit 600-Pfund-Sprengbomben aus TNT zu zerschlagen.

Der Vormittag des 27. Dezember war für den Bombenangriff angesetzt. Auf Einladung von Herbert Shipman gingen Mrs. Jaggar und ich zur Puu Oo Ranch auf Mauna Kea, um zu beobachten, was geschah. Der Tag war klar, und ich sah, wie eine Explosion eine Hunderte von Fuß hohe Säule aus glühender flüssiger Lava in die Luft schleuderte, die aussah wie ein Geysir aus Blut. Im Vordergrund war die Front des Stroms, den wir beobachteten, als er sich auf Hilo zubewegte. Gleichzeitig erhielten wir Berichte von Cowboys über seine rasch abnehmende Geschwindigkeit. Etwa eine Woche lang strömte die in den Tunneln verbliebene flüssige Lava weiter nach vorne, dann hörte sie auf. Die Front befand sich in den Quellgewässern des Wailuku-Flusses, der Hilo Wasser liefert.

Wir besuchten anschließend die Bombenkrater in der Quellregion und stellten fest, dass der Lavatunnel mehrfach getroffen worden war und dass die Lava durch die Abkühlung wieder in den Bergspalt zurückgedrängt worden war. Der Rest des Ausbruchs erschöpfte sich in Form von internen Fontänen in den Gipfelbrunnen am oberen Ende des Flankenspalts. Da die Bombeneinschläge und die Verlangsamung des Frontstroms zusammenfielen, bestand kein Zweifel daran, dass die Zerstörung des Quelltunnels wirksam war und Hilo gerettet hatte. Wir hatten nicht damit gerechnet, dass aktive Fontänen aus dem 9.000 Fuß hohen Kraterchen zurück in den Gipfelbrunnen gezwungen würden, aber der zwei Monate anhaltende Gipfelrauch bestätigte, dass dies geschehen war. Dies zeigte, dass die physikalische Chemie der brodelnden Schlacke in einem empfindlichen Gleichgewicht war und dass ein Lavaausbruch, sobald er einmal begonnen hatte, empfindlicher auf Stöße reagierte, als irgendjemand es sich erträumt hatte. Diese Schlussfolgerung wurde durch die Bombardierung des Stroms von 1942 erneut bestätigt.

In dieser Zeit führten Personalwechsel am Observatorium zu neuen Forschungsarbeiten. Wingate, der Wilson als Ingenieur ablöste, errichtete in Puna Triangulationsdenkmäler, um weitere Bewegungen am Kapoho-Rift von 1924 zu testen. Außerdem entwickelte und installierte er drei Neigungsinstrumente in drei Kellern, die aus der Lava um die Halemaumau-Grube gesprengt wurden. Howard Powers kam als Petrologe von Harvard und sammelte und kartierte viele Gesteinsproben in Kona, auf Hualalai und in Olaa. Er erstellte auch Kurven der Neigungsaufzeichnungen für die ersten zwanzig Jahre des Observatoriums. Hugh Waesche wurde vom Park Service auf die Stelle eines Geologen am Observatorium versetzt. Als erfahrener Funkamateur übernahm er die seismologische Arbeit. 1938 befasste er sich mit einer wichtigen Gruppe von Erdbeben entlang der Kraterkette östlich des Kilauea. Diese gingen mit Verwerfungen einher, die Risse, Abgründe und Hügel in der Straße sowie einige neue heiße Stellen verursachten. Dies deutete auf eine unterirdische Reaktion hin, die von der unterseeischen Strömung im April 1924 zurück in Richtung Halemaumau führte.

Von seinem Hauptquartier in Lassen aus berichtete Finch regelmäßig im *Volcano Letter* über die Temperaturen heißer Quellen und Erdbeben. Er führte zwei Expeditionen nach Alaska durch, bei denen er die Seismographen überprüfte und Vulkanerkundungen und -karten auf der Insel Akutan anfertigte. Eine weitere Expedition führte ihn zum Shishaldin-Vulkan am Westende der großen Aleuteninsel Unimak während einer seiner Eruptionsphasen.

Während dieser Zeit und auch schon früher vertrat HT Stearns den Geological Survey und das Hawaii-Territorium in Veröffentlichungen über Geologie und Wasserversorgung auf allen Inseln. Die Insel Hawaii wurde von Stearns und Gordon Macdonald, einem Petrographen, zum Gegenstand einer prächtigen geologischen Karte in Farbe gemacht, zusammen mit einem Buch über die geologische Geschichte Hawaiis, reich illustriert mit Fotos und Diagrammen. Ihr Buch ist praktisch ein modernes Lehrbuch über die Geologie aktiver Lavavulkane.

Richmond Hodges, der vom Geological Survey aus Washington geschickt wurde, war in der Technik der Regierungsablage ausgebildet und nahm mir die Arbeit mit Korrespondenz und Routinearbeiten ab. Er übernahm auch die Redaktion des *Volcano Letter* und half Mr. Wilson beim Schreiben von Artikeln, als ich in Alaska war. Meine Sekretärinnen nach Hodges waren Ruth Baker und Sutejiro Sato, und Miss Bakers Arbeit erstreckte sich bis in die 1940er Jahre.

Neigungsstudien, die in den drei Kellern am Rande von Halemaumau durchgeführt wurden, brachten zwar nicht die erwarteten Ergebnisse, beantworteten aber unsere Fragen. Die drei Keller waren in einem Winkel von 120 Grad zueinander angeordnet, bezogen auf einen Meridian, der die Grube durchquert, einer im Norden, einer in Ost-Südost- und einer in West-Südwest-Richtung.

Als diese Tiltoskope aufgestellt wurden, ging man davon aus, dass sich der Boden des Kilauea wie eine innere Kuppel ausdehnen oder zusammenziehen würde, mit der Grube in der Mitte. Doch nichts dergleichen wurde festgestellt. Die Neigung verlief mehr oder weniger rechtwinklig zur langen Westwand des Kilauea-Kraters, die ihrerseits eine Verlängerung des südwestlichen Grabens des Kilauea-Bergs ist. Der Graben erstreckt sich unter der Halemaumau-Grube, wie 1920 nachgewiesen wurde, als die Abflüsse der Kau-Wüste aus den Grabenrissen mit dem Absinken der Halemaumau-Lava Schritt hielten. Das bedeutet, dass der Ring der Felswand des Halemaumau aus zwei Teilen besteht, die durch die von Nordosten nach Südwesten verlaufenden Grabendämme getrennt sind, und dass die Neigung aufgrund des Aufwärtsdrucks von unten nicht radial, sondern nach Nordwesten und Südosten verläuft. Wilsons Nivellierungsergebnisse, die zeigten, dass der gesamte Berg anschwoll, basierten auf isolierten Bezugspunkten relativ zum Meeresspiegel, und diese Anschwellung war wahrscheinlich unsymmetrisch, so wie der südwestliche und der östliche Graben der Kraterkette in der Ebene einen Knick machen und unsymmetrisch sind. Der Berg ist keine gleichmäßige elliptische Kuppel.

Ich habe gesagt, dass die 1930er Jahre für Kilauea ein Höhepunkt waren. Es war auch eine Zeit der finanziellen Depression und des Stresses für uns alle. Das Vulkanhaus brannte nieder, das neue Hotel wurde auf dem Gelände des Observatoriums errichtet und die Observatoriumsverwaltung überlebte nur knapp. Die Hawaiian Volcano Research Association tat viel, um das Observatorium am Leben zu erhalten, aber ein Jahr lang mussten wir alle nur die Hälfte unseres Gehalts verdienen. Aufgrund dieser Episode mit der halben Bezahlung und weil alle darauf bestanden, dass Vulkanaufzeichnungen nicht verfallen dürfen, übertrug der Innenminister das Observatorium 1935 an den besser finanzierten National Park Service.

Mit Wingate als Leiter des Hawaii-Nationalparks war uns loyale Unterstützung sicher und wir konnten wissenschaftliche Ziele mit den Aktivitäten des Nationalparks verbinden. So erhielt das Vulkanobservatorium seinen Status zurück. Auch die Veröffentlichung des wirtschaftlichen Erfolgs des Bombenanschlags auf Mauna Loa half uns angesichts der Bedrohung Hilos, die mit Gebäuden und einem Hafen im Wert von rund 51 Millionen Dollar verbunden war. Wingate und ich untersuchten diese Bedrohung im Licht der Geschichte sorgfältig und es gelang uns, vom Kongress 10.000 Dollar für eine Untersuchung durch US-Ingenieure über die Möglichkeit einer Konstruktion zum Schutz Hilos vor einem verheerenden Lavastrom zu erhalten. Colonel Bermel berief den Bauingenieur Belcher nach Hilo, und Belcher arbeitete 1938 ein Jahr lang an meinem Entwurf eines Lavaableitungskanals und von Erdarbeiten, die sich über sieben Meilen von der Schlucht des Wailuku-Flusses oberhalb Hilos bis zum Flughafen erstrecken sollten.

Damit sollte ein weiterer Lavastrom wie der von 1881 verhindert werden, indem er durch die natürlichen Täler aus dem überfüllten Bezirk nach Süden abgelenkt wurde. Der Kanal, die Höhe der Blockade und die für Wasserwege und öffentliche Straßen erforderlichen Öffnungen wurden genau geplant. Der Plan sah nicht vor, den Lavastrom zu blockieren, sondern ihn lediglich durch eine künstliche Barriere abzulenken und bergab zu leiten. Dadurch würde er entlang der natürlichen Neigungen fließen und einen Lavastrom diagonal vom Geschäftsviertel, dem Hafen, den Fabriken und dem Flughafen wegdrängen.

Der Entwurf wurde von einem Prüfungsausschuss in Washington als für den beabsichtigten Zweck geeignet genehmigt. Mit diesem Projekt ging jedoch eine Neugestaltung des Hilo-Wellenbrechers und ein Plan zum Ausbaggern des Hafens einher, der die Möglichkeit einer schweren Flutwelle berücksichtigte. Leider wurde der Mittelvoranschlag als zu hoch angesehen und in Washington abgelehnt. Als 1946 die große Flutwelle kam, zeigte sich, dass ein derart verlängerter Wellenbrecher am Norufer des Hilo-Hafens die schreckliche Zerstörung und den Verlust von Menschenleben verringert hätte.

Eine Abwechslung im Leben von Mrs. Jaggar und mir war 1936 eine Einladung der Royal Society of London nach Montserrat in Westindien, wo es seit drei Jahren schwere Erdbeben gab. Sir Gerald Lenox-Conyngham, den wir auf dem Japan-Kongress kennengelernt hatten, schrieb mir und bat mich um Hilfe, weil der ruhende heiße Vulkan von Montserrat an seinen beiden Solfataren übermäßig viel Schwefelwasserstoffgas produzierte. Der Geruch machte die Bewohner des Hafens von Plymouth krank und beunruhigte sie, und das Gas schwärzte den Lack der weißen Dampfschiffe. Die Erdbeben traten in Schüben auf und kulminierten ab 1934 in großen Schäden am Mauerwerk. Perret war aus Martinique herübergeflogen und versuchte zu helfen, indem er fundierte Theorien zur Vorhersage der saisonalen Gezeitensteuerung des Vulkans anwandte, aber ein britischer Marinekapitän verspottete ihn als Voodoo-Wahrsager. Die wissenschaftliche Kommission bestand aus Dr. CF Powell aus Bristol, heute Physiker mit Nobelpreis, und Dr. AG MacGregor vom Geological Survey sowie Dr. Lenox-Conyngham, dem ehemaligen Direktor des Geodetic Survey of India. Dr. Powell verwendete Anpassungen meines Schockrekorders, sowohl horizontal als auch vertikal, der vom Kew Observatory gebaut wurde. Die Entwürfe stammten von Instrumenten, die ich nach dem Erdbeben von Napier an Dr. Marsden in Neuseeland geschickt hatte.

Als ich die Einladung erhielt, nach Montserrat zu fahren, packte ich alle Instrumente zusammen, die ich finden konnte, und rief Mrs. Jaggar in Honolulu an, damit sie bereit war, mich am folgenden Samstag nach Los Angeles zu begleiten. Sie war immer bereit, bei einem neuen Abenteuer als Sekretärin zu fungieren, und mit viel Trubel und Gedränge packten wir ihre Sachen. Später gesellte ich mich zu ihr auf den Dampfer, einen dänischen Frachter, der uns durch den Kanal in die Karibik bringen sollte. Da wir so kurzfristig an Bord gingen, bekamen wir ein Zimmer für Stewards im Bauch des Schiffes, aber die erste Kabine hatten wir frei. Es war eine herrliche Reise durch Panama und Jamaika, die ich beide 26 Jahre nach meiner Erfahrung mit den Kanalingenieuren im Jahr 1910 gerne wiedersah. Große Veränderungen waren vorgenommen worden, und es war ein Nervenkitzel, zu sehen, wie das Schiff von den „eisernen Maultieren" dieser wunderbaren Maschinerie durch eine Schleusenstufe nach der anderen gezogen wurde.

Wir verließen die reizenden Frachterleute in Charlotte Amalie auf den Jungferninseln, wo wir in Blue Beard's Castle übernachteten. Nach einer Wartezeit von einigen Tagen nahmen wir einen kleinen holländischen Inselfrachter, der uns nach Montserrat brachte. Wir machten in St. Martin Halt, einem erstaunlichen Ort, an einem Ende französisch und am anderen niederländisch, praktisch ohne Zollhaus, das die Grenze markierte, obwohl sich die Weine und die Sprache in der Mitte der Insel änderten.

Saba ist ein erstaunlicher erloschener Vulkan, der als steiler Felskegel direkt aus dem Wasser ragt. Es gibt keinen Hafen, aber einen Rastplatz gegenüber einer Schlucht, die zum Krater hinaufführt. Nachdem wir in kleinen Booten an Land gegangen waren, kletterten wir die Schlucht hinauf zur Siedlung, einem malerischen Ort mit gemauerten Häusern und vielen Blumen, wo die Regierung niederländisch ist, aber alle Englisch sprechen, und dessen Geschichte bis zu den Freibeutern zurückreicht. Das Dorf liegt auf einer Ebene im untersten Teil eines becherförmigen Kraters, dem Gipfel unseres Aufstiegs, aber der Name der Siedlung ist The Bottoms.

Unser kleines Schiff schloss sich der Hauptlinie der windabgewandten Vulkane bei St. Kitts an, wo wir Anschlussflüge nach Antigua und Montserrat machten. In Montserrat übernachteten wir bei Miss Gillie im Rainbow House und schlossen uns dem Engländer Powell und dem Schotten MacGregor an. Ich traf Perret in Antigua und wir tauschten uns über die Ähnlichkeit der Erdbeben und des Geruchs nach faulen Eiern (geschwefelter Wasserstoff) in Montserrat mit den Ausbrüchen des Pelée in Martinique aus, wo auf diese Phänomene Explosionen und Lava folgten. Die Behörden von Montserrat fürchteten sich zu Recht vor dem, was kommen würde.

Perret hatte zwei Jahre lang die Ereignisse auf Montserrat im Zusammenhang mit Tagundnachtgleiche und Sonnenwende verfolgt. Er hatte dort auf der gefährlichen Solfatara in der Nähe der Stadt eine Hütte gebaut, einen Instrumentenunterstand mit einem Thermographen errichtet und auf einem Sockel in der Nähe eines nahe gelegenen Wohnhauses einen ausgeklügelten Erdbebenakkumulator aufgestellt, der nach 24 Stunden den Gesamtverbrauch seismischer Energie in jede Richtung aufzeichnete. Da es Hunderte starker Erschütterungen gab, zeichneten die Instrumente die gesamte seismische Energie pro Tag und ihre vorherrschende Richtung auf.

Ich fand heraus, dass Powell meine Schockrekorder bei den Freiwilligen auf der Insel aufgestellt hatte und einen Seismographen an der landwirtschaftlichen Station. Bei einer neuen Form des Jaggar-Schockrekorders war das Gewicht an horizontalen Flachfedern befestigt, sodass es auf und ab schwingen konnte. Besonders erfreut war ich über die Erdbebenaufzeichnungen eines auf dem Land lebenden Mr. English. Mit Hilfe seiner Frau hatte er sorgfältig die Zeiten und Intensitäten von Hunderten von Erdbeben aufgelistet und wichtige Ereignisse vermerkt.

Die landwirtschaftliche Versuchsstation leistete uns große Hilfe, indem sie uns einen Assistenten zur Verfügung stellte, der uns zu vielen geologischen Orten und zur zweiten Solfatara brachte, die aus heißen Quellen und Schwefel in einem südlichen Tal des Vulkans besteht. Der Vulkan Montserrat liegt am südlichen Ende der Insel, während der nördliche Teil aus älteren Hügeln besteht. Der Gipfelkrater ist ein abgelegenes und unzugängliches Waldgebiet zwischen den Gipfeln. Der Vulkan ähnelt in Größe und Aussehen sehr stark dem Pelée.

Wir durften mit einem Dampfer nach St. Vincent und Barbados fahren und machten in Dominica Halt. Dort unterhielt uns der Gouverneur freundlicherweise ein paar Stunden lang, schickte das Regierungsboot und fuhr uns an einem Festtag, an dem die Negerinnen alle in malerischen Kostümen erschienen, das Tal hinauf. Wir sahen sein Sommerhaus mit seinen schönen Gärten. Wir tranken Tee mit seiner Frau und ich diskutierte mit ihm das Erdbebenproblem. Auf der Fahrt sahen wir eine bemerkenswerte Klippe mit sechseckigen Säulen, von denen einige fächerartig gebogen waren und die alten Laven von Dominica darstellten.

Zu den Verwaltungsproblemen der britischen Inseln gehörten nicht nur Hurrikane und Erdbeben, sondern auch der taktvolle Umgang mit der vorherrschenden Bevölkerung aus Negern, karibischen Indianern und Mulatten, was sehr heikel ist, denn es gab Aufstände und Arbeitskämpfe. Ich war erstaunt, als ich auf mehreren Inseln erfuhr, dass angesehene Engländer in der Regierung und in der Plantagenwirtschaft teilweise farbig waren. Im Society Club von Montserrat trafen wir einen führenden Anwalt, der kohlrabenschwarz war, und wir sahen in London ausgebildete Neger mit englischen Mädchen tanzen. Die gleichen Bräuche fanden wir auf St. Vincent und in viel geringerem Ausmaß auf Barbados.

In St. Vincent nahm uns Mr. Abbot, MacDonalds Sekretär, mit zu meinem alten Freund TM MacDonald, dem Plantagenbesitzer, im Chateau Belair auf der Westseite von Soufrière, wo Hovey, Curtis und ich 1902 geklettert waren. Wir fuhren mit dem Auto die Westküste hinauf und sahen eine der primitiven Zuckermühlen, wo der Saft zu einem Sirup eingekocht wird, der an Sägewerke in Kanada verschifft wird. Nichts könnte einen größeren Kontrast zu den modernen Zuckerfabriken in Hawaii bilden, und die Arbeit der Neger verleiht der Industrie ein völlig anderes Aussehen. Um zum Chateau Belair zu gelangen, mussten wir mit dem Motor eine Schlucht weit ins Landesinnere hinauffahren, um Haarnadelkurven über senkrechte Klippen und entlang eines schmalen Bergrückens, und dann auf der anderen Seite des Tals ans Ufer zurückkehren. Wir fuhren am Strand unterhalb des Vulkans entlang und sahen die sanierte Richmond-Plantage mit der Westflanke des Vulkans Soufrière unter schweren Wolken. Aufgrund heftiger Regenfälle mussten wir einen Teil der Rückfahrt nach Kingstown in einem Ruderboot zurücklegen.

Später fuhren wir auf einer ausgezeichneten Straße die Ostküste hinauf nach Georgetown und weiter am Fuße des Vulkanhangs entlang, wo Mr. Barnard, der uns mit seiner bezaubernden Frau unterhielt, nach dem Ausbruch von 1902 eine Gruppe von Plantagen gekauft hatte. Hunderte Hektar Kokospalmen, Pfeilwurz und Zuckerrohr hatten die völlige Verwüstung von 1902 ersetzt. Barnard zeigte uns eine moderne Destillieranlage zur Herstellung von Rum aus Zuckerrohr, und ich war erstaunt, dass das Produkt genauso klar wie Alkohol ist, da die Rumfarbe künstlich ist. Den größten Teil des Weges zum Krater von Soufrière ritten wir zu Pferd, über einen Pfad durch Wälder und über Bäche, ganz anders als das Wandern in schrecklicher Trostlosigkeit und Nebel auf kahlen, mit Vulkanbomben bedeckten Bergrücken, wie Hovey, Curtis und ich sie zur Zeit der Ausbrüche an diesem Hang angetroffen hatten.

Der Weg folgte noch immer messerscharfen Wasserscheiden mit gefährlichen Abhängen auf beiden Seiten des Pfades, die jetzt aber von Bergbewuchs verdeckt waren. Wir ritten fast bis an den Rand des Kraters, der jetzt ein ganz anderes Bild bot, mit einem großen See nur wenige hundert Fuß unter uns, wie vor dem Ausbruch von 1902. Zwei kräftige Eingeborenenfrauen kamen aus Chateau Belair mit Obstkörben auf dem Kopf und stapften 3.000 Fuß hoch, um ihre Waren nach Georgetown auf der Ostseite der Insel zu liefern. Das ist eine alte Geschichte für diese Eingeborenen mit geradem Rücken, und diese Wanderungen über Berge waren ebenso typisch für die Kreolen auf Martinique und den nördlichen Inseln. Diese Leute verbrachten die Nacht in der Nähe ihres Marktes auf der gegenüberliegenden Seite der Inseln.

In Kingstown wurde uns der aufwendige Prozess gezeigt, mit dem aus Pfeilwurz essbare Stärke hergestellt wird, wobei das pulverförmige Produkt nach feinen Farbtönen kritisch sortiert wird. Diese Knolle, die unauffällige Felder aus niedrig wachsenden, spitzen *Canna*- Blättern und kleinen weißen Blüten bildet, unterscheidet sich stark von der Kasava oder Maniok, die ich von meinen ersten Besuchen in Westindien kannte. Pfeilwurz wurde von den landwirtschaftlichen Versuchsstationen der Briten entwickelt, die viele Jahre lang nach einem neuen kommerziellen Produkt suchten. Die Pfeilwurz von St. Vincent ist heute ein wichtiger Industriezweig, der sich auf die anderen Inseln ausgebreitet hat und von kleinen Plantagenbesitzern angebaut wird.

Auf den Vulkaninseln interviewte ich Regierungsvertreter, um auf die Krise in Montserrat aufmerksam zu machen und sie als Beispiel für die Notwendigkeit der Entwicklung von Beobachtungsmethoden an den zahlreichen Quellen zu verwenden, insbesondere in den Bereichen Geologie, Chemie, Ozeanographie und Seismologie, einschließlich der Messung von Bodenbewegungen und Neigungen. Ich hatte dies 1902 für Martinique und St. Vincent empfohlen; und Perret hatte sich, angeregt durch den Pelée-Ausbruch von 1929, mit etwas Unterstützung der französischen Regierung nach St. Pierre begeben und dort ein Museum eingerichtet. Was die Geophysik betrifft, sind die Regierungen von St. Vincent und Jamaika seit der Vulkankatastrophe von 1902 und den Erdbebenbaureformen von 1907 eingeschlafen. Für einen Wissenschaftler ist es entmutigend zu wissen, dass die Wissenschaft der ökonomischen Geophysik und Geographie in einem so großartigen Bereich wie den westindischen Vulkanen durch solche Katastrophen wie die, die sich jetzt in Montserrat ereigneten, aufgeweckt werden muss, ohne dass es dafür überhaupt eine Vorhersage gegeben hätte. Die ganze Episode auf Montserrat war wie unsere unvorhergesehenen Hualalai-Erdbeben von 1929, und an beiden Orten wurde mein Schockrekorder zu Hilfe gerufen.

Wir fuhren weiter nach Barbados, einem flachen, seismisch unbeeinflussten Land, wo ich 1902 die Opfer des *Roraima- Massakers interviewt hatte* . Wir kehrten über St. Lucia zurück, wo wir zur Solfatara fuhren, die sich wie üblich in einem Tal mit Schwefel und heißen Quellen auf Meereshöhe und nicht in einem Krater befindet.

Wir kehrten nach Montserrat zurück, wo die Erdbeben und schädlichen Gase nach 1936 nachgelassen hatten. Die Untersuchungen der Kommission (Lenox-Conyngham besuchte die Insel nach meiner Abreise) wurden in den Berichten von Powell und MacGregor über die seismische Analyse und die

Geologie veröffentlicht. Ich schickte einen Bericht mit Fotos und Karten über die gesamte Vulkankette im Zusammenhang mit der Montserrat-Krise und im Vergleich mit anderen Vulkanen. Lenox-Conyngham schrieb einen Artikel für *Nature* . MacGregor veröffentlichte später eine kritische Analyse moderner Daten über die Ausbruchswahrscheinlichkeiten aller westindischen Vulkane. Perret veröffentlichte eine große Monographie über Montserrat, illustriert mit seinen wunderschönen Fotos.

Wir passierten Martinique auf dem Seeweg und ich sah den riesigen Lavahaufen, den der Ausbruch von 1929 hinzugefügt hatte, um dem Mount Pelée einen völlig neuen Gipfel zu verleihen. Auf St. Pierre waren Vegetation und Besiedlung wieder aufgetaucht, aber der Berg war kahl.

Wir kehrten über Bermuda, Boston und Washington nach Hawaii zurück, wo es heißer war als in den Tropen. Als ich die Reise Revue passieren ließ, wurde mir klar, dass sich die Geologie sehr verändert hatte, seit Hovey und ich nach unserer Erfahrung am Mount Pelée versucht hatten, den geologischen Gesellschaften klarzumachen, dass Veränderungen im Gelände ständig gemessen werden müssen. Die wirklichen Hindernisse für eine dauerhafte Durchführung von Feldmessungen als reine Wissenschaft sind Geldmangel und die Art der Ausbildung. Perret und ich waren zwei isolierte Enthusiasten, die in der Wildnis weinten.

Jeder junge Wissenschaftler mit fotografischen Fähigkeiten, der sein Leben dem Leben mit einer einzigen Vulkangruppe widmet und über sie berichtet, kann einen großen Beitrag zur Wissenschaft leisten. Er muss über geeignete Geldgeber und eine Publikationsagentur sowie Instrumente verfügen, die nicht von häufigen Ausbrüchen abhängig sind. Was die Vulkanforschung am meisten braucht, sind dauerhafte Bewohner, die alle Ressourcen der sensiblen Geophysik und Chemie nutzen und in der Nähe von Kratern oder Solfataren leben. Gebiete wie der Taupo-Distrikt in Neuseeland sind ideal, aber nicht, wenn man sie aus der Ferne beobachtet. Wairaki wird derzeit auf kommerzielle Energie untersucht. Hilo wird kritisch hinsichtlich eines Lavaumleitungsplans geprüft. Aber diese Projekte sind nicht das, was ich meine, und sie sind keine reine Wissenschaft. Die persönliche Hingabe eines ganzen Lebens, wie im Fall von Pasteur oder Schweitzer, ist es, die die aufkommende Entwicklung wahrer Wissenschaft hervorbringt.

Ich habe dieses Kapitel „Prophezeiung und Hoffnung" genannt, weil es sechs fruchtbare Vorhersagen und Hoffnungen für die Zukunft der Vulkanologie gibt. Eine der Vorhersagen war die Bedrohung von Hilo, die 1934 eintrat. Zweitens bewahrheitete sich die Vorhersage, dass Bomben einen Lavastrom stoppen würden. Drittens bewahrheitete sich die Annahme, dass ein Vulkanobservatorium Instrumente produzieren würde. Viertens führte die Vorhersage einer Gefahr für Hilo zu konkreten

Verteidigungsplänen durch US-Ingenieure. Fünftens erwiesen sich Vorhersagen von Zeit und Ort der Ausbrüche auf dem Mauna Loa als seismisch und historisch praktikabel. Sechstens bewahrheitete sich die Vorhersage, dass Lava auf dem Kilauea versinken würde, basierend auf dem Untergang des Mauna Loa, wiederholt.

Als mein Dienst als Vulkanologe im Staatsdienst 1940 endete und RH Finch zu meinem Nachfolger ernannt wurde, hatte das Observatorium in Washington, Neuseeland und Großbritannien große Anerkennung gefunden. Große Hilfe kam von den Präsidenten Arthur L. Dean und David L. Crawford von der Universität von Hawaii in Honolulu, und neue Unterstützung kam von Präsident Gregg M. Sinclair. Dies führte dazu, dass ich 1940 als wissenschaftlicher Mitarbeiter an der Universität angestellt wurde. So sollte ich im nächsten Jahrzehnt die Ergebnisse des Vulkanobservatoriums weiter veröffentlichen.

Immer wieder zeigte sich, dass die Vulkanologie Hawaiis Werbung braucht. Gelegentlich erreichte sie Männer wie Everett Morss, Treuhänder des MIT in Boston; Lorin Thurston, Wirtschaftsführer in Honolulu; Henderson, Washingtoner Finanzier, für unsere Bohrungen; und Cramton, Vorsitzender des Kongresses. Die Volcano Research Association in Honolulu ist eine engagierte Gruppe von Geschäftsleuten, die einen kleinen Fonds von 6.000 Dollar pro Jahr unterhalten, der im Vergleich zu den großen Laboratorien für Handel und Astronomie unbedeutend ist. Eine reine Wissenschaft der Vulkanologie mit Laboratorien auf der ganzen Welt ist jetzt erforderlich, um die Aufmerksamkeit und das Ohr fantasievoller Geschäftsleute zu gewinnen. Friedlaender in Neapel, Perret auf dem Mount Pelée und Omori in Tokio schufen beinahe genug fantasievolle Anregungen für eine wirkliche Erforschung der Vulkane und des Erdinneren. Sie wurden durch Naturkatastrophen und Kriege niedergeschlagen.

Die 1940er Jahre wurden durch drei gute Freunde bereichert: Vern Hinkley, Stanley Porteus und Frank Rieber, Journalist, Psychologe und Physiker und Erfinder. Sie alle interessierten sich sehr für meine Schriften und mechanischen Erfindungen, und Hinkley half mir während des explosiven Ausbruchs bei der Arbeit am Observatorium und schrieb: „Das war das größte Erlebnis meiner Zeitungskarriere."

Hilo Tribune Herald herausgegeben hatte , wurde leitender Redakteur des *Honolulu Star-Bulletin* und veröffentlichte eine Reihe meiner Radioansprachen über Kilauea. Er schickte auch seinen Fotografen, um unsere Laboratorien zu fotografieren und so die Öffentlichkeit über die Vulkanforschung auf dem Laufenden zu halten. Und er arbeitete eine Geschichte meiner Marinemonographien und Härteprüfgeräte aus. Er war ein liebenswerter Kerl, dessen Instinkt für die Öffentlichkeitsarbeit ein großer Vorteil für die

Vulkanforschung war. Er hielt einen Vulkan nicht für etwas Sensationelles, sondern blieb gemäßigt und informierte seine Öffentlichkeit genau. Durch ihn wurden die Berichte des Volcano Observatory als wünschenswerte Routine akzeptiert und er wurde zum Direktor der Volcano Research Association gewählt. Seine vielen Freunde waren durch seinen frühen und plötzlichen Tod verzweifelt.

Porteus ist ein australischer Wissenschaftler, der Expeditionen unter den australischen Schwarzen und den primitiven Afrikanern von Kalihari durchführte und sich auf die geistige Einstellung primitiver Völker spezialisierte. Er entwickelte ein berühmtes Labyrinth für Intelligenztests. Er hat zahlreiche Bücher über Hawaii und mehrere Romane veröffentlicht, darunter „Restless Voyage", das Leben von Archibald Campbell, der mit Kamehameha dem Großen lebte und die Amputation beider Beine überlebte.

Gemeinsam mit Guido Giacometti, der die Bombardierung der Lavaströme des Vulkans aus Flugzeugen vorschlug, trafen sich Porteus und ich häufig am Krater, um die Beschaffenheit des Erdinneren zu diskutieren. Porteus war anderer Meinung als ich, dass die Evolution des Geistes eine Mutation der Evolution sei. Wie Hinkley wurde er Mitglied des Vorstands unserer Forschungsvereinigung. Er ist Richter am Jugendgericht und hat Erfahrung in der Behandlung von Straffälligkeit. Porteus ist ein Weltdenker, der mit mir übereinstimmt, dass Altruismus eine Form von Energie ist. Porteus hat den Titel dieses vorliegenden Buches erfunden.

Rieber begann an der University of California, wo er sich für die Erzeugung von Echos aus unterirdischen Schichten zur Erdölsuche interessierte. Er zog nach Los Angeles, wo sein Vater Professor für klassische Sprachen und Dekan einer Universität war. Frank erfand einen komplexen Aufzeichnungsseismographen, der auf einem Lastwagen transportiert wurde, mit dem er Sprengbomben zündete und Echobeben aus jeder wichtigen unterirdischen Schicht aufzeichnete. Diese Schichten identifizierten ölhaltige Schichten, sodass die Markierungen auf einer rotierenden Trommel praktisch einen Abschnitt unter der Erde kartierten, um eine Orientierungshilfe für die Ölförderung zu bieten. Er zog nach New York und entwickelte Kriegserfindungen, darunter Schallplatten zur Wiederholung ganzer Konferenzen vieler Redner. Er gründete Geovision Ltd., ein Unternehmen, das das Scannen von Echos zur unterirdischen Kartierung erheblich verkürzte. Dann starb er plötzlich, wie Hinkley, auf der Blüte seines brillanten Geistes. Rieber und ich korrespondierten jahrelang über Erfindungen, tauschten Notizen in Briefen aus und trafen uns nur allzu selten. Für mich war er einer unserer produktivsten Physiker, immer inspirierend. Er war überzeugt, dass die Erdölentdeckung endlos zunehmen und automatisch werden wird. Er und ich blickten nach unten in die Kugelschale.

Dieses Jahrzehnt widmete ich mich hauptsächlich dem Schreiben und Veröffentlichen, wobei einige meiner Schriften umfangreich und noch unveröffentlicht sind. 1941 bezog ich ein Büro in der Hawaii Hall der University of Hawaii in Honolulu. Meine Schreibarbeit bestand hauptsächlich aus der Fertigstellung, Überarbeitung und Illustration einer Abhandlung über „Entstehung und Entwicklung von Kratern" in Zusammenarbeit mit der Geological Society of America. Der von der Gesellschaft ausgewählte Zensor war Dr. Howel Williams von der University of California, der das Buch wärmstens befürwortete.

Die Gesellschaft spendete 350 Dollar aus ihrem Penrose Fund, um bei der Ausarbeitung und Schreibarbeit an den wesentlichen Ergebnissen unserer Beobachtungen hawaiianischer Krater im 20. Jahrhundert zu helfen. Die Grundlagen waren schon lange gelegt, denn ich begann unter Alexander Agassiz am Museum of Comparative Zoology in Cambridge und während meines Besuchs am Vesuv im Jahr 1906 mit der Erstellung eines Buches über Vulkanologie. Später, im Jahr 1910, begann ich nach sorgfältigem Studium der Arbeiten von Dana, Hitchcock und Brigham über hawaiianische Vulkane mit der Analyse des Kilauea- Vulkans im 19. Jahrhundert. Somit deckt dieser eine große Band mit Heliogravuren, Karten und Diagrammen die Geschichte der Beobachtungen und Schlussfolgerungen aus der Arbeit des Hawaiian Volcano Observatory über 30 Jahre ab.

Meine These ist, dass es eine gewisse Ordnung in Zeit und Raum für die offensichtlich 2.700 Kilometer unterseeische Vulkanbildung in der Hawaii-Kette geben muss. Auf Hawaii sind aktive Vulkane heiß und brechen aus; auf den Midwayinseln sind versunkene Vulkane mit Korallen bedeckt; und in der Mitte der Kette liegen die mittleren Vulkane, die zur Hälfte aus Korallen und zur Hälfte aus Lava bestehen. Wenn man das Meerwasser außer Acht lässt, sind das alles gigantische Berge unter dem Meeresspiegel. Auf Hawaii fand ich Symmetrie, die ich 1912 in einer Ansprache an die Handelskammer von Honolulu „Das Kreuz von Hawaii" nannte. Ich bemerkte, dass Mauna Kea auf der Karte die Spitze eines Kreuzes bildet; der aufrechte Teil erstreckt sich entlang des südwestlichen Grabens von Mauna Loa, und zwei symmetrisch gekrümmte Arme erstrecken sich zum Gipfel des Hualalai und des Kilauea. Die Lavaströme von Mauna Loa im Norden und Süden ordnen sich symmetrisch um dieses Muster an, wobei alles darauf hindeutet, dass die Kuppel von Mauna Loa in einem Löffel aufgetürmt wurde, unter dem Hualalai, Mauna Kea und Kilauea lagen. Auf der Karte ist deutlich zu erkennen, dass der Aufbau von Mauna Loa durch Großvater Mauna Kea behindert wurde und dass er von den beiden Töchtern nach Südwesten verdrängt wurde, um die längliche Spitze der Insel zu bilden.

Kilauea liegt auf der Linie Haleakala, Kohala, Kea; und Hualalai liegt auf einer rechtwinkligen Linie bei Kea.

Aufgrund meiner Ausbildung in Physiographie bei WM Davis von Harvard war ich überzeugt, als ich Hawaii zum ersten Mal sah und die Bücher darüber studierte, dass die Abwärtsverwerfungen von rutschenden Inselblöcken zum Meeresboden hin auffällig sind. Sie zeigen sich im V-förmigen Bruch des Haleakala-Kraters, einem gebrochenen Sektor, und im geraden Bruch der Nordhälfte des Molokai-Vulkans, der die mächtigen Klippen dort hinterlässt. Sie zeigen sich in der Osthälfte des Kohala-Vulkans, der die Verwerfungsfacetten und Hängetäler von Waimanu hinterlässt, und in der Mohokea-Bucht am südöstlichen Ende des Mauna Loa. Die Bucht weist Hinweise auf den Zusammenbruch eines alten Kraters auf, wie ihn Hitchcock beschrieben hat. Darüber hinaus sind Kilauea, Wood Valley, Mohokea und das Waiohinu-Amphitheater vier alte Calderas aus Verwerfungen in einer Linie. Dies schien mir durch die Abwärtsverwerfungen an der Südostseite des Kilauea-Bergs und das beobachtete Abstürzen der Küstenlinie während Erdbeben bestätigt zu werden. Dies führte im Jahr 1868 dazu, dass Kokosnussbäume im Meer versanken und in den Jahren 1868 und 1952 an einer unter Wasser liegenden Verwerfung schwere Erdbeben ausbrachen.

Ein derartiges Vorgehen wurde durch unsere Erfahrung mit einem abgebrochenen Block während der Erdbeben in Kapoho im April 1924, bevor Halemaumau explodierte, weiter bestätigt. Dies bestätigte die Ansicht, dass die aktiven Vulkane in Scheiben entlang der Küstenlinien nach unten brechen, selbst wenn sie um Krater herum nach oben anschwellen. Harold Stearns bekämpfte immer die Vorstellung von Verwerfungen und schuf Erosionsformen für Mohokea, Haleakala und Waipio; aber das kann ich nicht akzeptieren.

Die Logik, dass die alten Vulkane von Hawaii bis Midway im Großen und Ganzen auf Erdkrustenstücken lagen, die im Laufe der Zeit bis unter den Meeresspiegel vorgerückt sind, scheint unumstößlich. Die Verwerfungsflächen verlaufen diagonal über den Hauptverlauf des vulkanischen Grabens und bilden Kanäle zwischen den Inseln in einem Winkel zur Richtung der Inselkette. Diese Kanäle sind sehr tief. Diese ganze Philosophie entwickelte sich in meinem Kopf, bevor ich nach Hawaii kam.

Außerdem dachte ich, dass der Ursprung des Lebens aus vulkanischen Gasen stammen könnte, da Kohlendioxid, Wasserdampf, Wasserstoff, Schwefel und Stickstoff, alles Bestandteile von Proteinen und Vulkanen, in ihnen eine wichtige Rolle spielen. Ich legte dies RT Jackson vor, der mir Phylogenese beibrachte, als ich Fossilien studierte und er Genetik. Da ich wusste, wie schwefelhaltig ein Eigelb ist, fragte ich ihn, ob es nicht möglich sei, dass wir, wenn die Evolution bis vor den Embryo zurückreicht, vulkanische Spuren chemisch finden würden. Phylogenese bedeutet, dass die Geschichte des Embryos die Geschichte der Rasse nachstellt, und ich habe diese lediglich auf das Anorganische ausgedehnt. Ich wurde ausgelacht, weil ich den biologischen Ursprung auf Vulkangase zurückführte; aber Shepherd und ich sammelten Gase aus brennender Kilauea-Lava und fanden die fünf elementaren Bestandteile: Kohlenstoff, Sauerstoff, Stickstoff, Wasserstoff und Schwefel. Diese bilden auch die Aminosäuren von Proteinen, also schien mir meine Theorie des Ursprungs immer noch vernünftig. Im Ozean brachen Vulkane aus und aus den unerforschten Tiefen des Meeres entstand Leben.

So begann ich 1910 mit der Arbeit an einem Buch über Krater, das in einem Memoir der Geological Society mündete. Es wurde erst 1947 veröffentlicht, aber ich arbeitete daran, zeichnete die Diagramme, diktierte Sato das Typoskript und wählte zur Illustration die besten unserer Fotografien aus den dreißiger Jahren aus.

Eines der Diagramme zeigt Elfjahreszyklen, die 1790 beginnen und 1935 enden. Ich habe diese Methode übernommen, nachdem ich bei Hitchcock eine Tabelle für Halemaumau gefunden hatte, die große Lavaabsenkungen in den Jahren 1790, 1823, 1855 und 1891 anzeigte, zu denen wir aus eigener Erfahrung das Jahr 1924 hinzufügten. Zwischen diesen beiden Zeiten lagen ungefähr 33 Jahre, wie ich feststellte, als ich die Daten in eine Kurve von Hitchcocks Tabelle eintrug. Wenn man andere große Absenkungen als Stichpunkte nimmt – wie die Ausflüsse und den Zusammenbruch von Halemaumau in den Jahren 1832, 1840, 1868 und 1931 –, ergibt sich eine Übereinstimmung in den Absenkungszeiten, die als Ruheperioden behandelt werden, wobei die Jahre die geringste Anzahl an Sonnenflecken in durchschnittlichen Abständen von 11,1 Jahren aufweisen. Die dazwischenliegenden Zeiten der Sonnenfleckenmaxima lagen alle in den Zwischenzeiten des Lavaaufstiegs.

Die Kurve als Ganzes von 1823 bis 1924 zeigt einen bemerkenswerten Höhepunkt von 1855 bis 1890, und ein Höhepunkt mit dem größten Mauna-Loa-Ausbruchsvolumen trat zwischen 1855 und 1877 auf. Stearns und Macdonald wenden ein, dass dieses Diagramm nicht alle kleinen Zwischenereignisse zeigt, aber ich habe die tatsächlichen Spitzen und Tiefpunkte über dem Meeresspiegel und jene, die dem Sonnenfleckenintervall von 11,1 Jahren entsprechen, berücksichtigt. Dies ist sogar für Sonnenflecken ein Durchschnitt, die zu Beginn des 19. Jahrhunderts lange Intervalle aufwiesen, als für Kilauea keine Berichte erstellt wurden.

Ich schätze, dass ein Tropfen Kilauea-Lava aus der Zeit um 1800 n. Chr. stammt, was der bemerkenswerten Ausstoßung von Mauna-Loa-Lava durch Hualalai entspricht, und dass es elf Jahre später zu einem imaginären, nicht gemeldeten Absinken kam, da es unwahrscheinlich ist, dass die Insel in den ersten zwanzig Jahren des Jahrhunderts völlig tot war. Die explosiven Ausbrüche von 1790 führten mit Sicherheit zu einem großen Einsturz des Kilauea.

Mein Vertrauen in dieses Diagramm beruht auf der Tatsache, dass unsere eigenen Eruptionsabsenkungen in elfjährigen Intervallen (1902, 1913, 1924 und 1935) so gut mit einer Elfjahrestheorie übereinstimmen, dass wir berechtigt sind, nach Elfjahresdurchschnitten zurückzuschauen. Perret hat für den Vesuv Intervalle von etwa einem Jahrzehnt ermittelt. Meine gesamte Erfahrung mit hawaiianischer Lava führt zu der Überzeugung, die durch unsere Lavafluten und mehrere Kurzzeitdiagramme belegt wird, dass rhythmische Perioden eines Vulkansystems mit der Gravitationskontrolle von Sonne und Mond zusammenhängen. Es gibt rhythmische Kontrollen des Globus durch die Gravitationskontrolle von Sonne und Mond. Es gibt rhythmische Kontrollen des Globus durch die Sonne und rhythmische Kontrollen sehr tiefer Vulkanrisse durch den Globus und rhythmische Kontrollen einzelner Vulkangruppen durch die langen Vulkanketten über Rissen. Unsere experimentellen Daten beschränken sich auf die kleinen Vulkangruppen, und so scheinen die großen rhythmischen Bewegungen der Wissenschaft unzugänglich, vor allem, weil wir keine Aufzeichnungen über die Beziehungen einzelner Vulkane haben, die 500 Meilen voneinander entfernt sind, beispielsweise in Alaska.

Wir stellen keine Fragen über Tag und Nacht, über die Gezeiten oder die Mondphasen. Wir wissen, dass es in der Erde eine Gezeitenströmung gibt und dass es einen heißen Erdkern von etwa 2200° Celsius gibt, der in der Seismologie wie eine sehr massive Flüssigkeit in 1800 Meilen Tiefe aussieht. Die Schwerkraft ist die bestimmende Kraft des Sonnensystems, der Galaxie und des Universums und wirkt rhythmisch, von den Umlaufbahnen der Planeten in Jahren bis zu den äußersten Spiralnebeln in Millionen von Jahrhunderten. Wir selbst werden in unserer Fortbewegung und in unserem Blutkreislauf von ihr bestimmt. Daher würde es die Wissenschaft der Vulkane für mich völlig uninteressant machen, Vulkane als etwas anderes als periodisch und gravitativ in ihrer Beziehung zur Erde zu betrachten. Die gesamte Wissenschaft lebt von rhythmischen Vorgängen.

Ein zweites Manuskript mit dem Titel „Dampfexplosionen“ basierte auf dem Mount Pelée in Martinique und einem Vergleich mit der Dampfexplosion des Kilauea im Jahr 1924. Letztere hatte eindeutig gezeigt, dass Abfluss unter dem Meer und Zufluss von Grundwasser Lavaströme in Explosionen aus einem Dampfkessel verwandeln. Ein 1940 veröffentlichter Artikel war eine

Studie der Gasansammlungen aus brennendem Basalt auf Kilauea und Mauna Loa, die von ES Shepherd und mir durchgeführt wurde. Darin zeichnete ich Kurven der relativen Sammelqualität im Verhältnis zur Menge der vulkanischen Gase im Gegensatz zu den nicht-vulkanischen wässrigen und ozeanischen Gasen. Letztere, insbesondere Wasserdampf, nahmen proportional zur manipulativen Qualität der Handhabung von Vakuumröhren ab; und die vulkanischen Gase nahmen zu, insbesondere Wasserstoff und Kohlenstoffgase. Dies überzeugte mich davon, dass das Tiefengas der Vulkane Wasserstoff ist, verbunden mit Kohlendioxid und Stickstoff.

Auch in diesem Jahrzehnt stellte der Krieg neue Anforderungen an meine Zeit und Erfahrung und hatte Auswirkungen auf das Kilauea-Observatorium. Major James Snedeker vom Marine Corps, Rechtsoffizier des kommandierenden Generals in Honolulu, hatte von unseren Erfahrungen mit Amphibienfahrzeugen gehört und mir gesagt, dass der Krieg im Pazifik auf Amphibienlandungsboote angewiesen sein würde. Und in einem Brief von Admiral Bloch wurde ich aufgefordert, der Marine Einzelheiten unserer Erfahrungen mit Amphibien zu übermitteln. Da es sich dabei um die Geologie der Strände rund um den Pazifik handelte, machte ich mich an die Arbeit an zwölf Monographien für die Marine, die sich mit den Mechanismen der Amphibien und den Problemen befassten, die sie an den Stränden von Hawaii, Puget Sound und Alaska verursachten. Weitere Themen, zu denen ich Informationen lieferte, waren die Entflammbarkeit japanischer Gebäude beim Erdbeben in Tokio, der Umgang mit Erdbeben- und Vulkankatastrophen und unser Material aus Zeitschriften über viele Orte mit vulkanischer Gefahr im Pazifik.

Dann schlug mir WH Hammond, Physiker und Leiter eines Testlabors in Pearl Harbor, vor, meine 1897–1908 durchgeführten Tests der Abriebhärte von Stahl, die später von Boynton für sein Marinelabor fortgeführt wurden, wiederaufzunehmen. So begann ich mit Härtetests an der Universität und führte sie zehn Jahre lang durch. Ich verwendete Diamant und andere Schleifmittel in Instrumenten, um die Abriebrate von Metallen oder Mineralien unter standardisierten Bedingungen mit einem konstanten und reproduzierbaren Motorwerkzeug direkt auf einem Zifferblatt anzuzeigen. Die Abriebhärte erwies sich als ebenso kniffliges Problem wie meine Entfernungsmesser und Stoßschreiber. Diese Aktivität brachte im Universitätslabor und im Labor im Hawaii-Nationalpark viele Aufzeichnungen, Manuskripte und Proben zusammen. Ruth Baker, die Sato als Sekretärin nachfolgte, leistete tapfere Arbeit beim Sortieren von Materialien aus vielen Expeditionen, die wegen Krieg und Feuer im Kilauea-Observatorium unordentlich entsorgt worden waren. Obwohl der Park ein neues Haus für Naturforscher sowie für Seismographen, Geschäfte und

Aufzeichnungen gebaut hatte, wurde es vom kommandierenden General auf Hawaii übernommen, was für Finch und seine Assistenten erhebliche Härten bedeutete. Einer der Assistenten war der Instrumentenbauer Burton Loucks, der Miss Baker heiratete. Ein anderer, der Seismologe Austin Jones, wurde versetzt, um sich um Seismographen zu kümmern, die zur Messung von Verwerfungen und Neigungen rund um den Boulder-Damm aufgestellt wurden. Dr. Howard Powers, der für den Geological Survey und das Territorium auf der Insel Maui gearbeitet hatte, schloss sich Jones schließlich an, um in eine neue Abteilung für Vulkanologie einzutreten, die in Denver unter dem Geological Survey eingerichtet wurde, insbesondere um die Armee und die Marine bei ihren Studien zu Vulkanausbrüchen auf den Aleuten zu unterstützen, durch die manchmal Häfen und Flugplätze gefährdet waren.

27. Brunnen im Lavasee Halemaumau, 23. Mai 1917

28. *Seltener Kuppelbrunnen während des Ausbruchs des Kilauea-Kraters, 20. März 1921*

29. *Lavastrom, der aus einem Schlackenkegel in der Nähe des Randes von Halemaumau austritt, 9. Februar 1921*

Drei Ereignisse von vulkanischer und seismischer Bedeutung für Hawaii in den 1940er Jahren waren die Ausbrüche des Mauna Loa in den Jahren 1940 und 1942 und die Flutwelle von 1946, die durch ein unterseeisches Erdbeben südlich von Unalaska verursacht wurde. Die Welle überschwemmte die Kais und Küsten von Hilo und Ost-Maui und verursachte andernorts beträchtliche Schäden.

Wir waren vertraut mit der Aufzeichnung der Erdbebenherde unter dem Meer vor Alaska und Japan durch unsere Seismographen und mit der Zeitspanne von mehreren Stunden, die verging, bevor gefährliche Wasserwellen die hawaiianischen Küsten erreichten. Wir hatten auch eine schwere Flutwelle in Kona erlebt, die vor Japan ihren Ursprung hatte; und zwei oder drei solcher Wellen, die Kahului und Hilo verwüsteten, waren durch große Unterwasserbeben vor der Halbinsel Alaska entstanden. Die japanischen Fischer fuhren aufgrund unserer veröffentlichten Warnungen mit ihren Sampans immer in tiefe Gewässer, und die Marine hatte mich angewiesen, sie sofort zu informieren, wenn die Seismographen ein entferntes Erdbeben aufzeichneten, das eine Flutwelle auslösen könnte.

Ich hatte zuvor eine unglückliche Erfahrung mit der Warnung der Marine gemacht, als wir ein Seismogramm eines großen Erdbebens in Alaska registrierten, das, wenn es von einem U-Boot ausging, eine Flutwelle auf uns loslassen würde. Ich teilte Pearl Harbor die voraussichtliche Ankunftszeit der Welle mit, falls das Beben von einem U-Boot ausging. Genau zu diesem Zeitpunkt war ein großes Abendessen für Armee und Marine in Waikiki angesetzt, aber es ergingen Befehle, die Offiziere auf ihre Posten zurückzurufen, und die Party wurde gestört. Es kam keine Flutwelle, da sich das Erdbeben auf dem Festland von Alaska ereignete. Die Zeitungen verhöhnten mich gnadenlos, aber der kommandierende Admiral sagte mir, ich solle meine Politik nicht ändern.

Die Welle von 1946 war sehr groß und das Wasser stieg stoßweise an, bis es die Eisenbahnbrücke wegriss und die ganze Uferpromenade von Hilo unterspülte. Das Erdbeben-Seismogramm wurde um 2 UHR MORGENS AUFGENOMMEN , als niemand zusah, und die Wasserwelle kam um 8 UHR MORGENS , gerade als die Mitarbeiter des Observatoriums ihren Dienst antraten. Als die Meeresflut den Wellenbrecher von Hilo zerstörte und darüber hinwegsprang und die Hauptkais beschädigte, ertranken viele Menschen. Auf Oahu und Maui entstand erheblicher Schaden. Die Katastrophe ereignete sich, als Dr. FP Shepard, Ozeanograph aus La Jolla, ein Sommerhaus an der Nordküste von Oahu bewohnte; er war hocherfreut, eine große Flutwelle zu erleben. In Zusammenarbeit mit Geologen auf Hawaii stellte Shepard einen äußerst gründlichen Bericht über die Wellenhöhe in allen Buchten des Territoriums zusammen. Seismographen und Gezeitenmesser wurden rund um den Pazifik in Betrieb genommen, die Stelle auf dem Meeresboden, die erschüttert hatte, wurde genau lokalisiert, und die Küstenwache und die Marine trafen weitreichende Vorkehrungen, um künftige Kombinationen von Erdbeben und Wasser vorherzusagen.

Dazu gehörten Seismographen, die nachts Alarmglocken läuten. Das Ziel der Wissenschaft ist immer die Vorhersage und die Unterstützung der Menschheit; und es besteht immer Bedarf an mehr Menschen.

Ein weiteres bedeutendes Ereignis des Jahres 1947 war der Besuch von Hans Pettersson vom Schwedischen Ozeanographischen Institut, der eine Expedition leitete, die der Route der *Challenger folgte* . Ziel des Projekts war die Erforschung der Ozeanographie des Meeresbodens rund um den Äquator. Pettersson war daher begeistert von meinem Aufsatz in *Naturgeschichte* und seinem Schwerpunkt auf der Erforschung des Meeresbodens. Mit ihm war der Erfinder Kullenberg, der ein Gerät konstruiert hatte, mit dem man in den Schlamm des Meeresbodens bohren und längere Kerne entnehmen konnte als zuvor. Sein Gerät bestand aus einem Kernrohr, das mit Ventilen dicht über dem Meeresboden unter einem schweren Gewicht geöffnet wurde, so dass es sechzig Fuß in geeigneten Bodenschlamm versinken konnte, während der Kern im Inneren des Rohrs aufstieg, ohne komprimiert zu werden.

Pettersson verfügte über ein qualifiziertes Team bestehend aus Biologen, Physikern, Chemikern und Geologen. Außerdem gab es an Bord der *Albatross Laboratorien* zur Untersuchung der gesammelten Bodenmaterialien. Sie nahmen auch Echodaten von Explosionen in Meeresnähe auf, die die Tiefe von weichem Material über hartem Gestein zeigten. Dieser Übergang war unter dem Pazifischen Ozean flacher als unter dem Atlantik. Sie entdeckten an vielen Stellen zwischen Tahiti und Hawaii und unter dem Indischen Ozean harte Lavaströme, was auf ausgedehnte unterseeische Vulkanausbrüche hindeutete. Es wurde versucht, die Temperatur eines Kerns zu messen, was darauf hindeutete, dass der Boden der Bohrung wärmer war als die Oberfläche, was auf einen Temperaturgradienten am Meeresboden hindeutete. In dem tiefen Graben gegenüber Ostindien wurde ein Kern aus vulkanischem Agglomerat gewonnen.

In dieser Zeit drängte Präsident Gregg Sinclair von der Universität von Hawaii auf einen Plan zur Geophysik des Pazifiks, und Professor RW Hiatt von dieser Institution gelang es, das Interesse an der organischen Ozeanographie zu fördern. Ich verfasste einen Appell, der auf Arbeiten wie denen von Pettersson, Perret und anderen basierte und die Rektoren der Universität dazu drängte, ein großes geophysikalisches Institut in Hawaii zu planen, um den Felsboden des Pazifischen Ozeans wissenschaftlich zu erforschen.

Tausende von Tiefenmessungen im Golf von Alaska und im Zentralpazifik hatten Tiefseeberge oder Guyots in Form hoher Vulkane auf dem Meeresboden gezeigt, einige mit flachen Spitzen, aber mit den Merkmalen alter isolierter Vulkane. Neue Tiefenmessungen enthüllten Gebirgszüge auf dem Meeresboden, wahrscheinlich vulkanischen Ursprungs, einer davon mitten durch die Hawaii-Inselkette. Noch hatte niemand feurige Ausbrüche in tiefem Wasser entdeckt, aber Ozeanographen begannen, Bohrmaschinen, Kameras, elektrisches Licht und Geräte zur Bestimmung der Radioaktivität des Schlamms zu verwenden. Da der Meeresboden drei Viertel der Erde einnimmt, ist es im Vergleich zu den Kontinenten unvorstellbar, dass es dort keine heißen Solfataren, heißen Quellen und heißen Vulkane gibt. Tatsächlich kennen wir einige der letzteren in seichtem Wasser. Es ist nur eine Frage der wissenschaftlichen Organisation, die Quellen von Petterssons unterseeischen Lavaströmen zu lokalisieren. Präsident Sinclair legte den Leitern der Rockefeller- und Carnegie-Stiftungen einen Vorschlag für ein fünf Millionen Dollar teures Geophysikalisches Institut an der Universität von Hawaii vor, um die Vorteile der zentralen Pazifiklage zu nutzen.

Was meine eigenen Experimente anbelangt, so wurde meine Abteilung für Vulkanologie an der Universität in einen 300 Quadratmeter großen Betonkeller im Gebäude der Hauswirtschaftslehre verlegt, und die Kosten wurden mit der Hawaiian Volcano Research Association geteilt. Hier hatte ich Büro und Werkstatt sowie Sammlungen der Research Association und die Unterstützung einer Sekretärin und eines Nachwuchsforschers, der Instrumentenbauer ist. So wurden an einem feuerfesten Ort meine petrographischen und mineralischen Sammlungen aus Europa, der Karibik, Mittelamerika und dem Pazifik zusammengetragen, zusammen mit Manuskripten aus meiner Zeit in Harvard und Massachusetts Tech bis zur Mitte des Jahrhunderts und klassifizierten Ansammlungen meiner Marinemonographien, Diapositive, Negative, Fotografien, Karten, Zeichnungen, Korrespondenz und Instrumente, einschließlich Material, das die Research Association für noch laufende Experimente zur Härte von Mineralien erhalten hatte.

Ein Ziel dieser Härtemessung war ein Instrument für Maschinenwerkstätten, das in einer halben Minute die Länge eines Standardkratzers messen konnte, der von einer Standardzahnscheibe aus Siliziumkarbid stammt. Ich nannte es den „Jaggar Scratch Tester", und Mr. Paul Rushforth, ein Optiker aus Honolulu, fertigte verbesserte Modelle des Instruments an. Als ein Buch über Experimente mit etwa dreihundert Holzarten, Mineralien, Metallen und Kunststoffen veröffentlicht wurde, wurde Dr. Grodzinski von den kommerziellen Diamantenwerken in London interessiert und druckte den Artikel in einer Zeitschrift über Industriediamanten ab, die in der Welt der Schleifmaschinen eine große Bedeutung erlangt haben. Dadurch kam es zu einem neuen Kontakt mit England, ähnlich dem, den Boynton 1908 mit meinem Mikrosklerosemeter knüpfte, als er es im Auftrag des British Iron and Steel Institute auf die mikroskopischen Bestandteile von Stahl anwandte. Ich schickte eine Kopie meines neuen Berichts zusammen mit einem der

Instrumente an das Industrielabor in Pearl Harbor. Unterstützer dieses Berichts waren Mr. WH Hammond und Dr. Earl Ingerson, Leiter der Minerallabors des US Geological Survey.

Ein Ergebnis der Härteexperimente ist die Erkenntnis, dass die wichtige Eigenschaft die Weichheit oder Abriebfähigkeit und die Geschwindigkeit der Materialentfernung bei jedem gleichmäßigen mechanischen Schneidprozess ist. Früher dachte man, dass die großen Werteunterschiede zwischen den harten Substanzen bestehen. Es stellt sich jedoch heraus, dass die größten Unterschiede bei den Werten bei weichen Substanzen wie Kohle, Ton und Gips bestehen. Härte ist eine rein negative Eigenschaft des Widerstands, und Messungen beziehen sich auf das Nachgeben, nicht auf den Widerstand.

Andere Experimente, an denen ich mitgearbeitet habe, betrafen die Position des Zenits am Himmel zur schnellen Bestimmung von Längen- und Breitengraden anhand von Sternen und teleskopische Studien des Mondes, ein altes Hobby meines Lehrers Shaler. Ich bin seit langem davon überzeugt, dass die Lava des Kilauea in den Kratern, die sie bildet, der Mondlava ähnelt, und mein besonderes Interesse gilt der Tatsache, dass Mauna Loa und Kilauea kleine und große Basaltstrukturen bilden, die als irdische Experimente den Mond in kleinerem Maßstab nachahmen. Die Astronomen sagen, ihr Fachgebiet seien die Sterne, die Geologen müssten den Mond erklären. Tatsächlich hat ein Geologe damit begonnen. Mein Klassenkamerad JE Spurr, der nach seiner Pensionierung nach Florida von seiner Arbeit als Geologe des US Geological Survey zwischen den Verwerfungen und Laven des fernen Westens ausging, veröffentlichte Bücher über den Vergleich des Mondes mit der Geologie. Angesichts der zunehmenden Versuche, Mondkrater durch Einschläge zu erklären (Baldwin), bin ich der Meinung, dass auch erfahrene Vulkanologen sich der Mondforschung widmen sollten. Größere Kreisbögen auf der Erde, wie zum Beispiel die Aleuten-Inseln, ähneln Mondmerkmalen und sind tief vulkanischen Ursprungs. Darüber hinaus stehen der Vulkanologie großartige Detailfotos des Mondes aus modernen Teleskopen zur Verfügung.

Ich verbrachte meine Sommer im Hawaii-Nationalpark und wurde beratender Geophysiker. Dr. Chester K. Wentworth vom Board of Water Supply wurde Geologe. Die Laboratorien wurden zu einer Seismographenstation sieben Meilen die Nordostflanke des Mauna Loa hinauf erweitert, aber der Betrieb des ursprünglichen Kellers neben dem Vulkanhaus wurde fortgesetzt. In einem Keller unter dem naturhistorischen Gebäude des Parks befanden sich Seismographen, Finchs Büro und Bibliothek sowie Loucks' Laden.

1948 wurde die Arbeit am Observatorium an die Verwaltung des Geological Survey zurückgegeben und eine vulkanologische Abteilung in Denver

übernahm Dr. Powers, um Flugzeugstudien über die Aleuten durchzuführen. Dies geschah unter der Leitung von Walter Frederick Hunt, dem Leiter für Geologie des US Geological Survey.

Als der Hawai' i-Nationalpark neu organisiert wurde, wurde das Naturkundegebäude vom Aufseher Frank Oberhansley zur Parkzentrale übernommen und die Uwekahuna-Gebäude mit ihrer grandiosen Aussicht in alle Richtungen zum Hawaiianischen Vulkanobservatorium umgebaut. Ein neuer Seismographenkeller wurde abseits der Störungen der Uwekahuna-Klippe gegraben und moderne Instrumente installiert. Mr. John Forbes wurde Hilfsmaschinist und nach Mr. Finchs Pensionierung im Jahr 1951 wurde Dr. Gordon Macdonald der verantwortliche Vulkanologe. CK Wentworth zog von Honolulu in die Region des Nationalparks und übernahm die Leitung der magnetischen Messungen, die an zahlreichen Stationen von Physikern des Geological Survey eingerichtet worden waren. In den vergangenen Jahrzehnten hatten Physiker und Chemiker das Observatorium besucht, darunter Dr. Stanley Ballard, der die Laboratorien mit einem Gaertner-Spektrographen ausstattete, und Dr. Harvey White aus Berkeley, der in der hawaiianischen Laven keine Radioaktivität fand. und Dr. JJ Naughton, der in den Emanationen der Sulphur Bank ein kritisches Kohlenstoffisotop fand. Die moderne Chemie wurde allmählich in der Vulkanologie im Feld angewandt, und genau das hatten Hovey, Perret und ich uns vor fünfzig Jahren erhofft. So viel zu den trockenen Fakten der Organisation.

1949 brach der Gipfelkrater des Mauna Loa aus, wobei es zu Brüchen und Ausflüssen an seinem südlichen Ende in Richtung Kona kam. 1950 folgte ein langwieriger Bruch des südwestlichen Grabens mit den umfangreichsten und schnellsten Ausflüssen der Geschichte, von denen drei ins Meer flossen und in Süd-Kona Zerstörungen anrichteten.

Die Abflüsse erfolgten zunächst aus hochgelegenen Quellen, andere mündeten weiter südlich und die auffälligsten Ströme folgten dem steilen Kona-Hang ins Meer, beginnend bei Hookena. Macdonald und Naturforscher des Nationalparks fotografierten und dokumentierten alles. Das alte Hookena-Postamt an der oberen Straße beim Haus des Veteranen Mr. Lincoln wurde weggeschwemmt, was für viel Drama sorgte, denn der alte Mann wollte sein Haus nicht verlassen. Das nächste zerstörte Haus, ein altes Wahrzeichen, war die Magoon Ranch. Das dritte war die attraktive und moderne Ohia Lodge, ein Resort, das aus einheimischen Baumstämmen in der Wildnis gebaut wurde.

Ein separater großer Strom verzweigte sich vom Riss zur Ostseite des Berges und erreichte die niedrigste landwärts gelegene Erhebung im Wald von

Kahuku, und kurze Ströme ergossen sich über den südwestlichen Riss auf der Ostseite.

Mehrere Personen näherten sich den Strömen in South Kona vom Meer aus. Die ersten Fotos der ersten Ströme, wo die harten Sprosse und Felsbrocken aus steifem, teilweise abgekühltem Aa ins Meer gelangten, zeigten große Dampfsäulen, die durch den Kontakt mit Meerwasser entstanden waren. Anders verhielt es sich beim dritten, am weitesten südlich gelegenen Strom, den Jack Matsumoto und ein Begleiter mit Filmkameras aus einem Kanu aus erkundeten. Die Bilder waren gute Farbfotos, und der Lavastrom floss eine steile Böschung aus eigener Substanz hinab, an den Seiten von verhärteten Graten eingeengt; der Strom war sehr flüssig und floss direkt ins Meer.

Das Ergebnis war höchst bemerkenswert. Die gelbe flüssige Lava ging ins Salzwasser über, ohne überhaupt eine Dampfsäule zu bilden; der Meeresboden nahm sie einfach mit seinem Abwärtsschwall auf, das Wasser kochte superheiß und die Lava nahm den Wasserdampf in sich auf. Das Phänomen war nicht auf das Aufsteigen von trockenem Dampf zurückzuführen, denn darüber gab es keine Kondensationswolke. Wissenschaftler erklärten es mit der Annahme, dass eine Lavaschale einen Tunnel unter dem Ozean bildete, wobei die Kruste genau auf Meereshöhe endete.

Ein solcher unterseeischer Bogen war definitiv nicht vorhanden, denn die Wellen wogten hin und her, und, so Matsumoto, es gab keine Anzeichen eines untergetauchten Riffs. Der Film bestätigt dies. Was wahrscheinlich vor sich ging, ist das, was mit Schlacke in einem patentierten Verfahren der Stahlwerke geschieht, bei dem die glühende Flüssigkeit über eine perforierte Oberfläche geleitet wird, aus der Hunderte von Wasserstrahlen austreten, und die 1300 °C heiße Schmelze das Wasser aufnimmt, ohne sichtbaren Dampf zu erzeugen. Die Schlacke verwandelt sich in eine Myriade mikroskopisch kleiner Glaskugeln und wird zu einer Art Bimsstein. Eine Besonderheit dieser Substanz besteht darin, dass sie, wenn sie auf 700 °C abgekühlt wird, einen kritischen Punkt überschreitet und das aufgenommene Wasser mit explosiver Wirkung wieder abgibt. Es ist wahrscheinlich, dass Matsumotos goldener Strom, der in den Ozean strömte, so extrem heiß war, dass er das Wasser aufnahm und als wasserhaltiges Produkt weiter den Meeresboden hinabfloss. Die Knack- und Kracheffekte sowie die Unterwasser-Erdbeben, die örtlich begrenzte Flutwellen erzeugen – wie man sie im Jahr 1919 beobachtete, als eine solche Flut ins Meer mündete – könnten auf die explosive Abkühlung zurückzuführen sein, die durch die Wasserabgabe der Schlacke entsteht.

Die Verwendung von Farbfilmen ist eine der vielen Verbesserungen, die der modernen Wissenschaft zu verdanken sind, sowie die Kartierung von

Lavaströmen durch Flugzeugfotografie. Dies gab Macdonald eine neue Waffe zur Vermessung der Volumenansammlung zur Zeit der Ausflüsse von 1950, denn aus Luftaufnahmen erhielt er genaue Umrisse der Ströme. Diese wurden mit berechneten Dicken verglichen und ergaben Volumen, die mit den Volumina älterer Ströme im Verhältnis zur Fläche verglichen werden konnten. Diese Berechnungen zeigten, dass seit 1868 nichts mehr so große Lavamengen pro Ausflusstag hervorgebracht hat.

Mrs. Jaggar und ich kehrten von einer Reise nach Nova Scotia nach Hawaii zurück, und der Matson-Dampfer *Lurline* brachte uns gegen Ende des Ausbruchs von 1950 zur Küste von Kona, um die glühenden Ströme spät in der Nacht zu untersuchen. Sie sahen aus wie heiße Kohlen, die sich weit den Berghang hinauf unter den Wolken erstreckten, mit gelegentlichen hellen Aufflackern, wo Bäume in Flammen aufgingen. Sichtbare Bewegung gab es nicht, da wir für die schnellen Ströme zu spät kamen und zu weit weg, um genaue Bewegungen zu sehen. Dieser Ausbruch ähnelte dem voluminösen Strom des Mauna Loa im Jahr 1868, der aus einer niedrigen Öffnung am südlichen Ende des Berges austrat, und dauerte nach den ersten Ausbrüchen am Gipfel nur kurze Zeit. Die Ähnlichkeit bestand in einer großen Erdbebenserie, und dies sollte sich 1951 in Kona wiederholen. Der katastrophalen Öffnung des südwestlichen Grabens während des Ausbruchs im 19. Jahrhundert folgte ein Vierteljahrhundert nördlicher Ausflüsse, nämlich von 1843 bis 1859. Als nächstes folgten jene von 1929 bis 1952 im 20. Jahrhundert. Die Erdbeben von 1929 leiteten die nördliche Serie unterirdisch ein.

Dasselbe Argument gilt für die 26 Jahre der Gipfel- und Südausflüsse von 1903 bis 1929, die auf ein Vierteljahrhundert Wechsel zwischen Nord und Süd folgten. Nichts davon berücksichtigt all die Ausbrüche des Gipfelkraters, die Scharnierlinie zwischen den Stößen der nördlichen und südlichen Riftsektoren. Im Großen und Ganzen dreht sich das gesamte Argument um ein angebliches Wanken der Mauna-Loa-Bergsektoren vom Krater aus nach Norden und Süden. Die beiden Rifts werden steif und verschließen sich für 25 Jahre, bevor sie für eine neue Periode der Lockerheit aufbrechen. Der Gipfelbrunnen ist irgendwie immer voll.

Ein bemerkenswertes Ereignis, nämlich die achtzehnjährige Ruhe des Kilauea nach 1934, könnte eine weitere Reaktion sein. Die vorherige Aufregung war der Aufbau, der Zusammenbruch und die Erholung des Berges im Vierteljahrhundert vor 1934, deren Höhepunkt die Dampfexplosion des Grundwassers im Jahr 1924 war. Zehn Jahre später begann die Ruhe des Kilauea. 1790 hatte der Kilauea einen größeren explosiven Ausbruch und war ab zehn Jahren danach, nämlich 1800, achtzehn Jahre lang in Ruhe. Es scheint also wahrscheinlich, dass der Kilauea selbst Vierteljahrhunderte der Krise durchführt. Diese Zeitangaben sind nicht exakt, sondern Annäherungen an die wissenschaftliche Suche nach Ordnung in einer großen Maschine, dem hawaiianischen Vulkansystem, wo rhythmische Pulsationen überall dort existieren, wo die Schwerkraft wirkt. Ein Dritteljahrhundert könnte sich als genauer erweisen als die Schätzung eines Vierteljahrhunderts.

Mit dem Ende dieses Jahrzehnts 1940 ist ein halbes Jahrhundert meiner Erfahrung mit Vulkanen und Erdbeben abgeschlossen, in dem ich mit einem einzigen Krater gelebt und gelernt habe, dass Vulkane und Erdbeben miteinander verbunden sind. Sie scheinen mit tiefen, 3.000 Kilometer langen Rissen in der dicken Erdschale über einem weißglühenden flüssigen Kern verbunden zu sein.

Ich habe vor kurzem ein Experiment mit einer dicken Zementkugel begonnen, die aus einer Schale besteht, deren Dicke der Erdkruste entspricht, die, wie alle Seismologen übereinstimmen, 1.800 Meilen tief ist. Wenn ich mit einem Vorschlaghammer auf diese Schale schlage, stelle ich fest, dass sie in geraden Linien im rechten Winkel zueinander zerbricht. Die Theorie wird zwangsläufig von den Beobachtungen beeinflusst, die sich aus der Beobachtung der Lava ergeben, die aus den Gebirgsspalten am Ende des langen geraden Spaltgürtels der gesamten Hawaii-Kette austritt.

Ich überprüfe ständig meine eigenen geologischen Wirrwarr, die Kontroversen über Dampf, Flammen, Vulkanschwellungen, Explosionskrater, Schichten in der Kruste, Gewichtung und Unterströmung, Kontinentalhebung, die Panzerplatte der Erde, Kontraktionsfaltenbildung in Sedimentbecken, unterseeische Vulkane, lineare Vulkanketten, Kieselschalen, gehobene oder versunkene Blöcke, Sonnenplaneten oder aus dem Doppelzwilling der Sonne stammende Planeten, ursprüngliche Hitze oder radioaktive Hitze, dicke Kruste oder dünne Schale, Lavareservoirs oder Lavakern, prägeologische Vorfahren von Vulkanen und Krater auf dem Mond. Die einzige Möglichkeit, aus Beobachtungen hawaiianischer Vulkane Berechnungen anzustellen, besteht darin, die Mathematiker zu kopieren, d. h. die Antworten zu erraten.

Kapitel VII
Gesandte

„ Obwohl Welt um Welt in Myriaden um uns rollen

Jeder mit anderen Kräften und anderen Lebensformen als wir. "

Ich habe sechzig Jahre mit qualitativen Experimenten in der Geologie verbracht. Ich begann mit alten Vulkanen und Geysiren im Yellowstone und im äußersten Westen und endete mit Experimenten am aktiven hawaiianischen Vulkan Kilauea. Auf der Grundlage dieser Experimente habe ich Bücher über die Entwicklung von Kratern und über besondere Besonderheiten explosiver Eruptionen aus unterirdischem Wasser geschrieben.

Der Vorwurf, ich sei in der professionellen Geologie nicht orthodox, ist falsch. Die professionelle Geologie ist weitgehend kontinental, weil ihre Feldarbeit auf Kontinenten stattgefunden hat. Meine Arbeit war ozeanisch; mein Fachgebiet, siebzig Prozent der Erdoberfläche, erstreckt sich über eine dicke Kruste bis hinunter zum Erdkern. Der Erdkern ist flüssig und massiv und heiß, wie die gesamte Geologie bestätigt. Die Isostasie, die eine dünne, flexible Schale postuliert, wird durch die Tiefen des Ozeans und die vulkanischen Rücken verletzt. Vulkanische Riftschichten wie die Kordilleren und der Hawaii-Rücken sind zu lang, um als Bruch einer 80 Kilometer tiefen Kruste entstanden zu sein. Die Kreisform und abgestufte Größe in linearen Abschnitten der pazifischen Bögen sind Funktionen einer gebrochenen Kugel mit dicker Schale. Eine ähnliche Abstufung der Bögen findet sich auf der Mondoberfläche. Argumente, die auf dem Wissen über Meteore beruhen, für einen Eisenkern und für große Mondkrater sind ohne Analogie. Substrattheorien von Stübel bis Daly stimmen nicht mit dem ozeanischen Vulkanismus überein. Das Gravitationsgleichgewicht der Kruste lässt sich besser auf eine primitive dicke Verwerfungsschollenkruste anwenden als auf eine dünne Schale. Erdlaven, als natürliche experimentelle Modelle, ahmen Mondmerkmale im kleinen und großen Maßstab nach. Beides ergibt eine konsistente Geschichte für zwei ähnliche Globen. Die Vulkanologie muss als global und uralt gelten, und jeder Geologe kann die hier aufgezählten Argumente akzeptieren, ohne unorthodox zu sein.

Die unbestrittenen Gewissheiten der modernen Seismologie, der Übertragung elastischer Wellen durch die Erdkugel zu empfindlichen Aufzeichnungspendeln, sind, dass die Erdkruste 1.800 Meilen dick ist, dass der Kern eine schwere Kugel aus weißglühender Flüssigkeit ist und dass seine Temperatur bei Krustenkontakt von Verhoogen auf 2200° Celsius geschätzt wurde. Die tiefe Kruste ist weniger dicht als der Kern und besteht allgemein aus schwerem Basisgestein, das Steinmeteoriten nicht unähnlich ist. Die äußere Schale unter den Ozeanen und über drei Viertel der Erde ist von basaltischer Lava bedeckt, und wo immer durch vulkanische Aktivität magmatisches Gestein entstanden ist, tritt intrusive oder extrusive schwarze Basislava in Form von Deichen und Ausflüssen auf.

PANZERPLATTE AUF OZEANEN

PANZERPLATTE AUF KONTINENTEN

AUSSENSEITE DES GRUNDLEGENDEN GLOBUS, ZU DEM DIE ANPASSUNG FÜHRT

Kerngrenze, zu der die Anpassung tendiert

VOLK. Ozeanketten von Ozeanvulkanen

VOLK. CONT. KETTEN VON KONTINENTALGRENZVULKANEN

AUF DER GEGENÜBERLIEGENDEN SEITE *ist ein Diagramm eines hypothetischen Globusabschnitts in Äquatornähe, das Ozeane und Kontinente im wahren*

Durch primitive Vulkanausbrüche entstand eine Kugel aus Kern, kieselsäurehaltiger Schale und Panzerplatte.

Die Schale entstand durch die äußere Ansammlung von Feststoffen und Gasen sowie die innere Entmischung um einen geschmolzenen Kern.

Die Verwerfungsblöcke entstanden durch die Schrumpfung der Schale über einem flüssigen Kern und wurden im Laufe der prägeologischen Zeitalter durch die lunisolare Gravitation und Rotation angepasst.

Die kontinentalen und ozeanischen Grenzen der Verwerfungsblöcke wurden durch angehobene und abgesunkene Blöcke mit Kernvulkanismus aus austretendem Gas bestimmt, das Wände schmolz und eine äußere silikatische Panzerplatte auf dem frühesten erstarrten Globus ablagerte. Dies ist bei Kontinenten die leichtere Außenschicht, die von dichteren Gesteinen an der Unterseite der Panzerplatte unterlegt ist.

Der kontinentale Vulkanismus (VOLC.-CONT.) unterschied sich vom ozeanischen Vulkanismus durch den leichten Luftdruck über den angehobenen Blöcken und den viel höheren Wasserdruck über drei Vierteln der Erde, den abgesunkenen Blöcken.

Die Unterteilung wird im schematischen Ausschnitt des Globus dadurch dargestellt, dass drei Viertel des Ausschnitts Ozean sind, also zwölf Sechzehntel.

Der Abschnitt zeigt zwölf Sechzehntel als versunkene Blöcke, vier Sechzehntel als erhabene Blöcke. Die vier Sechzehntel bilden nach der Tetraederhypothese von Lowthian Green und Michel-Lévy die vier kontinentalen Protuberanzen.

Zwölf Sechzehntel der Oberfläche sind von unregelmäßig geformten, teilweise von Nord nach Süd verlaufenden Rissen durchzogen, die durch Zentrifugalkräfte gesteuert werden und den von Nord nach Süd verlaufenden Tiefen und Haufen sowie den bekannten Rissen entsprechen. Diese haben seit dem ersten Vulkanismus der Urzeit Bestand gehabt.

Zirkumkontinentaler Vulkanismus wird im Diagramm durch VOLC.-CONT. dargestellt, ozeanischer Vulkanismus durch VOLC.-OCEAN. Beide werden als Spalten zwischen Schollen dargestellt, die sich im Laufe der Zeit angepasst haben (in der Zeichnung übertrieben dargestellt) und immer über dem Expansionsdruck des Kerns spannungsbedingt sind, mit exothermen Heizkräften.

Die sechzehn fundamentalen Blockgrenzen entsprechen ungefähr den sechzehn fundamentalen vulkanischen Verwerfungsblöcken, die weltweit vage bekannt sind. Etwas Ähnliches ist auf dem Mond bekannt. Die Spalten sind die Grenzen von sechzehn Blöcken, einige davon vielflächig, einige länglich. Einige sind ozeanischer Natur wie Neuseeland-Tonga, andere sind uralt und kontinental wie Arabien. Die unvollständig kartierten Meerestiefen sind Grenzlinien. Die Spalten Afrikas und Chile-Patagoniens sind Grenzlinien. Die großen Bögen des Himalaya, Java-Sumatra und der Aleuten-Rücken sind Grenzlinien kreisförmiger Blöcke. Möglicherweise waren sie kreisförmige Versenkungskalderen auf dem primitiven Sphäroid. Der Rand des Mare Imbrium auf dem Mond weist Verwerfungsspalten auf. Die gerade Ausrichtung der Mondkalderen deutet auf Mondspalten unter einem nicht kartierten Mosaik hin. Die Blöcke der Theorie der Kontinentalverschiebung sind Vermutungen über ein Mosaik aus Krustenblöcken. Aber die Möglichkeit, die die Theorie der Kontinentalverschiebung auslässt, ist, dass die Blöcke tief sind. Abgesehen von den Spekulationen von Lowthian Green, Wegener, Holmes und Daly, die auf dünnen Krustenblöcken der Kontinente basieren, gibt es keine Kartierung des Muschelmosaiks. Dies ist nicht möglich, solange wir nicht die Details der Ozeanböden kartieren. Primitive Blöcke erfordern die Annahme einer dicken Kruste und rechtfertigen neue Spekulationen. Die Risse zwischen den Blöcken sind die vulkanischen Trennwände der Erde, die ich Ignisepten nenne.

Es gibt viele Punkte, über die man spekulieren kann, einige davon sind mathematischen Berechnungen unterworfen. Dringt Oberflächenwasser in die Trennwände ein? Ist der Druck unter den Ozeanen hoch und salzhaltig? Wie entstehen tiefe Erdbeben durch Reibung 300 Meilen unter der Kordillere und dem Westpazifik? Brechen Erd- und Mondkugeln als abgerundete Tetraeder auf ähnliche Weise? Sind aufgrund der Rotation Nord-Süd-Risse vorherrschend? Verändern die Kernflüssigkeiten den Vulkanismus im Laufe der Zeit?

Die 28 Prozent der Erdoberfläche, die auf Kontinenten über dem Meer liegen, bestehen aus kieselsäurehaltigen Sedimenten flacher Wasserbecken, wobei Quarz das vorherrschende Mineral ist. Ihre Schichten sind zerknittert und zu Gebirgsketten erodiert. Der Großteil des Restes besteht aus Wüsten und See- oder Flussböden. Dieses Material wurde in der Antike durch Hitze und Infiltration in sogenannte Gneise, Schiefer und Granite umgewandelt. Der Prozess der Granitisierung gehört zu den metamorphen Prozessen. Es handelt sich um einen Prozess tiefer Vergrabung, Hitze, Gase und Wasser, der schon immer ein Rätsel war und alte vulkanische Laven überall dort beeinflussen könnte, wo sie das Land bedeckt haben. Es handelt sich um einen Prozess der Lösung von Kieselsäure, die durch Dampf und andere Dämpfe abgelagert wird.

In gleicher Weise ist vulkanische Aktivität durch das Ausströmen von Lava durch Risse ein Prozess der Lösung der tieferen Erdkruste durch heiße Gase, größtenteils brennenden Wasserstoff. Lava, die aus dem Ätna oder Mauna Loa austritt, ist geschmolzene Erdkruste, die durch denselben Wasserstoff und andere Gase aus den Wänden tiefer Risse, die zum Erdkern führen, aufgelöst und nach oben befördert wird. Vulkanismus und Metamorphose sind also derselbe Prozess, nämlich die Wirkung von Gasen durch Risse in der tiefen Erdkruste. Aber Metamorphose wirkt auf kontinentale Sedimente, während moderne Vulkanausbrüche durch Verwerfungen am Meeresboden und an den Meeresküsten wirken, sehr alte Merkmale der Erde, die sich von den Kontinenten unterscheiden. Auf Hawaii wurden keine metamorphen Gesteinsfragmente gefunden.

Solche primitiven ozeanischen Verwerfungsspalten erstrecken sich unter Kontinenten, die aus der Zeit der Kontinentalentwicklung übrig geblieben sind. Sie bringen die metamorphen heißen Gase nach oben, die in silikatischen Sedimenten mit Hilfe von Grundwasser Granite, Gneise und Schiefer bilden. Die Geologie weiß überhaupt nicht, ob dieser metamorphe Prozess das harte Gestein unter dem ozeanischen Schlamm beeinflusst, da die Geologie nie ein Stück dieses Gesteins gesammelt hat. Die Geologie kennt jedoch Einschlüsse und explosive Fragmente von ozeanischen Vulkanen, und sie findet dort weder Granite, Gneise noch Schiefer. Diese Verallgemeinerung gilt jedoch nicht für kontinentale Vulkane wie die in Italien und Afrika.

Der Beginn der Fossilienbildung auf den Kontinenten wird allgemein auf 500 Millionen Jahre datiert. Für die ältesten identifizierbaren Kontinentalgesteine kann dieser Zeitraum um weitere 1.500 Millionen Jahre verlängert werden. Die geschätzte Gesamtdicke der ältesten Sedimente der Erde beträgt 120.000 Fuß. Über die Dicke der meisten ältesten vulkanischen Ablagerungen unter dem Meeresschlamm wissen wir nichts.

Dies führt uns zum großen deutschen Forscher Stübel, der die Vulkane der Anden kartierte, in Leipzig ein Museum seiner Arbeit gründete und Monographien über die Anden veröffentlichte. Sein letztes Buch, das auch Material über den Mount Pelée enthielt, handelte von den „genetischen Unterschieden vulkanischer Berge". Doch moderne Kontinentalisten wie Daly und Bucher in Amerika haben Stübel nicht beachtet. Daly ist die Autorität auf dem Gebiet der flachen Erdschale und des Basaltsubstrats, und Bucher von der Columbia University ist Spezialist für kontinentale Sedimente und Granitbildung.

Der Punkt ist, dass Stübel eine tiefgreifende Verallgemeinerung machte, die niemand widerlegen konnte. Die Erde ist mindestens 3.000 Millionen Jahre alt, und als ozeanische Verwerfungsblöcke absackten und kondensierendes atmosphärisches Wasser aufnahmen und kontinentale Verwerfungsblöcke hoch blieben und erodierten, gab es bereits eine dicke Schale aus vulkanischer Lave. Denn der Vulkanismus war der älteste Prozess auf der Erdoberfläche. Er hatte schon immer Gase aus dem Kern durch Risse nach oben befördert und Atmosphäre, Wasser und Extrusionen gebildet. Stübel nannte die extrusive Schale auf der Außenseite der primitiven Kruste die Panzerplatte der Erde. Das ursprüngliche Gas musste, ungeachtet der ursprünglichen Turbulenzen im Inneren, durch Risse nach oben kommen und vulkanische Ablagerungen bilden. Es wird allgemein angenommen, dass sich die sehr dicke innere Kruste schnell bildete, indem sie von außerhalb des Kerns nach innen und von innerhalb der Atmosphäre nach außen abkühlte und erstarrte. Die letztgenannte Oberfläche wurde schließlich auf dem größten Teil der Erde durch Wasser und auf dem kleinen kontinentalen Gebiet durch Luft abgekühlt, wobei in beiden Gebieten ein deutlicher Temperatur- und Druckunterschied herrschte.

Die Seismometrie zeigt, dass der größte Teil der Kruste eine ziemlich gleichmäßige Dichte aufweist. Daher wurde vermutlich schon früh eine dicke Kruste erreicht. Es gab offensichtlich eine Zeit des Konflikts zwischen der Belastung der Kruste durch ihre schwereren Ansammlungen in der Nähe des Kerns, durch ihre leichteren Ansammlungen außen unter Wasser und Luft und schließlich durch ihre äußere Panzerplatte aus vulkanischer Lava von unbekanntem relativen Gewicht. Soweit wir wissen, könnte es sich dabei um vulkanischen Bimsstein gehandelt haben. Über die Geschwindigkeit der Krustenverdickung gibt es nur Spekulationen.

Genau hier liegt ein mysteriöses Element in der Spekulation, was den Vergleich mit dem Mond, die Verschmelzung von atmosphärischer Kondensation mit Vulkanismus und die Verschmelzung von subozeanischer Lavakondensation mit unberührtem Ausbruch berücksichtigen muss. Dies ist eine zu harte Nuss, da wir derzeit nicht wissen, wie Gestein unter dem Meeresbodenschlamm aussieht. Aber Stübels Beharren auf einer Beschichtung aus Lavapanzerplatten über Kontinenten und Meeresböden als früherem Vulkanismus und einer äußeren Schicht auf der Erde ist unvermeidlich. Wenn alles aus Basalt wäre wie die heutigen ozeanischen Vulkane, müssten wir Basalt auf den Kontinenten unter den Graniten finden. Das tun wir nicht. Wenn alles aus leichter Granitbildung durch Absonderung von Kieselsäure bestehen würde, müssten wir in ozeanischen Laven häufig Granit- und Obsidianfragmente finden. Das tun wir nicht. Wir müssen also zu dem Schluss kommen, dass unsere topografischen und geologischen Schnitte nicht tief genug reichen. Und was den Meeresboden betrifft, haben wir überhaupt keine Schnitte. Aber Stübel hatte recht. Den geologischen Vulkanen musste eine unbekannte Vulkanausbruchsperiode vorausgegangen sein.

Die Frage nach alten Grünsteinen in Afrika, Skandinavien und Kanada wird viel diskutiert, denn es gab an vielen Orten alte vulkanische Laven, vermischt mit Gneisen, Schiefern und Graniten. Sie bildeten keine tiefe Schicht, sondern waren vermutlich alte Überreste von Laven, die zwischen Sedimenten verstreut waren. Sie sind ein weiterer Beweis dafür, dass Vulkanausbrüche bis in die Zeit der ältesten Gesteine auf den Kontinenten zurückreichen und dass ihre Laven von Metamorphose betroffen waren. Es ist jedoch keine durchgehende tiefe Schicht aus Grünsteinen bekannt. In Tiefen von fünfzig Meilen, nur unter Kontinenten, findet sich die Mohorovicische Umwandlung in dichteres Gestein. Dies ist eine Echooberfläche in Erdbebenwellen, die jedoch im gesamten Pazifik fehlt. Es könnte sich dabei um die Oberseite der Panzerplatte handeln.

Richter Holmes schrieb, dass die Verfassung der Vereinigten Staaten ein Experiment war. Dass alle Gesetze der Nation auf der Grundlage von Experimenten eine Erlösung durch Prophezeiung bewirken. Die Experimente wurden auf die Bill of Rights und alle Verfassungszusätze ausgedehnt. Ich bin der Meinung, dass die Geologie – angesichts ihrer extremen Unkenntnis von unterseeischen Gesteinen, Erzen, Metallen, Ölen, Quellwasser, Temperaturen, Magnetismus, Schwerkraft und Gasen für den größten Teil der Erde – eine Bill of Rights und zahlreiche Verfassungszusätze braucht. Ihre Erlösung durch Prophezeiung muss auf Experimenten mit Instrumenten, Bohrinseln und verankerten Laboratorien in diesem riesigen Gebiet basieren. Diese Experimente wurden oberflächlich betrachtet durch ozeanografische Probenentnahmen von Bodenmaterialien, durch Schwerkraftpendel in U-Booten, durch Kameras auf dem Meeresboden und durch Bodenwasserproben, durch Tests der Radioaktivität von Bodenmaterialien, durch Echolotung zur Bestimmung der Schlammdicke, durch Vulkanologie auf ozeanischen Inseln, durch topografische Bodenvermessungen und durch die hervorragende Arbeit der ozeanografischen und geologischen Stationen und ihrer Seismographen sowie durch einige Studien der Meereschemie, -physik und -biologie durchgeführt. Die Schlussfolgerungen in diesem Buch sind nur eine kleine Prophezeiung auf der Grundlage von Vulkanexperimenten. Aber das Gestein unter dem Tiefseeschlamm ist noch immer nicht gesammelt.

Meine Vulkanexperimente sind nicht von einem Konsens der Lehrbücher beeinflusst. Ich wurde auf der Grundlage von Lehrbuchmeinungen unterrichtet und fand, dass die Geologie keine experimentelle Messung des Feldverlaufs von Erosion, Sedimentation, Deformation und Ausbruch vornimmt. Den größten Teil meiner Lehrtätigkeit widmete ich dem Plädoyer für Feldobservatorien zur Zeitmessung dieser vier Prozesse. Das Plädoyer hat einiges bewirkt, und in diesem Jahrhundert haben wir die Entstehung der Internationalen Geophysikalischen Union erlebt. Es gab viele Versuchsstationen, um Geophysik und Geochemie zu rein quantitativen Wissenschaften zu machen. Aber sie sind im Allgemeinen kommerziell und wurden nicht auf Tiefseebohrungen unter den Ozeanen ausgedehnt.

Während ich von Vulkanobservatorien aus an der Ausweitung der Geologie in Alaska, Japan, Hawaii, Tonga, der Karibik und Italien sowie auf dem kalifornischen Festland, in Mittelamerika und Neuseeland arbeitete, befand ich mich am Rande riesiger Ozeane und beschäftigte mich mit einer Wissenschaft, die fast ebenso unbefriedigend ist wie die Lehrbuchwissenschaft der historischen und kontinentalen Geologie. Es ist immer ein Kompromiss, denn wir haben es mit einem dringenden Bedarf an Karten des Grundgesteins unter dem Schlamm der riesigen Ozeane zu tun. Der Vulkanismus schreit nach Wissen über den Globus und wird dabei durch Arbeiten wie die von Gutenberg und Richter unterstützt. Diese Männer stellten wichtige Karten von Erdbeben zusammen, die weltweit mit der Elastizitätstheorie gemessen wurden. Ihre Arbeit hatte zwangsläufig viele Berührungspunkte mit Vulkanen. Dasselbe kann über die geophysikalischen Zusammenfassungen von Schwerkraft, Magnetismus, Klimatologie, Hydrologie und Ozeanographie gesagt werden. Aber alle unsere Wissenschaften machen vor den riesigen Meeresgründen halt und müssen durch Experimente gerettet werden.

Die Wissenschaft tut nicht alles, was sie kann. Finanzwesen und Ingenieurwesen sind in der Lage, mit teuren, noch nicht erfundenen Maschinen direkt auf den Meeresboden zu gelangen und die Wissenschaft der ozeanischen Gesteine zu entwickeln. Offshore-Ölbohrungen reichen nicht aus. Die reine Wissenschaft braucht ein Beispiel von Finanziers wie Carnegie und Rockefeller, die nicht auf Profit aus sind. Ingenieursberatung kann durchaus unter die paar hundert Fuß Schlamm reichen, das Gestein finden und 2.000 Faden tief hineinbohren. Der erste Mensch, der das tut, wird Neuland betreten. Alle Ehre gebührt Shepard, Ewing, Piggot, Pettersson und Kullenberg, Männern, die in dieser Wissenschaft gerade erst Neuland betreten haben. Die gesamte Vulkanologie hängt davon ab, das Krustengestein unter dem Schlamm zu sammeln.

Hoyles Buch „Die Natur des Universums" führt uns einen Schritt weiter. Es zeigt, dass alle Wissenschaft im Wesentlichen Kosmologie ist und sich die Wissenschaft mit dem Ursprung und der Entwicklung der gesamten Natur beschäftigt. Ich würde über das Universum hinausgehen. Ich würde die Wissenschaft des Lebens und unseres Gehirns einbeziehen. Wir brauchen ein phantasievolles Bild, das mit dem äußeren Universum beginnt. Wir enden auf der Erde mit Vulkanen und der Geburt des Lebens.

Hoyle und Lyttleton aus Cambridge haben eine Zusammenfassung der aktuellen Astrophysik präsentiert, die Erde, Mond und Planeten, Sonne und Sterne, Ursprung und Zukunft der Sterne sowie den Ursprung der Sonnensysteme umfasst. Eine äußerst erfreuliche Schlussfolgerung ist, dass das Hintergrundmaterial des Weltraums Wasserstoff erzeugt. Dies wird durch präzise mathematische Gleichungen bewiesen. Dies erklärt das expandierende Universum unter dem Druck einer solchen Schöpfung. Die äußersten Nebel bewegen sich ständig mit Überlichtgeschwindigkeit. Die Galaxien bewegen sich endlos in den unendlichen Raum hinaus. Sie werden durch die Schwerkraft des ewig erzeugten Wasserstoffs endlos erneuert.

Nach Erkenntnissen aus der Zeit von Jeans und Eddington besteht die Sonne zu über neunzig Prozent aus Wasserstoff, der kleine Rest ist Helium, Sauerstoff, Stickstoff, Kohlenstoff und Eisen. Sie hält ihre Oberflächentemperatur durch Kernreaktionen von innen nach außen aufrecht, und zwar in einer Geschwindigkeit, die ausreicht, um aus Wasserstoff Helium zu machen und so die von der Sonne abgestrahlte Energie zu kompensieren.

Diese Dominanz des Wasserstoffs im Inneren des Sonnensterns macht es unmöglich, dass die Erde eine Sonnenmasse sein kann. Sie war vielmehr das Produkt eines Begleitsterns, einer Supernova, die explodierte und bei übermäßiger Hitze atomar Elemente erzeugte. Die Sonne war ein Doppelsternpaar, und der Begleiter nahm den Platz der vier größeren Planeten ein. Der Restkörper entfernte sich nach der Explosion.

Um die Sonne bildete sich ein Gasring, der aus vielen Molekülen zu rotierenden Superplaneten kondensierte. Diese zerfielen vor vielen hundert Millionen Jahren in Jupiter, Saturn, Uranus und Neptun. Kleine Klumpen entkamen und wurden zu den inneren Planeten, darunter auch die Erde. Die Erde nahm kleine Feststoffe auf und bekam den Mond als Satelliten. Von außen bekam sie radioaktive Materie sowie Stickstoff, Wasser, Sauerstoff und Kohlendioxid.

In der Sonne gibt es pro Masseneinheit hundertmal mehr Wasserstoff als in den Planeten. Der Vorrat reicht für 50 Milliarden Jahre. Das Sonnensystem tunnelt durch veränderliches interstellares Gas. Es nimmt mehr oder weniger Material auf und verändert so gelegentlich das Klima. Dies führt zu Perioden wie den Eiszeiten auf der Erde. Lyttleton schätzt, dass die angetroffenen Staubwolken Bündel von Partikeln bilden, die von der Sonne eingefangen werden und so Kometen bilden.

Die Mathematik des Sonneninneren, die Bethe auf die Verwendung von Kohlenstoff und Stickstoff als Katalysatoren und die Umwandlung von Wasserstoff in Helium anwendet, ist ein experimentelles Modell. Es sollte nachgeahmt werden, um hawaiianischen Basalt zu erklären. Der Erdkern produziert Gasreaktionen in Rissen. Die Gase wirken auf die tiefe Kruste. Das Oberflächenprodukt ist Olivinbasalt. Welche Reaktionen zwischen Gas und Kruste führen zur Entstehung von Schaumfontänen auf dem Mauna Loa? Dieses Problem wurde noch nicht gelöst. Geologen klammern sich an eine Theorie von flachen Reservoirs.

Die Astronomen von Cambridge, Nachfolger des amerikanischen Experimentators George Ellery Hale sowie von Eddington und Jeans, haben in der Kosmologie nicht das letzte Wort. Es wird ein letztes Wort geben. Das Bild, das sich aus Hintergrundmaterial zu Gas, von Gas zu Galaxien und von Galaxien zu Sonnensystemen ergibt, endet für uns in unserem Planeten mit einem weißglühenden flüssigen Kern. Dieser wurde durch Kernreaktionen aus der Überhitzung einer explodierenden Supernova erzeugt. Unsere ausbrechenden Vulkane sind das Endprodukt. Wir können neben ausbrechenden Lavafontänen sitzen und Wasserstoffflammen beobachten, dasselbe Gas, das aus dem Hintergrundmaterial im Universum entstand.

All dies ist das Ergebnis der Gravitation. Sie erstreckt sich von den ersten Wasserstoffwirbeln im Weltraum bis zur endgültigen Erdrotation. Der letzte Wasserstoff schuf zusammen mit Kohlenstoff das Leben auf der Erde. Die fünf Elemente des Vulkangases sind identisch mit den fünf Elementen der organischen Chemie. Dr. Hoyle kommt fälschlicherweise zu dem Schluss, dass wir keine Ahnung von unserem eigenen Schicksal haben. Aber er weist darauf hin, dass das Universum eine kontinuierliche Schöpfung ist. Unser Bild ist ein Augenblick in einem ewigen Jetzt. Der Geist ist eine ewige Einheit, über die wir nicht hinausgehen können.

Es ist unlogisch, der Existenz nach dem Tod Beachtung zu schenken, wenn wir der Existenz vor der Geburt nicht die gleiche Aufmerksamkeit schenken. Alles ist kontinuierliche Schöpfung. Die Entstehung von Wasserstoff ist bei der Entstehung des Lebens genauso wahr wie im Universum. Das Leben unterliegt der Schwerkraft. Die Schwerkraft kontrolliert das momentane bewegte Bild, sogar die Entstehung des Lebens aus vulkanischen Gasen unter enormem Wasserdruck auf dem Meeresgrund. Sie ist ebenso Gegenstand von Experimenten wie die äußere Grenze des Universums.

Das Leben ist ein Endprodukt; und es denkt, betet und experimentiert. Wenn man Leben und Vulkane als Endprodukte von Hoyles Universum betrachtet, wird die Wissenschaft im Grunde zur Kosmologie.

Ein letzter Kommentar nach der Betrachtung von Meeresbodenausbrüchen im Laufe der Zeit. Das kontinentale Leben entstand aus dem Meer, und ursprüngliches Leben entsteht kontinuierlich aus dem Erdkern. Dies verleiht der zukünftigen Suche nach globalen Maßnahmen auf dem Meeresboden neue Würde.

Die „emergente Evolution" von Lloyd Morgan macht viel aus der Mutation als Erklärung für den Fortschritt vom unbewussten Leben zum Bewusstsein, vom Bewusstsein zum Gedächtnis, vom Gedächtnis zum Denken und vom Denken zur Spiritualität. Jede davon ist eine neue Mutation, im gleichen Sinne wie eine neue Frucht von Burbank. Das erste unbewusste Leben kann als Mutation aus dem Anorganischen der Erde betrachtet werden. Die völlig unbekannten Druck-Temperatur-Bedingungen von Vulkanausbrüchen durch die rissige Erde des Meeresbodens und das Grundwasser unter dem Ozean verleihen der Erforschung dieser Grenze eine letzte Würde.

Hoyle schreibt, dass das ultimative Ziel der Neuen Kosmologie die kontinuierliche Schöpfung im Weltraum ist. Das ultimative Ziel der Neuen Vulkanologie ist die kontinuierliche Schöpfung in den Tiefen der Ozeane.